高职高专通信技术专业系列教材

通 信 线 路 工 程

(第二版)

李立高　主编

西安电子科技大学出版社

内 容 简 介

本书依据现行(2010 年以后)通信工程建设的最新标准和规范,详细介绍了通信线路建设工程中最基础、最实用的知识和技能。书中包括:通信电/光缆的结构、类型和主要特性指标;智能综合布线工程的设计、施工与测试;架空通信杆路工程的构成、测量与施工;通信线路工程各类施工形式、特点与方法;常用通信线路工程测试仪表与测试技巧;PON 网络构成、设计、施工、测试以及通信线路工程施工安全知识等。书中所有案例及其他资料均来自于通信生产企业的第一线,完全与通信企业目前的生产实际同步。

本书按照教材的标准结构来组织编写,每章后均附有大量的习题和实训内容设计,既可以作为全日制高等职业技术院校通信类专业的教材,亦可作为企业新员工上岗培训和通信设计、施工、监理等单位培训的重要参考书籍。

图书在版编目(CIP)数据

通信线路工程/李立高主编. —2 版. —西安:
西安电子科技大学出版社,2015.11(2025.1 重印)
ISBN 978–7–5606–3660–3

Ⅰ. ① 通… Ⅱ. ① 李… Ⅲ. ① 通信线路—高等职业教育—教材 Ⅳ. ① TN913.3

中国版本图书馆 CIP 数据核字(2015)第 094093 号

责任编辑 陈 婷 马乐惠 杜慧融
出版发行 西安电子科技大学出版社(西安市太白南路 2 号)
电 话 (029)88202421 88201467 邮 编 710071
网 址 www.xduph.com 电子邮箱 xdupfxb001@163.com
经 销 新华书店
印刷单位 广东虎彩云印刷有限公司
版 次 2015 年 11 月第 2 版 2025 年 1 月第 10 次印刷
开 本 787 毫米×1092 毫米 1/16 印 张 21
字 数 499 千字
定 价 44.00 元
ISBN 978-7-5606-3660-3

XDUP 3952002-10
如有印装问题可调换

前　言

通信线路工程是通信建设工程的重要组成部分。设计、施工、维护及监理是通信线路工程建设的主要内容，从事这些工作的人员必须掌握通信电缆、通信光缆、智能综合布线、线路工程施工、架空杆路工程、测试与维护、工程施工安全、PON 网络建设等知识。

培养应用型人才是高等职业技术教育的目标，围绕这个目标，本书的编写过程中始终贯穿着一条主线：使读者学了就能用。书中介绍的传输媒介——电缆、光缆、测试仪器、施工方法、PON 网络设计方案等都是通信企业正在使用和正在执行的，所有编写资料均来源于生产企业的第一线，完全与通信企业目前的生产实际相符。

要学好本书的内容，必须具备高等数学、电路与信号、电子技术、信号传输等基础知识。本书每章之后均有大量的习题和实训内容设计，所以既可以作为全日制高等职业技术院校通信专业的教材，亦可作为新员工上岗培训或各通信设计、施工、维护等单位培训的重要参考书籍。

本书是在作者 2008 年第 1 版的基础上，结合技术发展和职业教育教学需要修订而成的。全书共分 8 章。第 1 章介绍了通信电缆的类型与结构；第 2 章介绍了通信光缆的类型与结构；第 3 章介绍了智能综合布线工程；第 4 章紧扣国家相关标准和规范介绍了通信架空杆路工程的设计与施工；第 5 章以实例的形式介绍线路工程的各种施工方法与技巧；第 6 章结合工程实际介绍了各种常用测试仪表与测试方法；第 7 章是全书的重点之一，主要介绍了 PON 网络基础知识、常用网络设备功能、特性及施工安装要领、FTTH 入户线路施工、安装与业务开通及常见故障处理等；第 8 章主要介绍了通信线路工程施工安全知识。

湖南邮电职业技术学院李立高副教授担任了本书的主编和统稿，并负责第 1、4、5、6 章的编写；第 2 章、第 3 章分别由湖南邮电职业技术学院的周训斌、胡庆旦老师编写；第 7 章由湖南邮电职业技术学院的张炯老师编写；第 8 章由湖南通信建设有限公司高级工程师、企业专家沈迎飞同志编写。全书由苏州职业大学电子信息工程系俞兴明主任负责审稿。此外，在本书的编写和出版过程中得到了湖南邮电规划设计院、南方邮电规划设计院、安徽邮电规划设计院及其他兄弟职业技术学院的老师，湖南邮电职业技术学院通信工程系领导和西安电子科技大学出版社的大力支持与帮助，在此表示最诚挚的谢意！

由于编者水平有限，书中不妥之处在所难免，恳请广大读者批评指正。

编　者

2015 年 1 月

第一版前言

通信线路工程是通信建设的重要组成部分。设计、施工、维护及监理是通信线路工程建设的主要内容，从事这些工作的人员必须掌握通信电缆、通信光缆、智能综合布线、线路工程施工、用户线路网配线、测试与维护、工程施工安全、工程概预算等知识。

培养应用型人才是高等职业技术教育的目标，在本书的编写过程中始终基于这样一种考虑，贯穿这样一条主线，力求使读者学了就能用。书中介绍的传输媒介(电缆、光缆)、测试仪器、施工方法、网络设计方案、概预算编制等都是通信企业正在使用和正在执行的。所有编写资料均来自于生产企业的第一线，是完全与通信企业目前的生产实际相符的。

要学好本书的内容，必须具备高等数学、电路与信号、电子技术、信号传输等基础知识。

本书完全按照教材的标准结构来组织编写，每章后均有大量的习题和实训内容，既可以作为全日制高等职业技术学校通信专业教材，亦可作为通信设计、施工等单位员工上岗培训的重要参考书籍。

全书共分 8 章。第 1 章介绍了通信电缆的类型与结构；第 2 章讲述了通信光缆的类型与结构；第 3 章介绍了智能综合布线；第 4 章以实例的形式介绍了线路工程的各种施工方法与技巧；第 5 章主要讲解通信用户线路网配线；第 6 章结合工程实际介绍了各种常用测试仪表与测试方法；第 7 章主要讲解工程施工安全知识；第 8 章通过实例为大家介绍了定额的组成、结构与使用，概预算表格的组成及正确的填写方法。全书以实用为原则，力求达到"学了就能用"的目标！

本书由长沙通信职业技术学院李立高副教授担任全书的主编和统稿，并负责第 1、4、6、7、8 章的编写；第 2、3、5 章分别由长沙通信职业技术学院的周训斌、袁居成、左利钦老师编写。全书由苏州职业大学电子信息工程系俞兴明副主任负责审稿。此外，本书在编写和出版过程中得到了湖南邮电规划设计院、南方邮电规划设计院、安徽邮电规划设计院、长沙电信规划设计院以及其他兄弟职业技术学院的老师，长沙通信职业技术学院通信工程系领导和西安电子科技大学出版社的大力支持与帮助，在此表示最诚挚的谢意！

由于编者水平有限，书中疏漏之处在所难免，恳请广大读者批评指正。

编　者

2007 年 12 月

目　　录

第 1 章　通信电缆的类型与结构

以铜导体作为传导材料的线缆，即称为电缆。虽然目前有线通信的主流传输媒介是光纤光缆，但在今后相当长的一段时间内，铜线电缆这种传输媒介还将存在，尤其是在靠近用户的最后 1 公里范围内。这是因为我们以前敷设了大量的通信电缆，还不能马上摒弃，也就是说，这部分电缆还将继续运行，还需要大量的运行维护人员。此外，宽带网络中的铜缆和 CATV 中的同轴电缆等都是通信电缆的范畴。因而，无论是从事通信工程设计、施工等工作的人员，还是从事工程监理、通信网络维护、工程概预算或其他通信技术等工作的人员，都应具备有关通信电缆的基础知识。

1.1　全色谱全塑市内通信电缆的类型与结构

连接电信端局和用户终端设备的线路称为用户线路，全色谱全塑电缆是典型的用户线路电缆，是目前本地网中广泛使用的电缆。所谓"全塑"电缆，是指电缆的芯线绝缘层、缆芯包带层和护套均是采用塑料制成的电缆。

1.1.1　全色谱全塑市内通信电缆的类型

1. 全色谱全塑电缆的概念

图 1-1 所示的是一条充气型的全色谱全塑电缆，它由护层、屏蔽层、包带层、绝缘芯线和扎带组成。因为芯线绝缘层的颜色花花绿绿，非常漂亮(实际上这些颜色是由规定的"白、红、黑、黄、紫、蓝、桔(橙)、绿、棕、灰" 10 种颜色组成的)，所以称之为全色谱电缆。

全色谱绝缘芯线和扎带

包带层

屏蔽层

护层

图 1-1　普通型全塑市话电缆

2. 全色谱全塑电缆的类型

全色谱全塑电缆(以后简称全塑电缆)分为普通型和特殊型两大类，而特殊型又包括填充式、自承式和室内电缆等。

(1) 普通型全塑电缆：是使用最多的一种，广泛用于架空、管道、墙壁及暗管等施工形式，其典型型号为 HYA、HYFA、HYPA。如图 1-1 所示的电缆就是最常用的普通型 HYA 电缆。

(2) 填充式全塑电缆：目前本地网中使用的大多为石油膏填充的全塑市话电缆，主要用于无需进行充气维护或对防水性能要求较高的场合，其型号为 HYAT、HYFAT、HYPAT、HYAGT、HYAT 铠装、HYFAT 铠装、HYPAT 铠装等。图 1-2 所示就是一条填充式全塑电缆。

(3) 自承式全塑电缆：是一种用于架空场合的全塑电缆，它不要吊线即可直接架挂在电杆上("自承式"因此而得名)，多用于墙壁敷设，其型号有 HYAC、HYPAC，结构如图 1-3 所示。

图 1-2　填充式全塑市话电缆

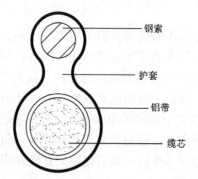

钢索

护套

铝带

缆芯

图 1-3　自承式全塑市话电缆

1.1.2　全色谱全塑市内通信电缆的结构

1．芯线材料及线径

全塑电缆的芯线由纯电解铜制成，一般为软铜线，标称线径有：0.32 mm、0.4 mm、0.5 mm、0.6 mm 和 0.8 mm 等 5 种。

2．芯线的绝缘

(1) 绝缘材料：高密度聚乙烯、聚丙烯或乙烯–丙烯共聚物等高分子聚合物塑料，称为聚烯烃塑料。

(2) 绝缘形式：全塑电缆的芯线绝缘形式分为实心绝缘、泡沫绝缘、泡沫/实心皮绝缘，如图 1-4 所示。

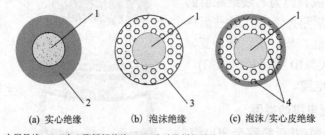

(a) 实心绝缘　　　　(b) 泡沫绝缘　　　　(c) 泡沫/实心皮绝缘

1—金属导线；2—实心聚烯烃绝缘；3—泡沫聚烯烃绝缘；4—泡沫/实心皮聚烯烃绝缘层

图 1-4　全塑市话电缆芯线绝缘形式

3．芯线的扭绞与线对色谱

绝缘后的芯线大都采用对绞形式进行扭绞，即由 A、B 两线构成一个线组，芯线扭绞的主要作用是减少串音和干扰。芯线扭绞的节距越小，抗干扰的能力就越强。全色谱全塑电缆中线对的扭绞节距一般均在 14 mm 以上(5 类线的扭绞节距为 3.8 mm～14 mm)。扭绞节距如图 1-5 所示。

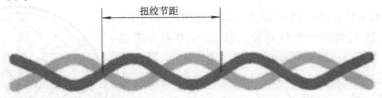

图 1-5　全色谱全塑电缆芯线线对的扭绞节距

　　线组内绝缘芯线的颜色为全色谱，由 10 种颜色两两组合成 25 个组合，其中 A 线颜色包括：白、红、黑、黄、紫；B 线颜色包括：蓝、桔(橙)、绿、棕、灰，其组合形式如表 1-1 所示。于是，在一个基本单位 U(25 对为一个基本单位)中，线对序号与色谱存在一一对应的关系，如第 16 对芯线颜色为黄/蓝，第 20 对芯线为黄/灰等，给施工时的编线及使用提供了很大方便，这就是工程技术人员常讲的"芯线绝缘层全色谱"，它一共有 25 种。

表 1-1　全色谱线对编号与色谱

线对序号	颜色		线对序号	颜色		线对序号	颜色		线对序号	颜色		线对序号	颜色	
	A	B		A	B		A	B		A	B		A	B
1		蓝	6		蓝	11		蓝	16		蓝	21		蓝
2		桔	7		桔	12		桔	17		桔	22		桔
3	白	绿	8	红	绿	13	黑	绿	18	黄	绿	23	紫	绿
4		棕	9		棕	14		棕	19		棕	24		棕
5		灰	10		灰	15		灰	20		灰	25		灰

4. 全色谱全塑电缆的缆芯

　　目前全色谱全塑电缆的缆芯主要采用单位式。它主要由基本单位和超单位绞合而成，各种单位与单位之间用扎带分隔。单位式缆芯有如下三种最常见单位。

　　1) 基本单位 U

　　1 个 U=25 线对，其色谱为由白/蓝→紫/灰的 25 种全色谱组合。为了形成圆形结构，充分利用缆内有限的空间，也可将一个 U 单位分成由 12 对、13 对或更少线对的"子单位"，为了区别不同的 U 单位或"子单位"，每一单位外部都捆有扎带，U 单位的"扎带全色谱"是由"白/蓝→紫/棕"的 24 种组合，所以 U 单位的扎带颜色循环周期为 25 × 24 = 600 对，即从 601 对开始，U 单位的扎带又变成白/蓝。U 单位扎带颜色及序号如表 1-2 所示。

表 1-2　U 单位序号及扎带颜色

线对序号	U 单位序号	U 单位扎带颜色
1～25	1	白/蓝
26～50	2	白/桔
⋮	⋮	⋮
551～575	23	紫/绿
576～600	24	紫/棕

2) 超单位1——S 超单位

1个 S = U + U = 25 + 25 = 50 对，其排列结构如图 1-6
所示，从 1~25 对为第一个 U 单位，从 26~50 对为第二
个 U 单位，为了形成圆形结构的缆芯，同一 U 单位内的
芯线又被分成两束线，如 1~12，13~25，但这两束线的
扎带颜色仍然一致。

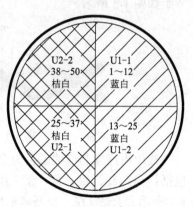

图 1-6 超单位 S

S 单位的扎带颜色为单色，具体如下：

  1~600 对：   白色

  601~1200 对： 红色

  1201~1800 对： 黑色

  1801~2400 对： 黄色

  2401~3000 对： 紫色

所以说 S 单位扎带颜色的循环周期为 3000 对，其线对序号、组合单位及扎带颜色如表
1-3 所示。

表 1-3　S 单位的线对序号、组合的单位及扎带颜色

U 单位序号	U 单位扎带颜色	S 单位序号及扎带颜色				
		白	红	黑	黄	紫
1	白/蓝	S1	S13	S25	S37	S49
2	白/桔	1~50	601~650	1201~1250	1801~1850	2401~2450
3	白/绿	S2	S14	S26	S38	S50
4	白/棕	51~100	651~700	1251~1300	1851~1900	2451~2500
5	白/灰	S3	S15	S27	S40	S51
6	红/蓝	101~150	701~750	1301~1350	1901~1950	2501~2550
7	红/桔	S4	S16	S28	S41	S52
8	红/绿	151~200	751~800	1351~1400	1951~2000	2551~2600
9	红/棕	S5	S17	S29	S42	S53
10	红/灰	201~250	801~850	1401~1450	2001~2050	2601~2650
11	黑/蓝	S6	S18	S30	S42	S54
12	黑/桔	251~300	851~900	1451~1500	2051~2100	2651~2700
⋮	⋮	⋮	⋮	⋮	⋮	⋮
19	黄/棕	S10	S22	S34	S46	S58
20	黄/灰	451~500	1051~1100	1651~1700	2251~2300	2851~2900
21	紫/蓝	S11	S23	S35	S47	S59
22	紫/桔	501~550	1101~1150	1701~1750	2301~2350	2901~2950
23	紫/绿	S12	S24	S36	S48	S60
24	紫/棕	551~600	1151~1200	1751~1800	2351~2400	2951~3000

3) 超单位2——SD 超单位

1个 SD = U + U + U + U = 100 对，如图 1-7 所示，其中 U1~U4 对应第一个 SD 单位，

即 SD1；U5～U8 为第二个 SD 单位，即 SD2。依此类推，每一规定的 U 单位的扎带颜色必须符合表 1-2 的规定。SD 单位的扎带颜色和 S 单位一样，循环周期也为 $600 \times 5 = 3000$ 对，见表 1-4。

图 1-7　SD 单位

表 1-4　SD 单位的线对序号，SD 单位扎带颜色及组成的 1 单位序号

U 单位序号	U 单位扎带颜色	SD 单位序号及扎带颜色				
		白	红	黑	黄	紫
1	白/蓝					
2	白/桔	SD1	SD7	SD13	SD19	SD25
3	白/绿	1～100	601～700	1201～1300	1801～1900	2401～2500
4	白/棕					
5	白/灰					
6	红/蓝	SD2	SD8	SD14	SD20	SD26
7	红/桔	101～200	701～800	1301～1400	1901～2000	2501～2600
8	红/绿					
9	红/棕					
10	红/灰	SD3	SD9	SD15	SD21	SD27
11	黑/蓝	201～300	801～900	1401～1500	2001～2100	2601～2700
12	黑/桔					
13	黑/绿					
14	黑/棕	SD4	SD10	SD16	SD22	SD28
15	黑/灰	301～400	901～1000	1501～1600	2101～2200	2701～2800
16	黄/蓝					
17	黄/桔					
18	黄/绿	SD5	SD11	SD17	SD23	SD29
19	黄/棕	401～500	1001～1100	1601～1700	2201～2300	2801～2900
20	黄/灰					
21	紫/蓝					
22	紫/桔	SD6	SD12	SD18	SD24	SD30
23	紫/绿	501～600	1101～1200	1701～1800	2301～2400	2901～3000
24	紫/棕					

4) 缆芯的形成原则

原则一："圆形原则"。为了有效地利用电缆内有限的空间，缆芯必须是圆形的，即：当电缆对数大于 25 对却小于 50 对时，同一 U 单位的线对可分成 2~3 束线，这些线束的扎带颜色必须相同(因为它们属于同一 U 单位)。

原则二：100 对以上电缆按以下原则成缆。

(1) 先内后外：缆芯排列时，先从中心层开始排起，中心层排满以后，接着排第二层、第三层，直到排完为止，因此相邻两层单位的序号是连续的。

(2) 同一层中单位序号在 A 端是顺时针方向排列的，且单位序号按顺时针方向依次增大，序号彼此衔接。

(3) 各层排列的起始单位应对齐，如图 1-8 所示的电缆，由 4 个 S 单位和 8 个 SD 单位构成，分两层，第一、二层排列的起始单位分别为 S1 和 SD3(图中阴影部分)，它们必须对齐。

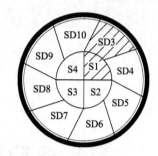

图 1-8　各层起始单位要基本对齐

(4) 缆芯由两种以上单位形成时，单位序号按"替代等价"的原则来编。如图 1-9 所示的 900 对电缆，中间是 4 个 S 单位，外层是 7 个 SD 单位，其单位序号按 SD 单位(即大单位)序号来编，所以外层是 SD3—SD9，中心层是 S1—S4，相当于取代了 SD1 和 SD2。

5) 缆芯中的备用线对

备用线对是为方便紧急调用而设置的，在电缆芯线接续时，备用线必须用接线子完成良好连接。

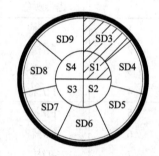

图 1-9　"替代等价"的原则

备用线对在缆芯中处于"游离"状态，它们没有任何扎带缠绕，一般用"SP"表示，其色谱如表 1-5 所示。预备线对的数量一般为标称对数的 1%，但最多不超过 6 对。

表 1-5　全色谱全塑电缆备用线对序号与色谱

备用线对序号	颜　色	
	A 线	B 线
SP1	白	红
SP2	白	黑
SP3	白	黄
SP4	白	紫
SP5	红	黑
SP6	红	黄

1.1.3　全色谱全塑市内通信电缆的型号、端别和选用原则

1. 型号表示

全色谱全塑市内通信电缆的型号如图 1-10 所示。

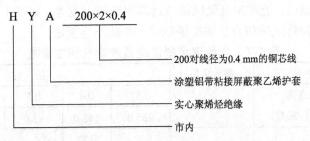

图 1-10　全色谱全塑市内通信电缆的型号

2．电缆端别的判断

(1) 新电缆：红点端为 A 端，绿点端为 B 端；长度数字小的一端为 A 端，另外一端即为 B 端。

(2) 旧电缆：因为是旧电缆，此时红、绿点及长度数字均有可能看不到了，其判断方法是，面对电缆端面，抓起同一层中的任何两个单位(基本单位或超单位均可)，如果这两个单位中的基本单位扎带颜色按白、红、黑、黄、紫顺时针排列则为 A 端，反之则为 B 端。

3．全塑电缆的选用

各型号全塑电缆使用场合如表 1-6 所示。

表 1-6　各种类型全塑电缆的使用场合

电缆类型	无外护层电缆	自承式电缆	有外护层电缆				
			单层钢带纵包	双层钢带纵包	双层钢带绕包	单层细钢丝绕包	单层粗钢丝绕包
电缆型式代号	HYA	HYAC	—	—	—	—	—
	HYFA	—	—	—	—	—	—
	HYPA	—	—	—	—	—	—
	HYAT	—	HYAT53	HYAT553	HYAT23	HYAT33	HYAT43
	HYFAT	—	HYFAT53	HYFAT553	HYFAT23	—	—
	HYPAT	—	HYPAT53	HYPAT553	HYPAT23	—	—
主要使用场合	管道架空	架空	直埋	直埋	直埋	水下	水下

1.1.4　全色谱全塑市内通信电缆的电气性能参数

全色谱全塑市内通信电缆的电气性能参数主要有一次参数和二次参数，这里的"次"是指参数与传输信号频率之间的关系，如二次参数是指与传输信号频率的平方成正比或反比的参数。一次参数主要包括环阻、电阻不平衡偏差值、绝缘电阻、线间(地)分布电容、不平衡电容、固有衰减、近端串音衰减以及远端串音防卫度等，如表1-7、表1-8所示；而二次参数主要是指特性阻抗和介质的传播常数，在此不再赘述。

表1-7 全色谱全塑电缆直流电气特性参数

序号	参数名称	参数单位	指　标				
1	单根导线直流电阻最大值(+20℃)	Ω/km	0.32	0.4	0.5	0.6	0.8
			236.0	148.0	95.0	65.8	36.6
2	线对电阻不平衡偏差值(+20℃)	%		0.32	0.4	0.5	0.6	0.8
			最大平均值	2.5	1.5	1.5	1.5	1.5
			最大值	6.0	5.0	5.0	5.0	4.0
3	线间、线地绝缘电阻最小值(+20℃，DC100～500V)	MΩ/km	非填充式		填充式	
			10×10^3		3×10^3	

表1-8 全色谱全塑电缆交流电气特性参数

序号	参数名称	参数单位	指　标				
1	工作电容(0.8 kHz 或 1 kHz)	nF/km	电缆对数	10 对		10 对以上	
			最大值	58.0		57.0	
			平均值	52.0±4.0		52.0±2.0	
2	电容不平衡最大值(0.8 kHz 或 1 kHz)	pF/km	电缆对数	10 对		10 对以上	
			线对间	250		250	
			线地间	2630		2630	
3	固有衰减(实心绝缘电缆，+20℃)	dB/km	频率	0.32	0.4	0.5	0.6	0.8
			150 kHz	16.8	12.1	9.0	7.2	5.7
			1024 kHz	33.5	27.3	22.5	18.5	13.7
4	近端串音衰减(1024 kHz，长度≥0.3 Km)	dB	10 对电缆内线对间的全部组合	53
			12 对、13 对子单位内线对间的全部组合	54
			20 对、30 对电缆或基本单位内线对间的全部组合	58
			相邻 12 对、13 对子单位间线对的全部组合	63
			相邻基本单位间线对间的全部组合	64
			超单位内两个相对基本单位或子单位间线对间的全部组合	70
			不同超单位内基本单位或子单位间线对的全部组合	79
5	近端串音防卫度(150 kHz)	dB	任意线对组合	58
			基本单位内或 30 对电缆内线对间的全部组合	69
			12 对、13 对子单位内或 10 对及 20 对电缆内线对间的全部组合	68

1.2 非对称电缆及数据通信电缆

1.2.1 同轴电缆

所谓非对称电缆,是指构成通信回路的两根导体对地分布参数不相同的电缆。同轴电缆就是典型的非对称电缆。

1. 同轴电缆的结构

同轴电缆中心有一根单芯铜导线,铜导线外面是绝缘层,绝缘层的外面有一层导电金属层,金属层可以是带状的,也可以是网状的。金属层用来屏蔽电磁干扰和防止辐射,同时也是构成通信回路的导体之一。电缆的最外层又包了一层绝缘材料。同轴电缆的结构外形如图 1-11 和图 1-12 所示。每家每户都有的电视机后面的那根白线就是特性阻抗为 75 Ω 的同轴电缆,它的内导体是一根实心的铜导线,外导体是由多根金属线编织成的网状导体,用它来连接墙壁上的有线电视机插座和电视机,传输彩色电视信号。中心导体要与屏蔽层保持等距以确保信号传输性能;屏蔽电缆的弯曲半径应至少为电缆外径的 6~10 倍。

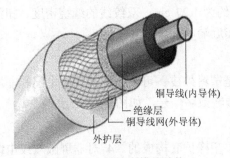

铜导线(内导体)
绝缘层
铜导线网(外导体)
外护层

图 1-11 同轴电缆的结构

图 1-12 同轴电缆的外形

2. 同轴电缆的电气参数

1) 特性阻抗

同轴电缆的特性阻抗分为 50 Ω、75 Ω、93 Ω 等多种,比如家用有线电视的连接电缆就是 75 Ω 的同轴电缆。

2) 衰减

一般是指 500 m 长(因为 500 m 是一个网段的标准长度)的电缆衰减。当用 10 MHz 的正弦波进行测量时,它的值不超过 8.5 dB。

3) 传输速度

最低传输速度为 0.77c(c 为光速)。

4) 直流回路电阻

同轴电缆的中心导体的电阻与屏蔽层的电阻之和不超过 10 mΩ/m。

3. 同轴电缆的类型

同轴电缆有两种基本类型,即基带同轴电缆和宽带同轴电缆。目前常用的基带同轴电缆,其屏蔽层用铜作成网状形,特性阻抗为 50 Ω,如 RG-8(粗缆),RG-58(细缆)等,用于基带传输。常用的宽带同轴电缆，其屏蔽层通常是用铝或铜冲压而成的，特性阻抗为 75 Ω，如 RG-59 等。

粗同轴电缆和细同轴电缆是指同轴电缆直径的大小。

常用同轴电缆型号有以下几种：

RG-8 或 RG-11(50 Ω)；

RG-58/U 或 RG-58C/U(50 Ω)；

RG-59(75 Ω)；

RG-62(93 Ω)。

计算机网络一般选用 RG-8 粗缆和 RG-58 细缆；有线电视采用 RG-59(75 Ω)；ARCnet 网络及 IBM3270 系统使用 RG-62(93 Ω)。

为了保证同轴电缆正确的电气特性，电缆的金属层必须接地。同时电缆两端头必须安装匹配器来削弱信号的反射作用(请大家思考：匹配器是如何削弱信号反射的？)。

1.2.2　数据通信中的双绞电缆

常用的双绞电缆是由 4 对彼此绝缘的铜导线按一定密度逆时针互相扭绞在一起，并在外部包裹金属层或塑料外皮而组成的。铜导线的直径为 0.4～1 mm，其扭绞方向为逆时针，绞距为 3.81～14 cm，相邻双绞线的扭绞长度差约为 1.27 cm。双绞线的缠绕密度、扭绞方向以及绝缘材料直接影响它的特性阻抗、衰减和近端串扰。

1. 双绞电缆的分类

双绞电缆按其缆芯外部包缠的是金属层还是塑料外皮，可分为屏蔽双绞电缆和非屏蔽双绞电缆。它们既可以传输模拟信号，也可以传输数字信号，如图 1-13 所示。

1) 非屏蔽双绞电缆(UTP)

非屏蔽双绞电缆是由多对双绞线外包缠一层塑橡护套构成的。4 对非屏蔽双绞电缆如图 1-13(a)所示。非屏蔽双绞电缆采用了每对线的绞距与所能抵抗电磁辐射及干扰成正比并结合滤波与对称性等技术，经由精确的生产工艺而制成。采用这些技术措施可减少非屏蔽双绞电缆线对间的电磁干扰。

UTP 因为无屏蔽层，所以具有易安装、性能优良、节省空间等特点。

2) 屏蔽双绞电缆

屏蔽双绞电缆与非屏蔽双绞电缆一样，芯线为铜线，护套层是塑橡皮。只不过在护套层内增加了金属层。

按增加的金属屏蔽层数量和金属屏蔽层绕包方式，屏蔽双绞电缆又可分为金属箔双绞电缆(FTP)、屏蔽金属箔双绞电缆(SFTP)和屏蔽双绞电缆(STP)三种。

STP 是在多对双绞线外纵包铝箔，4 对双绞电缆结构如图 1-13(b)所示。

SFTP 是在多对双绞线外纵包铝箔后，再加金属编织网，4 对双绞电缆结构如图 1-13(c)所示。

FTP 是在每对双绞线外纵包铝箔后，再将纵包铝箔的多对双绞线加金属编织网，如图 1-13(d)所示。

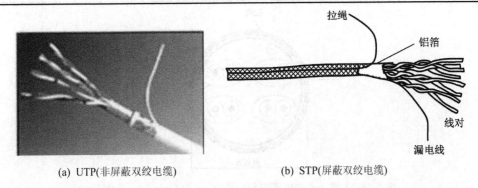

(a) UTP(非屏蔽双绞电缆)   (b) STP(屏蔽双绞电缆)

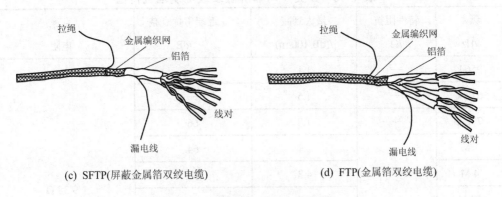

(c) SFTP(屏蔽金属箔双绞电缆)   (d) FTP(金属箔双绞电缆)

图 1-13   数据通信中的双绞电缆

从图 1-13 中可以看出,非屏蔽双绞电缆和屏蔽双绞电缆都有一根用来撕开电缆保护套的拉绳。屏蔽双绞电缆还有一根漏电线,把它连接到接地装置上,可泄放金属屏蔽层中的累积电荷,减轻线间干扰。

因为有屏蔽层,所以性能更加优良,同时节省空间,但对安装施工要求较高。

2. 常用双绞电缆

常用双绞电缆按特性阻抗不同分为 100 Ω 和 150 Ω 两类。100 Ω 电缆又分为 3 类、4 类、5 类、5e 类、6 类、7 类等几种;150 Ω 双绞电缆,目前只有 5 类一种。

下面简要介绍 5 类 4 对双绞电缆的主要参数。

1) 5 类 4 对 100 Ω 非屏蔽双绞电缆

这种电缆是美国线缆规格为 24(直径为 0.511 mm)的实心裸铜导体,以氟乙烯做绝缘材料,传输频率达 100 MHz。双绞电缆线对颜色及序号如表 1-9 所示;物理结构截面如图 1-14 所示;电气特性如表 1-10 所示。

表 1-9   线对编号及色谱

线对序号	色谱
1	白/蓝//蓝
2	白/桔//桔
3	白/绿//绿
4	白/棕//棕

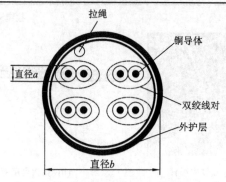

图 1-14　5 类 4 对非屏蔽双绞电缆($a = 0.914$ mm，$b = 5.08$ mm)

表 1-10　5 类 4 对非屏蔽双绞电缆电气特性

频率 /Hz	特性阻抗 /Ω	最大衰减 /(dB/100 m)	近端串扰衰减 /dB	直流 电阻
256 k	—	1.1	—	
512 k	—	1.5	—	
772 k	—	1.8	66	
1 M		2.1	64	
4 M		4.3	55	
10 M		6.6	49	9.38 Ω MAX.Per100m@20℃
16 M	85～115	8.2	46	
20 M		9.2	44	
31.25 M		11.8	42	
62.50 M		17.1	37	
100 M		22.0	34	

2) 5 类 4 对 100 Ω 屏蔽双绞电缆

它是美国线缆规格为 24(0.511 mm) 的裸铜导体，以氟乙烯为绝缘材料，内有一根
0.511 mm TPC 漏电线，传输频率达 100 MHz。线对色谱及编号见表 1-11，物理结构截
面如图 1-15 所示，电气特性同 5 类 4 对非屏蔽双绞电缆。

表 1-11　线对编号及色谱

线对序号	色　谱	屏　蔽　层
1	白/蓝//蓝	
2	白/桔//桔	0.002(0.511)铝/聚脂带
3	白/绿//绿	最小交叠@20℃ 及一根 24AWGTPC 漏电线
4	白/棕//棕	

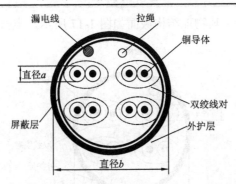

图 1-15　5 类 4 对屏蔽双绞电缆(a = 1.07 mm，b = 6.47 mm)

3) 5 类 4 对屏蔽双绞电缆软线

它是由 4 对双绞线和一根 0.404 mmTPC 漏电线构成，传输频率为 100 MHz。其线对颜色及序号同 UTP，物理结构截面如图 1-16 所示，电气特性如表 1-12 所示。

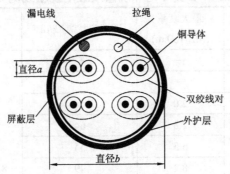

图 1-16　5 类 4 对屏蔽双绞电缆软线(a = 0.94 mm，b = 5.33 mm)

表 1-12　5 类 4 对屏蔽双绞电缆软线电气特性

频率 /Hz	特性阻抗 /Ω	最大衰减 /(dB/100 m)	近端串扰衰减/dB	直流电阻
256 k	—	—	—	
512 k	—	—	—	
772 k	—	2.5	66	
1 M		2.8	64	
4 M		5.6	55	
10 M		9.2	49	
16 M	85～115	11.5	46	14.0 Ω MAX.Per100m@ 20℃
20 M		12.5	44	
31.25 M		15.7	42	
62.50 M		22.0	37	
100 M		27.9	34	

4) 5 类 4 对非屏蔽双绞电缆软线

它由 4 对双绞线组成，用于高速数据传输，适合于扩展传输距离，应用于互连或跳接线，传输频率为 100 MHz。其物理结构截面如图 1-17 所示，电气特性如表 1-13 所示。

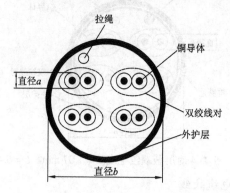

图 1-17　5 类 4 对非屏蔽双绞电缆软线(a = 0.96 mm，b = 5.33 mm)

表 1-13　5 类 4 对非屏蔽双绞电缆软线电气特性

频率 /Hz	特性阻抗 /Ω	最大衰减 /(dB/100 m)	近端串扰衰减/dB	直流 电阻
256 k	—	—	—	
512 k	—	—	—	
772 k	—	2.0	66	
1 M		2.3	64	
4 M		5.3	55	
10 M		8.2	49	8.8 Ω MAX.Per100m@20℃
16 M	85～115	10.5	46	
20 M		11.8	44	
31.25 M		15.4	42	
62.50 M		22.3	37	
100 M		28.9	34	

5) 超 5 类双绞电缆

对超 5 类双绞电缆的"链路"和"信道"性能的测试结果表明，与普通的 5 类双绞电缆比较，它的近端串扰、综合近端串扰、衰减和结构回波损耗等主要性能指标都有很大的提高，其主要优点有：

(1) 能够满足大多数应用的要求，并且满足低综合近端串扰的要求。

(2) 有足够的性能余量，给设计、施工、安装与测试带来方便。

比起普通 5 类双绞电缆，超 5 类在 100 MHz 的频率下运行时，为应用系统提供 8 dB 近端串扰的余量，应用系统的设备受到的干扰只有普通 5 类双绞电缆的 1/4，从而使应用系统具有更强的独立性和可靠性。

6) 6 类线缆

6 类线缆是由能传输 200 MHz 的连接硬件和能传输 550 MHz 的电缆组成的传输通道，信息传输速率达 1000 Mb/s。它与 5 类线缆的性能比较如表 1-14 所示。

表 1-14　5 类线缆与 6 类线缆主要性能指标比较

频率 /MHz	衰减/dB		近端串扰衰减/dB		衰减串扰比/dB	
	5 类	6 类/E 级	5 类	6 类/E 级	5 类	6 类/E 级
1.0	2.5	2.0	54	72.7		70.7
4.0 k	4.8	4.0	45	63.0	40	59.0
10.0	7.5	6.3	39	56.6	35	50.3
16.0	9.4	8.1	36	53.2	30	45.1
20.0	10.5	9.1	35	51.6	28	42.5
31.25	13.1	11.5	32	48.4	23	36.9
62.5	18.4	16.6	27	43.4	13	26.8
100.0	23.2	21.5	24	39.9	4	18.4
120.0		23.8		38.6		14.8
140.0		26.0		37.4		11.4
149.1		26.9		36.9		10.0
155.5		27.6		36.7		9.1
160.0		28.0		36.4		8.4
180.0		29.9	35.6		5.7	
200.0		31.8	34.8		3.0	

本 章 小 结

1. 各种类型的通信电缆的基本组成包括回路(包括芯线、芯线的绝缘、芯线的扭绞等)、缆芯及护层 3 部分。

2. 电缆的芯线材料采用的是优质无氧铜，纯度在 99.95% 以上，要求有优良的电气性能，有一定的机械强度和弯曲性能等，以适应传输及施工的要求。

3. 从电缆芯线线径来看，全塑电缆的标称线径有 0.32 mm、0.4 mm、0.5 mm、0.6 mm 和 0.8 mm，目前使用最多的是 0.4 mm。

4. 芯线扭绞的作用有 3 个，其中主要的作用在于减少线对间的串音干扰。

5. 全塑电缆结构特点主要在于芯线采用聚乙烯(或其他聚烯烃)绝缘。由于塑料易于着色，所以便于形成全塑电缆芯线的全色谱。缆芯外面加涂塑铝带为密封层，护层采用低密度高分子量的黑色聚乙烯。

6. 全塑电缆的全色谱由 10 种颜色组成，A 线：白、红、黑、黄、紫；B 线：蓝、桔、绿、棕、灰，然后两两组合，构成 25 个线对为一个基本单位，一般称为 U 单位，U 单位的扎带色谱为白/蓝→紫/棕的 24 种组合(比芯线色谱少一个紫/灰组合)。两个 U 单位构成一个 S 单位(50 对线)，四个 U 单位构成一个 SD 超单位(100 对线)。U 单位外面用双色塑料扎带，S、SD 单位采用单色扎带，以区分不同。

7. 全塑电缆分为普通型和特殊型两大类。

8. 同轴电缆是数据和视频电缆，它由轴线互相重合的内外导体构成，其传输性能优于全塑电缆。

9. 数据双绞电缆的典型代表就是普通的 5 类线，它由 4 对双绞芯线构成，芯线线径多为 0.511 mm，特性阻抗为 100 Ω，最高传输频率为 100 MHz。

习题与思考题

一、单项选择题

1. "泡沫绝缘"在电缆型号中的符号表示是(　　)。
① YF　　　　② YP　　　　③ Y　　　　④ YA

2. 构成超单位扎带色谱的颜色有(　　)种。
① 6　　　　② 5　　　　③ 4　　　　④ 3

3. 全色谱全塑电缆中，第 4 对备用线的色谱是(　　)。
① 白/灰　　　　② 白/紫　　　　③ 红/黄　　　　④ 红/灰

4. 电缆芯线相互扭绞的主要作用是(　　)。
① 减少串音　　　② 便于分线　　　③ 易于生产　　　④ 便于维护

5. 第 1786 对全色谱全塑电缆芯线所在基本单位扎带色谱为(　　)。
① 紫/绿　　　　② 紫/棕　　　　③ 紫/灰　　　　④ 黑/蓝

6. 下列电缆型号中，铜芯线绝缘形式为实心聚烯烃绝缘的是(　　)。
① HYFA　　　　② HPVV　　　　③ HYPA　　　　④ HYA

7. 在全塑电缆中，一个基本单位中所包含的线对数是(　　)。
① 50 对　　　　② 100 对　　　　③ 10 对　　　　④ 25 对

8. 全色谱全塑电缆中，第 3 对备用线的色谱是(　　)。
① 白/灰　　　　② 白/紫　　　　③ 白/黄　　　　④ 红/灰

9. 下列电缆型号中，使用最多的是(　　)。
① HYA　　　　② HYPAT　　　　③ HYPA　　　　④ HYFA

10. 全色谱全塑电缆中的一个 S 单位所包含的线对数是(　　)对。
① 10　　　　② 25　　　　③ 50　　　　④ 100

11. "泡沫/实心皮绝缘"在电缆型号中的符号表示是(　　)。
① YF　　　　② YP　　　　③ Y　　　　④ YA

12. 构成 SD 单位扎带色谱的颜色有(　　)种。
① 6　　　　② 5　　　　③ 4　　　　④ 3

13. 第 1888 对全色谱全塑电缆芯线所在基本单位的扎带色谱为(　　)。
① 紫/绿　　　　② 白/棕　　　　③ 黑/灰　　　　④ 黑/绿

14. 全色谱全塑电缆中，第 24 个基本单位的扎带色谱是(　　)。
① 紫/灰　　　　② 紫/桔　　　　③ 白/黑　　　　④ 紫/棕

15. 全色谱全塑电缆中，第 49 个基本单位的扎带色谱是(　　)。
① 白/蓝　　　　② 紫/棕　　　　③ 白/黄　　　　④ 紫/绿

16. 全色谱全塑电缆中，第 2 对备用线色谱是( )。

① 白/桔　　　　② 红/桔　　　　③ 白/黑　　　　④ 紫/桔

17. 全色谱全塑电缆中，备用线数量最多为( )对。

① 4　　　　② 5　　　　③ 6　　　　④ 7

18. 下列语句中，表示全色谱全塑电缆型号"HYA4×0.4"中"4"的正确含义是( )。

① 4 对芯线　　　② 电缆外径为 4 cm　　　③ 400 对芯线　　　④ 4 个基本单位

19. 下列语句中，表示全色谱全塑电缆型号"HYA30×0.4"中"Y"的正确含义是( )。

① 实心聚烯烃绝缘　　　　　　　　② 泡沫聚乙烯绝缘

③ 泡沫/实心皮聚烯烃绝缘　　　　　④ 以上都不对

20. 全塑电缆屏蔽层在电缆接续时的正确处理方法是( )。

① 连通　　　　② 不连通　　　　③ 剪断　　　　④ 随意处理

21. 填入电缆中的油膏是( )。

① 石油膏　　　　② 黄油膏　　　　③ 柴油膏　　　　④ 以上都不是

22. 全塑电缆中包带的主要作用是( )。

① 增加机械强度　　　② 便于成缆　　　③ 防潮　　　④ 增加电缆韧性

23. 若新买回的电缆护套两端标有红、绿点，则绿点表示( )。

① 充油　　　　② 充气　　　　③ A 端　　　　④ B 端

24. 普通 5 类线中，一共有( )对芯线。

① 5　　　　② 2　　　　③ 3　　　　④ 4

25. 全塑主干电缆屏蔽层电阻的平均值应不大于( )。

① 5 Ω/km　　　② 2.6 Ω/km　　　③ 148 Ω/km　　　④ 20 Ω/km

26. 若某全色谱全塑电缆的最后一对备用线色谱为红/黑，则这条电缆的标称对数是( )。

① 100 对　　　② 300 对　　　③ 500 对　　　④ 700 对

27. 连接工作区内信息插座的 5 类线的最大长度为( )m。

① 90　　　　② 100　　　　③ 110　　　　④ 1500

28. 5 类线在制作水晶头时，其非扭绞长度不应超过( )mm。

① 10　　　　② 11　　　　③ 12　　　　④ 13

29. 若某全色谱全塑电缆的最后一对备用线色谱为红/黑，则这条电缆的标称对数是( )。

① 100 对　　　② 300 对　　　③ 500 对　　　④ 700 对

30. 全色谱全塑电缆中，第 2456 对芯线的色谱是( )。

① 红/桔　　　　② 黑/灰　　　　③ 黄/棕　　　　④ 红/蓝

二、问答题

1. 通信电缆的芯线为什么要进行扭绞？它有哪三个作用？

2. 写出下面电缆程式或符号的含义并说明其主要用途：

(1) HYA400 × 0.5

(2) HYAT600 × 0.4

(3) HYFAT200 × 2 × 0.5

(4) HYAC300 × 0.4

(5) HYA12‑0.4

(6) SFTP，STP，UTP

(7) RG‑8

(8) RG‑59

(9) CAT3

(10) CAT5

3．全塑电缆的全色谱是如何构成的？"芯线绝缘层全色谱"和"扎带全色谱"有何不同？请详细加以说明。

4．以 800 对全色谱电缆为例，按"(1+5+10)×50"及"(1+7)×100"形式画图说明其缆芯的组成情况，并计算出扎带总条数(U 单位用单色双股扎带，S、SD 用单色单股扎带)。

实 训 内 容

一、全色谱全塑电缆的结构认识

1．实训目的

掌握全色谱全塑电缆的缆芯结构，快速而准确地找到指定线对。

2．实训器材

(1) 端面结构如图 1-18 所示的 800 对全色谱全塑电缆，长度不少于 50 m。

(2) 电工刀或钢锯、斜口钳、小剪刀。

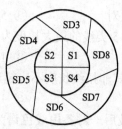

图 1-18　全色谱全塑电缆

3．实训内容

(1) 说明缆中备用线对数、色谱及电缆接续时的处理方法。

(2) 说明指定芯线线对(老师现场随意指定)所在的超单位、基本单位扎带及芯线本身绝缘层的色谱。

(3) 分辨和说明 S4、SD4、SD7 的扎带色谱。

(4) 判断电缆的 A、B 端。

(5) 写出电缆端面结构的数学表达式。

(6) 指出包带层、屏蔽层及护套的所在位置与主要作用。

二、5 类线认识与水晶头制作

1．实训目的

掌握普通 5 类线的基本结构，掌握制作网线的基本方法和技巧。

2．实训器材

普通非屏蔽 5 类线 1 箱，水晶头若干，水晶头制作专用钳每组 2 把，能手每组 1 个。

3．实训内容和步骤

(1) 用专用钳剥除灰色护层。

(2) 按 T568A 或 T568B 的规定线序将芯线按线序排好、捋直、剪齐，如图 1-19 所示。

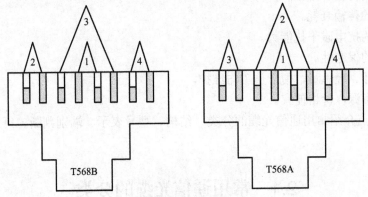

图 1-19　实训图

(3) 将捋直并剪齐后的芯线插入水晶头底部，用专用钳加压完成接续。

(4) 用能手试通。

(5) 要求每个同学制作直连线和交叉线各 1 根。

第 2 章 通信光缆的类型与结构

以光纤作为信息传导材料的线缆，称为光缆。光缆是目前有线通信的主流传输媒介，因为它具有许多其他媒介无法比拟的优点：

(1) 巨大的传输容量。

(2) 极低的传输衰耗。

(3) 优良的抗电磁干扰能力。

(4) 良好的保密性。

(5) 小尺寸、轻重量，便于施工与维护。

(6) 节约资源，价格便宜。

本章将重点介绍常用通信光缆的分类、结构、型号表示、端别判断、纤序排定及光缆的性能参数等。

2.1 常用通信光缆的分类

通信光缆是用一根或多根光纤或光纤束制作成的，符合光学、机械和环境特性结构的线缆，其实物图如图 2-1 所示。

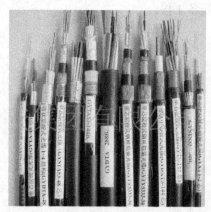

图 2-1 通信光缆实物图

光缆的结构直接影响系统的传输质量，而且与施工有较大的关系。不同结构、不同性能的光缆，工程施工中要采取不同的操作方法，才能确保光缆的正常使用寿命。因此，设计、施工人员必须了解光缆的结构和性能。

光缆的种类较多，分类方法就更多。下面介绍一些常用的分类方法。

1．按缆中光纤状态分类

按光纤在光缆中是否可自由移动，光缆可分为松套光纤光缆、紧套光纤光缆和半松半紧光纤光缆。

(1) 松套光纤光缆的特点是光纤在光缆中有一定的自由移动空间，这样的结构有利于减少外界机械应力(或应变)对涂覆光纤的影响，即增强了光缆的弯曲性能。

(2) 紧套光纤光缆中光纤无自由移动的空间。紧套光纤在光纤预涂覆层外直接是一层塑料紧套层。紧套光纤光缆直径小，重量轻，易剥离、敷设和连接，但高的拉伸应力会直接影响光纤的衰减等性能，即它的弯曲性能比松套光纤光缆差。

(3) 半松半紧光纤光缆中的光纤在光缆中的自由移动空间介于松套光纤光缆和紧套光纤光缆之间。

2．按缆芯结构分类

按缆芯结构特点的不同，光缆可分为层绞式光缆、中心管式光缆和骨架式光缆。

(1) 层绞式光缆是将几根至十几根或更多根光纤或光纤带子单元围绕中心加强件螺旋绞合(S 绞或 SZ 绞)成一层或几层的光缆。目前使用最多的就是松套层绞式光缆。

(2) 中心管式光缆是将光纤或光纤带无绞合直接放到光缆中心位置的套管中而制成的光缆。

(3) 骨架式光缆是将光纤或光纤带经螺旋绞合置于塑料骨架槽中构成的光缆。

3．按线路敷设方式分类

按光缆线路敷设方式，光缆可分为架空光缆、管道光缆、直埋光缆、隧道光缆和水底光缆等。

(1) 架空光缆是指以架空形式挂放的光缆，它必须借助吊线(镀锌钢绞线)或自身具有的抗拉元件悬挂在电杆或铁塔上。

(2) 管道光缆是指布放在通信管道内的光缆，目前常用的通信管道主要是塑料管道。

(3) 直埋光缆是指直接埋入规定深度和宽度的缆沟中的光缆。

(4) 隧道光缆是指在公路、铁路等交通隧道中敷设的光缆。

(5) 水底光缆是指穿越江河湖海水底的光缆。

4．按使用环境与场合分类

按使用环境与场合，光缆主要分为室外光缆、室内光缆及特种光缆三大类。由于室外环境(气候、温度、破坏性)相差很大，故这几类光缆在构造、材料、性能等方面亦有很大区别。

(1) 室外光缆由于使用条件恶劣，光缆必须具有足够的机械强度、防渗能力和良好的温度特性，其结构较复杂。

(2) 室内光缆则主要考虑结构紧凑、轻便柔软并应具有阻燃性能。

(3) 特种光缆用于特殊场合，如海底、污染区或高原地区等。

5．按通信网络结构或层次分类

按通信网络结构或层次，光缆可分为长途网光缆和本地网光缆。

(1) 长途网光缆，即长途端局之间的线路，包括省际一级干线、省内二级干线。

(2) 本地网光缆，既包括长途端局与电信端局以及电信端局之间的中继线路，又包括接入网光缆线路。

2.2　常用通信光缆的结构

通信光缆中传输信息的是光纤，光缆中的其他所有构件都是为保证传输质量这个总目标而设置的。

任何一根光纤都是由纤芯和包层两部分构成的，纤芯的折射率通常用 n_1 表示，直径用 $2a$ 表示；包层的折射率用 n_2 表示，直径用 $2b$ 表示。进入光纤中的光线在突变型光纤中以折线形式向前传播(如图 2-2 所示)，在渐变型光纤中以曲线形式向前传播。

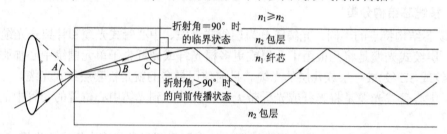

图 2-2　光在突变型光纤中传播

从图 2-2 中可以看出，入射到光纤端面的光线只有当入射角小于 A 时才会在光纤中因发生全发射而以折线形式向前传播，否则光线会进入包层而很快衰减掉。

1. 室内光缆

室内光缆采用全介质结构，以保证抗电磁干扰，因其均为非金属结构，故无须接地或防雷保护。各种类型的室内光缆都容易开剥，紧套缓冲层光纤构成的绞合方式取决于光缆的类型。

为便于识别，室内光缆的外护层多为彩色，且其上印有光纤类型、长度标记和制造厂家名称等。

室内光缆尺寸小，重量轻，柔软，便于布放，易于分支及具有阻燃性等。

通常，室内光缆可分为四种类型：多用途室内光缆、分支光缆、互连光缆和微型气吹光缆。

1) 多用途室内光缆

多用途室内光缆的结构按照各种室内场所的需要而确定。这种光缆的直径小，重量轻，柔软，易于敷设、维护和管理，特别适用于布放在空间受限的场所。多用途室内光缆是由绞合的紧缓冲层光纤和非金属加强件(如芳纶纱)构成的。光缆中的光纤数大于 6 时，光纤绕一根非金属中心加强件绞合，形成一根更结实的光缆。如图 2-3 和图 2-4 所示。

图 2-3　多芯室内光缆实物图

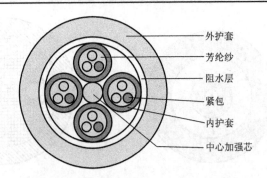

图 2-4　3 芯子单元 12 芯多用途室内光缆

2) 分支光缆

分支光缆用于光纤的独立布线或分支。分支光缆分三种不同的结构：2.7 mm 子单元适合于业务繁忙的应用；2.4 mm 子单元适合于业务正常的应用；2.0 mm 子单元适合于业务少的应用。这些分支光缆可布放在大楼之间的管道内、大楼的上升井里、计算机机房地板下，也可用于"光纤到桌面"。6 芯分支光缆结构如图 2-5 所示，实物图如图 2-6 所示。

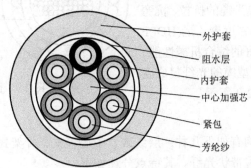

图 2-5　6 芯室内分支光缆结构

图 2-6　6 芯分支光缆实物图

与多用途室内光缆相比，由于分支光缆成本高、重量重、尺寸大，主要应用在中、短距离场合。

为易于识别，各单元应加注数字或色标。分支光缆的标准光纤数为 2～24 纤。

3) 互连光缆

互连光缆是为布线系统中的传输设备互连所设计的光缆，使用的是单纤和双纤结构。这种光缆连接容易，在楼内布线中，它们可用作跳线，如图 2-7、图 2-8 所示。

互连光缆直径细、弯曲半径小，更易敷设在空间受限的场所，它们可以简单直接，或在工厂进行预先连接作为光缆组件用在工作场所，或作为交叉连接的临时软线。

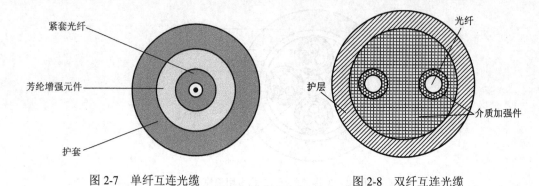

图 2-7　单纤互连光缆　　　　　　　图 2-8　双纤互连光缆

4) 微型气吹光缆

　　微型气吹光缆是专门为管道吹气安装设计的，光缆结构尺寸很小，缆直径在 6～8 mm，光缆的尺寸、刚度和柔韧性均能满足小直径管道的施工安装要求。光缆的中心管中最多可放置 48～72 芯带状光纤。芯管外绞合 6 根圆形硬质玻璃纤维单元和 6 根带状软质玻璃纤维加强单元，形成光缆的抗拉、抗弯和抗压的保护层，再与高密度聚乙烯(HDPE)护套结合使光缆具备良好的综合机械性能。同相同直径光缆相比，此型缆的光纤集成度达到很高的水平，如图 2-9 所示。

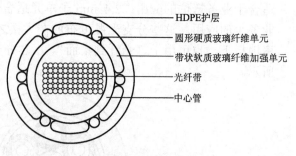

图 2-9　微型气吹光缆

2. 室外光缆

　　室外光缆的基本结构有如下几种：层绞式、中心管式、骨架式。每种基本结构中既可放置分离光纤，亦可放置带状光纤。其特点分述如下。

1) 层绞式光缆

　　如图 2-10 和图 2-11 所示，层绞式光缆结构是由多根二次被覆光纤松套管(或部分填充绳)绕中心金属加强件绞合成圆形的缆芯，缆芯外先纵包复合铝带并挤上聚乙烯内护套，再纵包阻水带和双面覆膜皱纹钢(铝)带，再加上一层聚乙烯外护层组成。

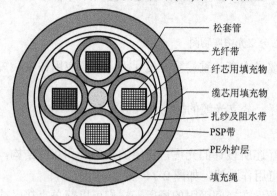

图 2-10　层绞式光缆结构　　　　　　　图 2-11　层绞式光缆实物图

层绞式光缆的结构特点是：光缆中容纳的光纤数量多，光缆中光纤余长易控制，光缆

的机械、环境性能好，适宜于直埋、管道敷设，也可用于架空敷设。

2) 中心管式光缆

如图 2-12 和图 2-13 所示，中心管式光缆是由一根二次光纤松套管或螺旋形光纤松套管，无绞合直接放在缆的中心位置，纵包阻水带和双面涂塑钢(铝)带，两根平行加强圆磷化碳钢丝或玻璃钢圆棒位于聚乙烯护层中组成的。按松套管中放入的是分离光纤、光纤束还是光纤带，中心管式光缆分为分离光纤的中心管式光缆或光纤带中心管式光缆等。

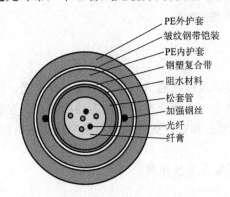

PE外护套
皱纹钢带铠装
PE内护套
钢塑复合带
阻水材料
松套管
加强钢丝
光纤
纤膏

　　　　图 2-12　中心管式光缆结构　　　　　　　　　图 2-13　中心管式光缆实物图

中心管式光缆的优点是：结构简单、制造工艺简捷，光缆截面小、重量轻，很适宜架空敷设，也可用于管道或直埋敷设。中心管式光缆的缺点是：缆中光纤芯数不宜过多(如分离光纤为 12 芯、光纤束为 36 芯、光纤带为 216 芯)，松套管挤塑工艺中松套管冷却不够，成品光缆中松套管会出现后缩，光缆中光纤余长不易控制等。

3) 骨架式光缆

目前，骨架式光缆结构在国内仅限于干式光纤带光缆，即将光纤带以矩阵形式置于 U 形螺旋骨架槽或 SZ 螺旋骨架槽中，阻水带以绕包方式缠绕在骨架上，使骨架与阻水带形成一个封闭的腔体(如图 2-14 和图 2-15 所示)。当阻水带遇水后，吸水膨胀产生一种阻水凝胶屏障。阻水带外再纵包双面覆塑钢带，钢带外挤上聚乙烯外护层。

骨架式光纤带光缆的优点是：结构紧凑、缆径小、纤芯密度大(上千芯至数千芯)，接续时无需清除阻水油膏、接续效率高；缺点是：制造设备复杂(需要专用的骨架生产线)、工艺环节多、生产技术难度大等。

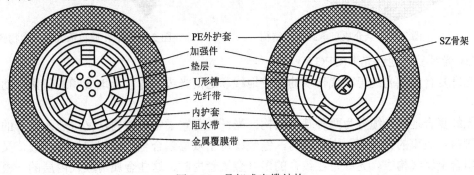

PE外护套
加强件
垫层
U形槽
光纤带
内护套
阻水带
金属覆膜带
SZ骨架

图 2-14　骨架式光缆结构

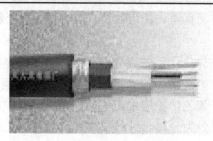

图 2-15　骨架式光缆实物图

3. 特种光缆

1) 电力光缆

电力光缆是指用于高压电力通信系统的光缆以及铁路通信网络的光电综合光缆，电力光缆的敷设趋势是将光缆直接悬挂在电杆或铁塔上，或缠绕在高压电力的相线上。安装的光缆抗拉强度能承受自重、风力作用和冰凌的重量，并有合适的结构措施来预防枪击或撞、挂等破坏。

常见的电力光缆有全介质自承式光缆和光纤复合地线光缆。

(1) 全介质自承式光缆(ADSS)。

典型的 ADSS 光缆的横截面如图 2-16 所示，实物如图 2-17 所示。其结构可分为中心管式或层绞式两种。

ADSS 光缆中，光纤以特定的大余长插入管内。因此，如果光缆受到额定拉力负载作用，光纤不会受到任何应力作用。为阻止水渗透和迁移，管内注入阻水纤用油膏。绕缆芯缠绕的芳纶纱提供给光缆所需的抗拉强度。

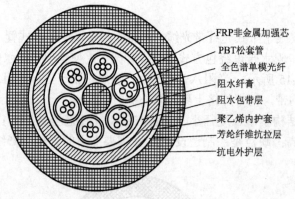

FRP非金属加强芯
PBT松套管
全色谱单模光纤
阻水纤膏
阻水包带层
聚乙烯内护套
芳纶纤维抗拉层
抗电外护层

图 2-16　全介质自承式光缆结构

图 2-17　全介质自承式光缆实物图

(2) 光纤复合地线光缆(OPGW)。

光纤复合地线光缆可替代传统的架空地线和通信光缆，即它集地线和通信两个功能于一体。

光纤复合地线光缆分为两种基本结构：光纤既可置于中心管内，又可放入绞合的多纤金属管内。成束的光纤放入中心管内，铠装既可由双层铝合金线或铝包钢线构成，又可由单层组合金属线构成。光纤是在绞合的多纤金属管内时，这些金属可取代内层的一根或多根铠装线。光纤复合地线光缆的结构和实物如图 2-18、图 2-19 所示。

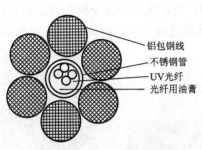

图 2-18　光纤复合地线光缆结构

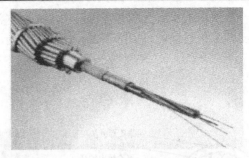

图 2-19　光纤复合地线光缆实物图

典型的双铠装层光缆缆芯是由一根塑料管或一根金属(优质钢)多纤管组成的。铠装的内层通常是由镀锌钢丝或铝包钢线(AW)组成。铝合金线(AY)通常构成铠装的外层。铝合金是铝、镁、硅组成的高层电合金，它的抗拉强度是纯铝的两倍。

根据光纤数的多少，塑料管的直径变化范围为 3.5～8 mm，而金属管直径可达 6 mm。

绞合的多纤金属光缆，金属管直径与铠装线直径(外径大约为 2.3～3.6 mm)相同，每个管内可插入 16～36 根光纤。

OPGW 的基本设计准则是防止光纤受到任何残余应变。因此，铠装线的横截面、质量和两种类型铝合金线的横截面关系由抗拉强度和载流性能确定。即使是在狂风和冰凌的条件下，以螺旋形式排列的光纤也不应受到任何应力作用。典型的光纤余长为 0.5%。

为消除短路情况下的负荷，所有的结构部件都应兼容。因此，外铠装层主要由优良的导体铝合金线构成。按这种方式组合可确保内铠装层的温度尽可能的低，以使得中心管的塑料物质(管材料、阻水纤用油膏、聚合物缓冲层)免遭破坏。

2) 阻燃光缆

在人口稠密地区及一些特殊场合，如商贸大厦、高层住宅、地铁、矿井、船舶、飞机中使用的光缆都应考虑阻燃问题；另外，敷入室内的光缆也应采用阻燃光缆。

阻燃光缆的结构型式包括层绞式、中心管式、骨架式或室内软光缆，既可以是金属加强件光缆，也可以是非金属加强光缆。最简单的阻燃室内光缆结构如图 2-20 和图 2-21 所示。

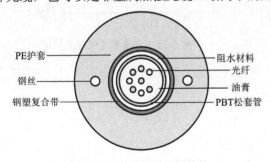

图 2-20　无卤阻燃光缆结构

图 2-21　阻燃光缆实物图

3) 水底光缆

水底光缆分为淡水水底光缆和海水水底光缆两大类。由于敷设时短期拉力大，需要将光缆进行钢丝铠装，以便提供足够的抗拉强度。水底光缆的抗拉、抗侧压力机械特性和密封性能是光缆工程设计要考虑的主要问题。

　　一般要求的水底光缆是在缆芯中填充阻水油膏，并在缆芯外加金属护套密封，以此提高密封性和抗拉性能，如图 2-22、图 2-23 所示为水底光缆中的一种，图 2-24 是海底光缆。

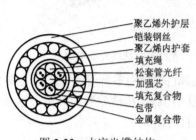

聚乙烯外护层
铠装钢丝
聚乙烯内护套
填充绳
松套管光纤
加强芯
填充复合物
包带
金属复合带

图 2-22　水底光缆结构　　　图 2-23　水底光缆实物图　　　图 2-24　海底光缆

2.3　通信光缆的型号

　　按照原邮电部部颁标准 YD/T908－2000，光缆的型号由形式代号和规格代号两部分组成，即：

$$光缆的型号 = 形式代号 + 规格代号$$

1. 光缆的形式代号

光缆的形式代号如图 2-25 所示。

1) 分类代号

GY——通信用室(野)外光缆；

GM——通信用移动式光缆；

GJ——通信用室(局)内光缆；

GS——通信用设备内光缆；

GH——通信用海底(水下)光缆；

GT——通信用特种光缆。

2) 加强构件代号

(无符号)——金属加强构件。

F——非金属加强构件。

3) 缆芯和光缆派生结构特征代号

D——光纤带结构；

S——光纤松套被覆结构；

J——光纤紧套被覆结构；

(无符号)——层绞结构；

G——骨架槽结构；

X——缆中心管(被覆)结构；

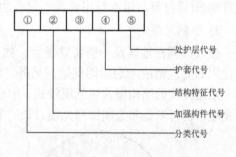

① ② ③ ④ ⑤

处护层代号
护套代号
结构特征代号
加强构件代号
分类代号

图 2-25　光缆形式代号的构成

T——填充式结构；

R——充气式结构；

C——自承式结构；

B——扁平形状；

E——椭圆形状；

Z——阻燃结构。

4) 护套代号

Y——聚乙烯护套；

V——聚氯乙烯护套；

U——聚氨脂护套；

A——铝－聚乙烯粘结护套(简称 A 护套)；

S——钢－聚乙烯粘结护套(简称 S 护套)；

W——夹带平行钢丝的钢－聚乙烯粘结护套(简称 W 护套)；

L——铝护套；

G——钢护套；

Q——铅护套。

5) 外护层代号及意义

外护层代号及意义如表 2-1 所示。

表 2-1　外护层代号及意义

代号	铠装层(方式)	代号	外被层(材料)
0	无	0	无
1	—	1	纤维外被
2	绕包双钢带	2	聚氯乙烯套
3	单细圆钢丝	3	聚乙烯套
4	单粗圆钢丝	4	聚乙烯套加覆尼龙套
44	双粗圆钢丝	—	—
5	皱纹钢带	5	聚乙烯保护管

2. 光纤规格代号

光纤的规格代号由光纤数和光纤类别组成。如果同一根光缆中含有两种或两种以上规格(光纤数和类别)的光纤，中间应用"＋"号联接。光纤规格代号的构成如图 2-26 所示。

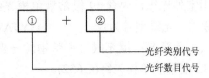

图 2-26　光纤规格代号的构成

(1) 光纤数目代号：用光缆中同类别光纤的实际有效数目的数字表示。

(2) 光纤类别代号：光纤类别应采用光纤产品的分类代号表示。按 IEC60793－2(2001)《光纤第 2 部分：产品规范》等标准规定，用大写 A 表示多模光纤，如表 2-2 所示；大写 B 表示单模光纤，如表 2-3 所示；再以数字和小写字母表示不同种类、类型的光纤。

表 2-2 多 模 光 纤

分类代号	特 性	纤芯直径/mm	包层直径/mm	材 料
A1a	渐变折射率	50	125	二氧化硅
A1b	渐变折射率	62.5	125	二氧化硅
A1c	渐变折射率	85	125	二氧化硅
A1d	渐变折射率	100	140	二氧化硅
A2a	突变折射率	100	140	二氧化硅

表 2-3 单 模 光 纤

分类代号	名 称	材 料
B1.1(或 B1)	非色散位移型	二氧化硅
B1.2	截止波长位移型	二氧化硅
B2	色散位移型	二氧化硅
B4	非零色散位移型	二氧化硅

3. 光缆型号示例

例 1 光缆型号为 GYTA53-12A1

其表示意义：松套层绞式、金属加强构件、填充式、铝-聚乙烯粘结护套、纵包皱纹钢带铠装、聚乙烯外护套、通信用室外光缆，内装 12 根渐变型多模光纤。

例 2 光缆型号为 GYDXTW-144B1

其表示意义：中心管式结构，带状光纤，金属加强件，全填充型，夹带增强聚乙烯护套，室外用通信光缆，内装 144 根常规单模光纤(G.652)。

例 3 光缆型号为 GJFBZY-12B1

其表示意义：扁平型结构，非金属加强件，阻燃聚烯烃外护套，室内用通信光缆，内含 12 根常规单模光纤(G.652)。

例 4 光缆型号为 GYTA03-144B1

其表示意义：松套层绞式、金属加强构件、填充式、铝-聚乙烯粘结护套、聚乙烯外护套、通信用室外光缆，内含 144 根常规单模光纤(G.652)。

例 5 光缆型号为 GYTA33-12B1

其表示意义：填充式、铝-聚乙烯粘结护套、细钢丝铠装、聚乙稀外护套中心束管式通信用室外光缆，内含 12 根常规单模光纤(G.652)。

例 6 光缆型号为 GYTAW-12B1

其表示意义：填充式、夹带钢丝-聚乙烯粘结护套、中心束管式通信用室外光缆，内含 12 根常规单模光纤(G.652)。

2.4 通信光缆的端别判断与纤序排定

要正确地对光缆工程进行接续、测量和维护工作，必须首先掌握光缆的端别判别和缆内光纤纤序的排列方法，因为这是提高施工效率、方便日后维护所必须的。

　　光缆中的光纤单元、单元内光纤，均采用全色谱或领示色来标识光缆的端别与光纤序号。其色谱排列和所加标志色，各个国家的产品不完全一致，在各国产品标准中有规定。目前国产光缆已完全能满足工程需要，所以在这里只对目前使用最多的国产全色谱光缆进行介绍。

1．通信光缆的端别判断

　　通信光缆的端别判断方法和通信电缆的有些类似。

　　(1) 对于新光缆：红点端为 A 端，绿点端为 B 端；光缆外护套上的长度数字小的一端为 A 端，另外一端即为 B 端。

　　(2) 对于旧光缆：旧光缆上的红绿点及长度数字均有可能看不到了(施工过程中摩擦掉了)，其判断方法是：面对光缆端面，若同一层中的松套管颜色按蓝、橙、绿、棕、灰、白顺时针排列，则为光缆的 A 端，反之则为 B 端。

2．通信光缆中的纤序排定

　　蓝色松套管中的蓝、橙、绿、棕、灰、白 6 根纤对应 1～6 号纤；紧扣蓝色松套管的橙色松套管中的蓝、橙、绿、棕、灰、白 6 根纤对应 7～12 号纤……依此类推，直至排完所有松套管中的光纤为止。若为带状光缆，其每个光纤带内光纤色谱为蓝、橙、绿、棕、灰、白、红、黑、黄、紫、粉红、天蓝共 12 种。

　　从上述排序过程中可以看到，光缆、电缆的色谱在走向统一，均采用构成全色谱全塑电缆芯线绝缘层色谱的 10 种颜色：白、红、黑、黄、紫、蓝、橙、绿、棕、灰，但有一点不同，那就是：在全色谱全塑电缆中，颜色的最小循环周期是 5 种(组)，如白/蓝、白/橙、白/绿、白/棕、白/灰，而在光缆里面是 6 种——蓝、橙、绿、棕、灰、白，它的每根松套管里的光纤数量也是 6 根，而不是 5 根，这一点是要特别提醒大家注意的。

3．端别判断和纤序排定举例

　　例 1　图 2-27 所示为某光缆端面，请回答下列问题：

　　(1) 判断光缆的端别；

　　(2) 排定纤序。

　　解　(1) 因为蓝、橙色松套管是顺时针排列的，所以这是光缆的 A 端。

　　(2) 纤序：蓝色松套管中的蓝、橙、绿、棕、灰、白分别为 1～6 号纤，桔色松套管中的蓝、橙、绿、棕、灰、白分别为 7～12 号纤，所以这是一条 12 芯的松套层绞式光缆，其中填充绳的主要作用是稳固缆芯结构，提高光缆的抗侧压能力。

　　例 2　图 2-28 为某光缆端面，请回答下列问题：

　　(1) 排定纤序；

　　(2) 判断光缆的端别。

　　解　(1) 排定纤序：蓝色套管中的蓝、橙、绿、棕、灰、白 6 纤对应 1～6 号纤；紧扣蓝松套管的白松套管中的蓝、橙、绿、棕、灰、白对应 7～12 号纤……依此类推，直至黄松套管中的白色光纤为第 30 号光纤。

　　(2) 端别判别：因领示色管由蓝至黄是顺时针，故为光缆的 A 端。

　　从例 2 中可以看出，这是一种根据领示色的排列来判断端别和确定纤序的光缆，它与例一不同。领示色的规定要参看各厂家的说明书。不过，这种光缆已经比较少见了，目前绝大部分都是采用全色谱的光缆。

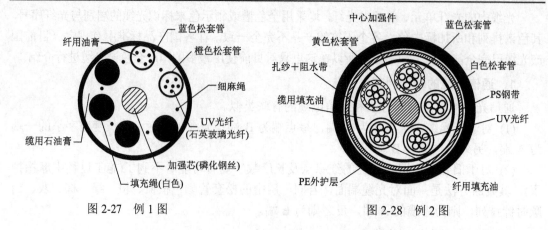

图 2-27　例 1 图　　　　　　　　　　图 2-28　例 2 图

2.5　通信光缆的性能参数及选用

光缆的性能参数与电缆不同，各个厂家生产的光缆或同一厂家生产的不同批次、不同型号的光缆，都没有统一共用的性能参数，而是各具特色和特性。本节介绍几种常用光缆的性能参数，以供设计施工所用。

1. 中心管式光缆的性能参数

1) 产品特性

(1) 松套管中的光纤余长经过精确控制，光缆具有优良的机械特性和温度特性。

(2) 松套管位于光缆物理中心，利于光缆弯曲。

(3) 螺旋绞合钢丝及皱纹钢塑复合护套，抗张力和抗侧压力，铠装保护效果好。

(4) 松套管内填充油膏，钢丝内、外空隙填充阻水化合物，提高光缆的可靠性。

(5) 复合皱纹钢带纵包，并与聚乙烯护套紧密粘结，提高光缆的强度和防潮性能。

(6) 护套表面印有产品信息和长度标志。

(7) 光纤芯数 2～12 芯，并可按要求定制。

2) 物理性能

物理性能如表 2-4 所示。

表 2-4　中心管式光缆的物理性能

光纤芯数		2～12
光缆最大外径/mm		12.0
光缆最大重量/(kg/km)		175
允许拉伸力 /N	长期	600
	短期	1500
允许压扁力 /(N/100 mm)	长期	300
	短期	1000
最小弯曲半径 /mm	静态	10 倍光缆外径
	动态	20 倍光缆外径
使用温度范围/℃		−40～+70

3) 光缆结构

中心管式光缆的断面结构如图 2-29 所示。

2. 松套层绞式光缆的性能参数

1) 产品特性

(1) 根据使用环境, 光纤余长设计合理。

(2) 防潮、防水性能以及机械性能好。

(3) 芯数大。

(4) 弯曲半径小, 施工方便。

2) 物理性能

松套层绞式光缆的物理性能如表 2-5 所示。

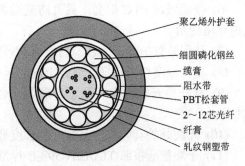

图 2-29　中心管式光缆的断面结构

表 2-5　松套层绞式光缆的物理性能

光纤芯数		2～36
光缆最大外径/mm		13.4
光缆最大重量/(kg/km)		195
允许拉伸力 /N	长期	600
	短期	1500
允许压扁力 /(N/100 mm)	长期	300
	短期	1000
最小弯曲半径 /mm	静态	10 倍光缆外径
	动态	20 倍光缆外径
使用温度范围/℃		−40～+70

3) 光缆结构

松套层绞式光缆的断面结构见图 2-30。

3. 室内分支光缆的性能参数

1) 产品特性

(1) 每根子缆内含芳纶增强纤维, 强度高, 弯曲性好, 不含油膏, 易于施工和接续。

(2) 子缆内光纤采用紧套设计, 并有独立的加强元件和护套(子缆), 能够防止环境和机械应力所造成的破坏。

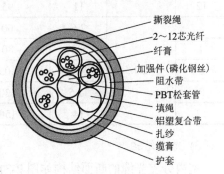

图 2-30　松套层绞式光缆的断面结构

(3) 内含开缆线, 采用无捆扎线的 SZ 绞合技术, 易于护套开剥并梳理各子缆, 节省敷设时间或成本。

(4) 采用内嵌式护套结构, 可阻止绞合元件在护套内移位, 使缆芯更紧密, 更稳定, 机械强度更高。

(5) 低烟无卤阻燃聚烯烃护套, 抗紫外线, 防水防霉, 耐环境应力开裂, 并且无酸性气体释放, 不腐蚀机房设备, 适合室内外使用或需高阻燃等级的室内环境(如天花板内布线、明线布线等)使用。

(6) 低烟低卤 PVC 护套，具有防延燃和自熄性，适合于机房、电缆竖井和墙内布线等室内环境使用。

(7) 环保防蚁护套，适合于白蚁活动频繁的场合。

(8) 多种温度使用范围，适合全国的所有地区。

(9) 室外用光缆内含有遇水膨胀阻水纱，阻止水或潮气对光纤的侵蚀，提高光缆可靠性。

(10) 光缆外护套印有产品信息和长度标示。

(11) 子缆护套按照 TIA/EIA-598-B 标准色谱，便于识别子缆排列顺序，容易进行光缆的路径分配和端连。

(12) 外护套颜色根据光纤种类而定(室内使用)，采用按照 TIA/EIA-598-B 标准色谱；室外使用推荐黑色，也可根据用户自定的颜色生产。

(13) 光纤芯数 2～12 芯，并可按要求定制。

2) 物理性能

室内分支光缆的物理性能见表 2-6。

表 2-6　松套层绞式光缆的物理性能

光缆芯数	子缆直径 /mm	缆外径 /mm	光缆重量 /(kg/km)	最大允许张力/N		最小弯曲半径	
				短期	长期	静态	动态
2		6	38	180	90		
4		7	50	350	180		
6	2.0	8	65	500	200		
8		9.5	90	650	250		
12		11	95	800	300	为光缆外径的10 倍	为光缆外径的15 倍
2		7.6	60	350	180		
4		8.8	80	650	300		
6	2.9	10.5	105	800	350		
8		12.5	130	1000	400		
12		14	150	1500	500		

3) 光缆结构

室内分支光缆的断面结构如图 2-31 所示。

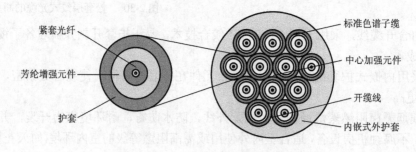

图 2-31　室内分支光缆的断面结构

4. 通信光缆的选用

光纤的种类繁多，在使用中应根据应用场合进行选择。

一般来说，中继光缆芯数少，可使用层绞式光缆；100 芯以下，使用大束管式光缆；10～200 芯，使用单元式光缆；超过 200 芯时，使用带式光缆；在局内使用时，把光纤制成软线，再把光纤软线制成软线型光缆。但在这里要说明一点：实际使用经验告诉我们，带状光缆虽然具有纤芯数量大、排序简单等优点，但接续、维护都很不方便，尤其是日常维护，因为带状光缆一旦发生部分断纤，只能进行甩纤处理，这大大降低了光纤的利用率。

对于城市内或区间使用的中继线路，光纤数量从几芯到 200 芯左右。上述为中继用而设计的几种光缆，一般都能满足要求。

公用通信网所用光缆的选型如表 2-7 所示。

表 2-7　公用通信网所用光缆的选型

光缆种类	结　　构	光纤芯数	需要条件
中继光缆	层绞式	<10	低损耗、宽频带、长盘长
	大束管式	<100	
	单元式	10～200	
	带式	200	
海底光缆	层绞式、骨架式、大束管式、单元式	4～100	低损耗、耐水压、耐张力
用户光缆	单元式	<200	高密度、多芯、低(中)损耗
	带式	>200	
局内光缆	软线、带式、单元式	2～20	质量轻、芯径细、柔软

本 章 小 结

1. 通信光缆按缆芯结构的特点不同，可分为层绞式光缆、中心管式光缆和骨架式光缆；按使用环境与场合分主要分为室外光缆、室内光缆及特种光缆三大类。松套层绞式光缆是目前使用最多的光缆，也是我们学习的重点。

2. 各种类型的通信光缆的基本组成是纤芯、纤芯保护管、加强芯、填充物、填充油膏及护层等六部分。要求大家弄清楚每一构件在光缆中所起的作用以及每一构件的材料组成。

3. 光缆的型号由型式代号和规格代号两部分组成。常用室外、室内所使用的单模光纤的型号表示方法是大家必须要掌握的。

4. 正确完成光缆、光纤的接续、测试及维护的前提是准确排定缆中的纤序和判断光缆的 A、B 端。当光缆同一层中松套管颜色按照蓝、橙、绿、棕、灰、白顺时钟排列时就是 A 端，反之是 B 端；而对应的蓝管中的蓝、橙、绿、棕、灰、白六根光纤即为 1～6 号纤，橙管中的蓝、橙、绿、棕、灰、白六根光纤为 7～12 号纤，依此类推，直至排列完毕。

5. 各种不同的光缆对应不同的性能参数，设计、施工时必须熟悉和掌握这些参数。

习题与思考题

一、简答题

图 2-32 所示为光缆工程中出现过的 4 种光缆，请利用网络完成以下两件事：

(1) 标明每种光缆的准确名称；

(2) 说明每种光缆的结构特点与运用场合。

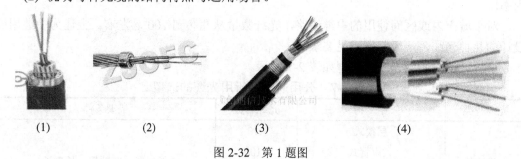

| (1) | (2) | (3) | (4) |

图 2-32　第 1 题图

二、单项选择题

1．目前我国用量最大的光缆类型为(　　)。

① G.652　　　　　　② G.653　　　　　　③ G.654　　　　　　④ G.655

2．光纤的主要成分是(　　)。

① 电导体　　　　　② 石英玻璃　　　　③ 介质　　　　　　④ 塑料

3．单模光纤以(　　)色散为主。

① 模式　　　　　　② 材料　　　　　　③ 波导　　　　　　④ 偏振膜

4．国内常用的光缆结构有三种，分别为松套管层绞式、中心束管式和骨架式光缆。其中(　　)式光缆以其施工和维护抢修方便、全色谱等优点在国内用的比较广泛。

① 松套管层绞式　　② 中心束管式　　　③ 骨架式　　　　　④ 中心松管式

5．GYTS 表示(　　)。

① 通信用移动油膏钢-聚乙稀光缆　　　② 通信用室(野)外油膏钢-聚乙稀光缆

③ 通信用室(局)内油膏钢-聚乙稀光缆　④ 通信用设备内光缆

6．光时域反射仪的英语缩写是(　　)。

① TDOR　　　　　　② DTOR　　　　　　③ ODTR　　　　　　④ OTDR

7．在光交接箱中用于跳接的光缆是(　　)。

① 多芯光缆　　　　② 双芯光缆　　　　③ 单芯光缆　　　　④ 裸纤

8．目前在城域网光缆线路中使用最多的光缆是(　　)。

① 分离层绞式　　　② 骨架式　　　　　③ 带状层绞式　　　④ 中心管式

9．目前在长途通信中使用最多的光纤是(　　)。

① 单模光纤　　　　② 多模光纤　　　　③ 塑料光纤　　　　④ 混合光纤

10．单模光纤中所能传输的光的模式数为(　　)。

① 1　　　　　　　　② 2　　　　　　　　③ 3　　　　　　　　④ 4

11．6 芯光缆中的光纤数量是(　　)。

① 4 根　　　　　② 6 根　　　　　③ 36 根　　　　　④ 8 根

12．光纤通信中的载波是指(　　)。

① 光波　　　　　② 电波　　　　　③ 水波　　　　　④ 锯齿波

13．以 6 芯为基本单元的 12 芯松套层绞式光缆中，第 11 号光纤的颜色是(　　)。

① 蓝　　　　　　② 橙　　　　　　③ 灰　　　　　　④ 浅蓝

14．以 6 芯为基本单元的 8 芯松管式光缆中，第 7 号光纤的颜色是(　　)。

① 红　　　　　　② 浅橙　　　　　③ 黄　　　　　　④ 绿

15．以 6 芯为基本单元的 24 芯松套管层绞式光缆中，其松套管的颜色一共有(　　)种。

① 1　　　　　　② 2　　　　　　③ 3　　　　　　④ 4

16．以 12 芯为基本单元的 24 芯松套管层绞式光缆中，第 15 号光纤所在松套管的颜色是(　　)。

① 蓝　　　　　　② 橙　　　　　　③ 绿　　　　　　④ 棕

17．以 6 芯为基本单元的 24 芯松套管层绞式光缆中，第 21 号光纤的颜色是(　　)。

① 蓝　　　　　　② 橙　　　　　　③ 绿　　　　　　④ 棕

18．下列表示松套管颜色的色谱中，在 24 芯松套管层绞式光缆中不存在的是(　　)。

① 蓝　　　　　　② 绿　　　　　　③ 灰　　　　　　④ 棕

19．以 6 芯为基本单元的 36 芯松套管层绞式光缆中，松套管总数是(　　)个。

① 4　　　　　　② 5　　　　　　③ 6　　　　　　④ 7

20．以 12 芯为基本单元的 48 芯松套管层绞式光缆中，第 39 号光纤所在松套管的颜色是(　　)。

① 红　　　　　　② 蓝　　　　　　③ 绿　　　　　　④ 棕

21．在松套管层绞式光缆中，松套管中的填充物是(　　)。

① 石油膏　　　　② 堵塞剂　　　　③ 环氧树脂　　　　④ 黄油

三、问答题

1．解释下列光缆型号之意义，并说明它们各自的使用场合：

(1) GJFBZY－12B1　　　　　　　　(2) GYTA53－30A1d

(3) GYXTW53－36B1.2　　　　　　(4) GYXTY－24B2

(5) GYFTCZY-30B1　　　　　　　(6) GYDTY53－720A1C

(7) OPGW－272A1　　　　　　　　(8) GYTY54-30A2a

(9) GYTA03－96B1　　　　　　　　(10) GYTAW－8B1

2．光缆的端别和纤序如何判别？规定端别的目的是什么？在我国长途干线和本地网中，光缆的端别分别应如何摆放？

实 训 内 容

1．实训目的

掌握如图 2-33 所列光缆开剥工具的正确使用方法，熟练开剥光缆，掌握松套层绞式光缆缆芯结构，准确排定纤序，了解光缆中各构件的作用。

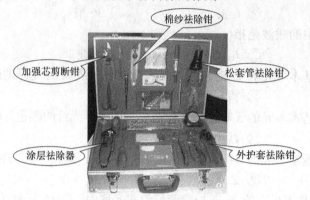

图 2-33 光缆开剥工具

2. 实训器材

(1) 端面结构如图 2-34 所示的 8 芯光缆，长度不少于 100 m。

(2) 专用光缆开剥工具若干套。

3. 实训内容

(1) 正确使用专用工具开剥光缆 1.2 m～1.5 m。

(2) 正确剪断加强芯、填充绳、细麻绳，留长合格。

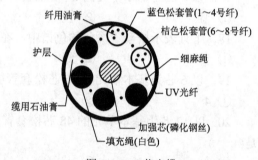

图 2-34 8 芯光缆

(3) 清除油膏，正确祛除松套管及光纤涂层上的油膏。

(4) 祛除涂层并清除油膏。

(5) 准确找到指定光纤并识别颜色。

(6) 详细说明下列光缆构件的作用：填充绳、细麻绳、加强芯、松套管、缆用油膏、纤用油膏。

(7) 判断光缆的 A、B 端。

第 3 章　智能综合布线

随着通信、计算机网络、控制和图形显示技术的相互融合和发展，高层房屋建筑服务功能的增加和客观要求的提高，20 世纪 50 年代开始建设的传统的专业布线系统已经不能满足需要。为此，发达国家开始研究和推出综合布线系统，20 世纪 80 年代后期，综合布线系统逐步引入我国。近几年来我国国民经济持续快速发展，城市中各种新型高层建筑和现代化公共建筑不断建成，尤其是作为信息化社会象征之一的智能化建筑中的综合布线系统已成为现代化建筑工程中的热门话题，也是建筑工程和通信工程中设计和施工相互结合的一项十分重要的内容。

智能综合布线系统是现代化房屋建筑的关键部分和基础设施之一。本章将就智能综合布线系统的基本定义、网络结构、指标参数、设计等级、传输介质、工程器材、工程测试等内容进行介绍，供在综合布线系统工程的规划、设计、施工、测试及使用中参考。

由于综合布线系统的科学技术涉及面广、发展较快，且尚在继续完善和不断提高之中，因此，请读者及时掌握和了解国内外标准的变化和当前科学技术发展动态，并结合工程实际灵活掌握，以满足现代化房屋建筑高度信息化的需要。

3.1　智能综合布线系统概述

3.1.1　智能综合布线系统的定义及其与智能建筑的关系

1. 智能综合布线系统的定义

原邮电部于 1997 年 9 月发布的 YD/T 926.1—1997 通信行业标准《大楼通信综合布线系统第一部分：总规范》中，对综合布线系统的定义为：

"通信电缆、光缆、各种软电缆及有关连接硬件构成的通用布线系统，它能支持多种应用系统。即使用户尚未确定具体的应用系统，也可进行布线系统的设计和安装。综合布线系统中不包括应用的各种设备。"

从上述定义中可以看出，它所指的只是综合布线系统，而不是智能综合布线系统。那么什么是智能综合布线系统？我们认为，满足智能化建筑信息传输要求的布线系统就是智能综合布线系统。

也就是说，通常我们所说的建筑物与建筑群综合布线系统是一种(简单的)综合布线系统，而不是智能综合布线系统，因为通常我们所说的综合布线系统不是针对智能建筑的或智能化程度很低建筑物的信息传输媒质系统。它将相同或相似的缆线(如对绞线、同轴电缆或光缆)、连接硬件组合在一套标准的且通用的、按一定秩序和内部关系而集成为整体，因此，实际上它是以 CA(通信自动化)为主的综合布线系统。

2．智能化建筑

智能化建筑是将建筑、通信、计算机网络和监控等各方面的先进技术相互融合、集成为最优化的一个整体，具有工程投资合理、设备高度自控、信息管理科学、服务优质高效、使用灵活方便和环境安全舒适等特点，能够适应信息化社会发展需要的现代化新型建筑，例如航空港、火车站、江海客货运港区和智能化居住小区等房屋建筑。

智能化建筑的基本功能主要由三大部分构成，即大楼自动化(又称建筑自动化或楼宇自动化(BA))、通信自动化(CA)和办公自动化(OA)，这 3 个自动化通常称为"3A"，它们是智能化建筑中最基本的、而且必须具备的基本功能。目前有些地方的房地产开发公司为了突出某项功能，以提高建筑等级和工程造价，又提出防火自动化(FA)和信息管理自动化(MA)，形成"5A"智能化建筑。甚至有的房产开发商又提出保安自动化(SA)，出现"6A"智能化建筑，甚至还有提出"8A"、"9A"的。但从国际惯例来看，FA 和 SA 等均放在 BA 中，MA 已包含在 CA 内，通常只采用"3A"的提法，所以我们说具有"3A"功能的建筑就是智能化建筑。

3．智能化建筑与综合布线系统的关系

由于智能化建筑是集建筑、通信、计算机网络和自动控制等多种高新科技之大成，因此智能化建筑工程项目的内容极为广泛，作为智能化建筑中的神经系统(综合布线系统)是智能化建筑的关键部分和基础设施之一，因此，不应将智能化建筑和综合布线系统相互等同，否则容易引起误解。综合布线系统在建筑内和其他设施一样，都是附属于建筑物的基础设施，为智能化建筑的主人或用户服务。虽然综合布线系统和房屋建筑彼此结合形成不可分离的整体，但要看到它们是不同类型和工程性质的建设项目。它们从规划、设计直到施工及使用的全过程中，其关系是极为密切的。具体表现有以下几点：

(1) 综合布线系统是衡量智能化建筑的智能化程度的重要标志。

在衡量智能化建筑的智能化程度时，既不完全看建筑物的体积是否高大威武和造型是否新型壮观，也不会看装修是否华丽和设备是否配备齐全，主要是看综合布线系统配线能力，如设备配置是否成套，技术功能是否完善，网络分布是否合理，工程质量是否优良，这些都是决定智能化建筑的智能化程度高低的重要因素，因为智能化建筑能否为用户更好地服务，综合布线系统具有决定性的作用。

(2) 综合布线系统使智能化建筑充分发挥智能化效能，它是智能化建筑中必备的基础设施。综合布线系统把智能化建筑内的通信、计算机和各种设备及设施，在一定的条件下纳入综合布线系统，相互连接形成完整配套的整体，以实现高度智能化的要求。由于综合布线系统能适应各种设施当前需要和今后发展，具有兼容性、可靠性、使用灵活性和管理科学性等特点，所以它是智能化建筑能够保证优质高效服务的基础设施之一。在智能化建筑中如果没有综合布线系统，各种设施和设备因无信息传输媒质连接而无法相互联系、正常运行，智能化也难以实现，这时的智能化建筑就是一幢只有空壳躯体的、实用价值不高的土木建筑，也就不能称为智能化建筑。在建筑物中只有配备了综合布线系统时，才有实现智能化的可能性。

(3) 综合布线系统能适应智能化建筑今后发展的需要。房屋建筑的使用寿命较长，大

都在几十年以上，甚至近百年。因此，目前在规划和设计新的建筑时，应考虑如何适应今后发展的需要。由于综合布线系统具有很高的适应性和灵活性，能在今后相当长的时期内满足客观发展需要，为此，新建的高层或重要的智能化建筑，应根据建筑物的使用性质和今后发展等各种因素，积极采用综合布线系统。对于近期不拟设置综合布线系统的建筑，应在工程中考虑今后设置综合布线系统的可能性，在主要部位、通道或路由等关键地方，适当预留房间(或空间)、洞孔和线槽，以便今后安装综合布线系统时，避免打洞穿孔或拆卸地板及吊顶等装置，有利于扩建和改建。

4．综合布线系统的功能

综合布线系统的主要功能包括：

(1) 传输模拟与数字的语音。

(2) 传输数据。

(3) 传输传真、图形、图像资料。

(4) 传输电视会议与安全监视系统的信息。

(5) 传输建筑物安全报警与空调控制系统的信息。

5．综合布线系统的特点

(1) 综合性、兼容性好。传统的专业布线方式需要使用不同的电缆、电线、接续设备和其他器材，技术性能差别极大，难以互相通用，彼此不能兼容。综合布线系统具有综合所有系统和互相兼容的特点，采用光缆或高质量的布线部件和连接硬件，能满足不同生产厂家终端设备传输信号的需要。

(2) 灵活性、适应性强。在综合布线系统中任何信息点都能连接不同类型的终端设备，当设备数量和位置发生变化时，只需采用简单的插接工序，实用方便，其灵活性和适应性都强，且节省工程投资。

(3) 易于扩建、维护和管理。综合布线系统的网络结构一般采用星型结构，各条线路自成独立系统，在改建或扩建时互相不会影响。综合布线系统的所有布线部件采用积木式的标准件和模块化设计。因此，部件容易更换，便于排除障碍，且采用集中管理方式，有利于分析、检查、测试和维修，节约维护费用和提高工作效率。

6．技术经济合理

综合布线系统各个部分都采用高质量材料和标准化部件，并按照标准施工和严格检测，保证系统技术性能优良可靠，满足目前和今后通信需要，且在维护管理中减少维修工作，节省管理费用。采用综合布线系统虽然初次投资较多，但从总体上看是符合技术先进、经济合理的要求的。

7．综合布线系统的范围

我国通信行业标准《大楼通信综合布线系统》(YD/T 926)中规定综合布线的适用范围是：跨越距离不超过 3000 m、建筑总面积不超过 100 万 m^2 的布线区域，其人数为 50 人～5 万人。如布线区域超出上述范围时可参照使用。

上述范围是从基建工程管理的要求考虑的，与今后的业务管理和维护职责等的划分范围有可能是不同的。因此，综合布线系统的具体范围应根据网络结构、设备布置和维护办法等因素来灵活地划分相应范围。

3.1.2 智能综合布线系统的组成

通常，综合布线系统划分为建筑群子系统、干线(垂直)子系统、配线(水平)子系统、设备间子系统、管理区子系统和工作区子系统 6 个独立的子系统，即通常所说的"一间、二区、三系统"，如图 3-1 所示。综合布线系统的结构层次图如图 3-2 所示。

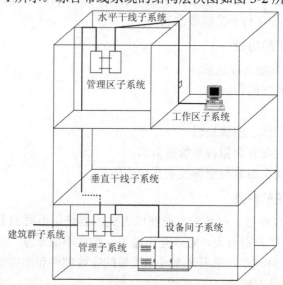

图 3-1　综合布线系统的组成

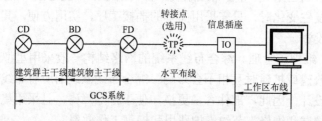

CD—建筑群配线架；BD—建筑物配线架；FD—楼层配线架

图 3-2　综合布线系统的结构层次

下面对其各个部分进行简单的说明。

1. 设备间子系统

设备间是一个安装放置公共通信装置的场所，是通信设施、配线设备的所在地，也是线路管理的集中点。设备间子系统将各种公共设备如计算机主机(HOST)、数字程控交换机(如 PBX)、各种控制系统等与主配线架连接起来。设备间可以和计算机主机房设计在一起，也可以分开。

选择设备间的位置时一定要注意工作环境是否通风、干燥，温度是否合理。比如多数地下室都比较潮湿，就不适宜作设备间。但是设备间也不宜过高，这会造成布线困难和资源浪费(如走回头线等)。

2．管理区子系统

管理区子系统也称做管理子系统，一般在每层楼都应设计一个管理间或配线间。其主要功能是对本层楼所有的信息点实现配线管理及功能变换，以及连接本层楼的水平子系统和骨干子系统(垂直干线子系统)。其主要设备是配线架、跳线、交换机或集线器、理线器、机柜等。

管理区子系统和设备间子系统不一样，它不是一个固定区域，而是一个由分布在各个不同地方的管理器件来进行对整个系统管理的系统，所以通常我们又可以把它分为楼层管理子系统、设备间管理子系统等。

3．工作区子系统

工作区子系统就是用户最终的办公区域，是由终端设备至信息插座的连接器件组成的，包括装配软线、连接器或适配器以及连接所需的扩展软线，并在终端设备和输入/输出(I/O)之间搭接。

4．水平干线子系统

水平干线子系统也称做水平子系统，其主要功能是实现信息插座和楼层管理子系统间的连接。其设计范围是从工作区的信息插座一直到楼层管理间子系统的配线架，结构一般为星型结构。

5．垂直干线子系统

综合布线系统中的干线分为垂直干线和群间干线两种。垂直干线子系统负责从楼层管理间子系统到设备间子系统的连接，实际上是指负责从主交换机到分交换机之间的布线，提供各楼层管理间、设备间和引入口(由电信端局提供的网络设施的一部分)设施之间的互连。

6．建筑群子系统

建筑群子系统是将一个建筑物的缆线延伸到建筑群的另外一些建筑物中的通信设备和装置上，实际上主要就是群间干线，它包括建筑物间的主干布线以及建筑物中的引入口设施。建筑群子系统除了需在某个建筑物内建立一个主设备室外，一般还应在其他建筑物内部配一个中间设备室，在选择引入口设备的安装地点的时候应靠近设备室。建筑群子系统所需要的硬件主要包括：导线、电缆、光缆以及防止电缆上的脉冲进入建筑物的电气保护装置等。

3.1.3　智能综合布线系统的设计概述

1．智能综合布线系统的网络结构

综合布线系统最常用的是星型网络拓扑结构。

1) 单幢智能化建筑内部的综合布线系统网络结构

单幢智能化建筑内部的综合布线系统网络结构如图 3-3 所示。从图中可以看出网络采用的是两级星型网络结构。

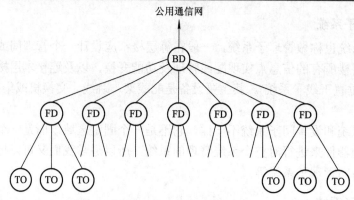

图 3-3　两级星型网络结构

2) 多幢智能化建筑构成小区的综合布线系统网络结构

(1) 采用多级有迂回路由的星型网络拓扑结构。多幢智能化建筑组成的智能化小区，其综合布线系统的建设规模较大，网络结构复杂，除在智能化小区内某幢智能化建筑中设有 CD 外，其他每幢智能化建筑中还分别设有 BD。为了使综合布线系统网络结构具有更高的灵活性和可靠性，且能适应今后多种应用系统的使用要求，可以在两个层次的配线架(如 BD 或 FD)之间用电缆或光缆连接，构成多级有迂回路由的星型网络拓扑结构，如图 3-4 所示。

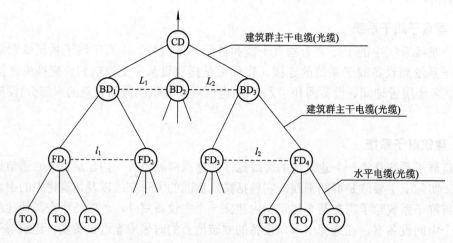

图 3-4　多级有迂回路由的星型网络拓扑结构

图 3-4 中 BD 之间或 FD 之间为互相连接的电缆或光缆。这种网络结构较为复杂，增加了缆线长度和工程造价，对维护检修也不利。因此，在考虑综合布线系统网络结构时，需经过技术经济比较后来确定。

(2) 采用分散和集中相结合的连接方式。在智能化小区的综合布线系统工程设计中，为了保证通信传输安全可靠，可以考虑增加冗余度，综合布线系统采取分集连接方法，即分散和集中相结合的连接方式，如图 3-5 所示。

从图 3-5 中可以看出，引入智能化小区的通信线路(电缆或光缆)设有两条路由，分别连接到智能化小区内两幢智能化建筑各自的建筑物主干布线子系统，与建筑物配线架相连接，用建筑物主干布线子系统的主干电缆或光缆连接到各自管辖的楼层配线架。根据网络结构和实际需要，可以在建筑物配线架之间(BD1—BD2)或楼层配线架之间(FD1—FD2)采用电缆或光缆互相连接，形成类似网状网的形状。这种网络结构对于防止火灾等灾害或公用通信网线路障碍发生的通信中断事故具有保障作用。

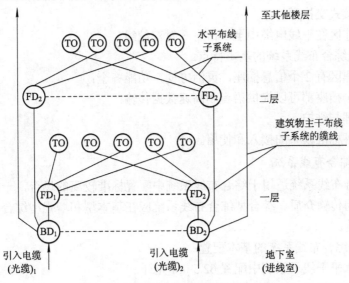

图 3-5　分散和集中相结合的连接方式

2. 设计等级

根据 2000 年 8 月 1 日开始执行的国标 GBT/T50311—2000《建筑与建筑群综合布线系统工程设计规范》规定，综合布线工程分为 3 种不同的布线系统设计等级，即基本型综合布线系统，增强型综合布线系统和综合型综合布线系统。

1) 基本型综合布线系统

基本型综合布线系统是一种经济有效的布线方案，适用于综合布线系统中配置较低的场合，主要以铜芯双绞线作为传输介质。它能够支持语音或综合型语音/数据产品，并能够全面过渡到数据的异步传输或综合型综合布线系统。

(1) 基本型综合布线系统的基本配置：
- 每个工作区有 1 个信息插座；
- 每个工作区的配线电缆为 1 条 4 对双绞线(如普通 5 类线)；
- 采用夹接式交接硬件；
- 每个工作区在干线电缆中至少占有 2 对双绞线。

(2) 基本型综合布线系统的基本特点：
- 支持所有语音和数据传输；
- 便于维护管理；
- 支持众多厂家的产品设备和特殊信息的传输。

2) 增强型综合布线系统

增强型综合布线系统适用于综合布线系统中中等配置标准的场合，主要以铜芯双绞线作为传输介质。它不仅支持语音和数据的应用，而且支持图像、影像、影视、视频会议等。另外，增强型综合布线系统还能为增加的功能提供发展的余地，并能利用接线板进行管理。

(1) 增强型综合布线系统的基本配置：
- 每个工作区有 2 个或 2 个以上信息插座；
- 每个工作区的配线电缆为 2 条 4 对双绞线(如 2 条普通 5 类线)；
- 采用插接式交接硬件；
- 每个工作区在干线电缆中至少占有 3 对双绞线。

(2) 增强型综合布线系统的基本特点：
- 每个工作区有 2 个信息插座，灵活方便，功能齐全；
- 任何一个插座都可以提供语音和高速数据传输；
- 便于管理与维护；
- 支持各种标准设备的接入和使用。

3) 综合型综合布线系统

综合型综合布线系统适用于综合布线系统中配置标准较高的场合，一般用双绞线和光缆混合布线作为传输介质。综合型综合布线系统应在基本型和增强型综合布线系统的基础上增设光缆系统。

(1) 综合型综合布线系统的基本配置：
- 干线或水平干线子系统中配置 62.5 μm 光纤；
- 每个工作区在干线电缆中占有 4 对双绞线；
- 每个工作区配有 2 个以上信息插座。

(2) 综合型综合布线系统的基本特点：
- 工作区内 2 个以上的信息插座，不仅灵活方便，而且功能齐全；
- 任何一个信息插座都可以提供语音和高速数据传输；
- 使用光纤作为传输介质，极大地提高了入户速率。

3. 综合布线系统中各段电缆的最大长度

综合布线全系统网络结构中，若采用铜线电缆作为传输介质，则各段缆线传输最大长度必须符合图 3-6 中所示的要求。这是因为网络传输特性或叫网络游戏规则是为保证通信质量所确定的。图 3-6 中的 *A*、*B*、*C*、*D*、*E*、*F*、*G* 表示相关段落缆线或跳线的长度。若采用通信光缆作为传输介质，则不受此限制。

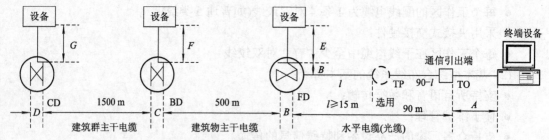

A—水平子系统中工作区电缆长度；*B*—FD上接插软线或跳线长度；*C*—BD上接插软线或跳线长度；

D—CD上接插软线或跳线长度；*E*—FD处的设备电缆长度；

F—BD处的设备电缆长度；*G*—BD处的设备电缆长度

图 3-6　综合布线系统中各段电缆缆线的最大长度

在图 3-6 中，各段缆线的长度规定如下：

① $A + B + E \leqslant 10$ m；

② C、$D \leqslant 20$ m；

③ F、$G \leqslant 30$ m。

4．综合布线系统中各子系统设计概述

1) 设备间的设计

设备间是综合布线系统的关键部分，因为它是外界引入(包括公用通信网或建筑群体间主干布线)和楼内布线的交汇点。因此，确定设备间的位置极为重要。此外，其工艺要求和内部布置也是设计中不容忽视的，在设计中应注意以下几点。

(1) 设备间的理想位置应设于建筑物综合布线系统主干线路的中间，一般常放在建筑物的一、二层，并尽量靠近通信线路引入房屋建筑的入口位置，以便与屋内外各种通信设备、网络接口及装置连接。通信线路的引入端和设备及网络接口的间距，一般不宜超过15 m。此外，设备间应邻近电梯间，以便装运笨重设备。同时，应注意电梯内的面积大小、净空高度以及电梯载重的限制。

设备间一般装有电话、数据终端、计算机等系统的主机设备及其保安配线设备，并有各系统公用的综合布线系统的进线接续设备，同时还是网络集中控制、维护管理和管理人员值班的场所。在特殊情况下，电话交换系统和计算机主机也可分别设置，但应考虑连接通信网络方便和有利于综合布线系统的使用管理。程控用户交换机和计算机主机的机房离设备间不宜太远，这样有利于缩短缆线长度和保证传输质量。

设备间的位置应选择在环境安全、干燥通风、清洁明亮和便于维护管理的地方。设备间的上面或附近不应有渗漏水源，不应存放易腐蚀、易燃、易爆物品，还要远离电磁干扰源。

设备间的位置应便于安装接地装置，根据房屋建筑的具体条件和通信网络的技术要求，按照接地标准选用切实有效的接地方式。

(2) 设备间的大小应根据智能化建筑的建设规模、采用的各种不同系统、安装设备的数量、网络结构要求以及今后发展需要等因素综合考虑。在设备间内应能安装所有设备，并有足够的施工和维护空间。

(3) 设备间是装设备种设备的专用房间，所装设备对于环境要求较高，因此，内部装修和安装工艺必须注意以下问题：

① 设备间应有良好的气温条件，以保证安装设备和维护人员能够正常工作；要求室温应保持在 10℃～27℃之间，相对湿度应保持在 60%～80%。

② 设备间应按防火标准安装相应的防火报警装置，使用防火防盗门；墙壁不允许采用易燃材料；应有至少能耐火 1 h 的防火墙；地面、楼板和天花板均应涂刷防火涂料，所有穿放缆线的管材、洞孔及线槽都应采用防火材料堵严密封。

③ 设备间安装用户电话交换机和计算机主机时，其安装工艺应分别按设备的工艺要求标准设计。两者要求如有不同，则以较高的工艺要求为准。设备间的装修标准应满足通信机房的工艺要求，如采用活动地板时，要具有抗静电性能。

(4) 设备间内应防止有害气体侵入，并有良好的防尘措施。

(5) 设备间必须保证其净高(吊顶到地板之间)不应小于 2.55 m(无障碍空间)，以便安装的设备进入。门的大小应能保证设备搬运和人员通行，要求门的高度应大于 2.1 m，门宽应大于 0.9 m。地板的等效均布活荷载应大于 5 kN/m^2。

(6) 设备间设一般照明，按照规定水平工作面距地面高度 0.8 m 处、垂直工作面距地面高度 1.4 m 处被照面的最低照度标准应为 150 lx。

2) 工作区子系统

(1) 设计基本要求。

工作区子系统是一个从信息插座延伸至终端设备的区域。工作区布线要求相对简单，这样就容易移动、添加和变更设备。该子系统包括水平配线系统的信息插座、连接信息插座和终端设备的跳线以及适配器等。

工作区子系统由终端设备连接到信息插座的连线(或软线)组成。它包括装配软线、连接件和连接所需的扩展软线，并在终端设备和输入/输出(I/O)之间搭接，相当于电话配线系统中连接话机的用户线及话机终端部分。在智能大厦综合布线系统中，工作区常用术语服务区(Coverage Area)替代，通常服务区大于工作区。

终端设备可以是电话、微机和数据终端，也可以是仪器仪表、传感器和探测器等。一个独立的需要设置终端设备的区域常划分为一个工作区。一部电话机或一台计算机终端设备的服务面积可按 5 m^2～10 m^2 设置，也可按用户要求设置。

工作区可支持电话机、数据终端、微型计算机、电视机、监视及控制等终端设备的设置和安装。

工作区适配器的选用应符合下列要求：

● 在设备连接器处采用不同信息插座的连接器时，可以用专用电缆或适配器。

● 当在单一信息插座上进行两项服务时，应用"Y"型适配器。

● 在配线(水平)子系统中选用的电缆类别(介质)不同于设备所需的电缆类别(介质)时，应采用适配器。

● 在连接使用不同信号的数模转换或数据速率转换等相应的装置时，应采用适配器。

● 对于网络规程的兼容性，可用配合适配器。

(2) 确定信息插座的数量和类型。

① 根据楼层平面图计算每层楼布线面积。

② 估算 I/O 插座数量一般设计两种平面图供用户选择：

● 为基本型设计出每 9 m^2 一个 I/O 插座的平面图；

● 为增强型或综合型设计出两个 I/O 插座的平面图。

③ 确定 I/O 插座的类型。I/O 插座分为嵌入式和表面安装式两种，我们可根据实际情况，采用不同的安装式样来满足不同的需要。

④ 通常新建筑物采用嵌入式 I/O 插座；而现有的建筑物采用表面安装式的 I/O 插座。

3) 管理区子系统的设计

在进行综合布线时，应该考虑在每一楼层都设立一个管理间用来管理该层的信息点，尽量不要几层共享一个管理间子系统。

管理间中主要放置集线器、交换机、配线架、语音点集线面板等网络连接及管理设备。

管理间子系统提供了与其他子系统连接的手段，使得管理员能够灵活地重新安排和调度路由，以实现对综合布线系统的有效管理。

通过在配线连接硬件区域调整交接方式，就可以管理整个应用系统终端设备。通常的管理交接方式有如下几种。

(1) 单点管理单交连，如图 3-7 所示。

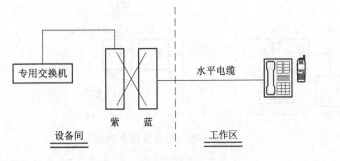

图 3-7 单点管理单交连

(2) 单点管理双交连，如图 3-8 所示。

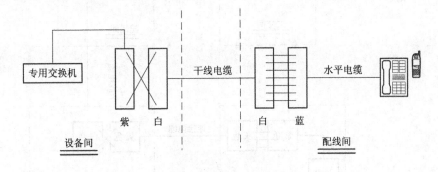

图 3-8 单点管理双交连

(3) 双点管理双交连，如图 3-9 所示。

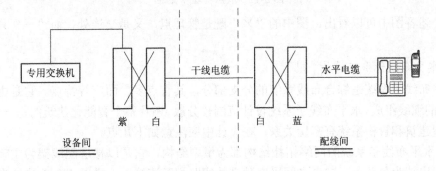

图 3-9 双点管理双交连

(4) 双点管理 3 交连，如图 3-10 所示。

(5) 双点管理 4 交连，如图 3-11 所示。

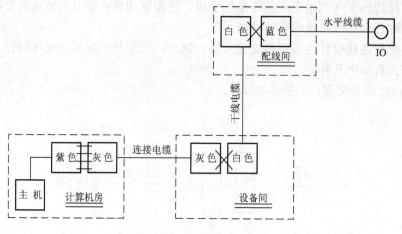

图 3-10 双点管理 3 交连

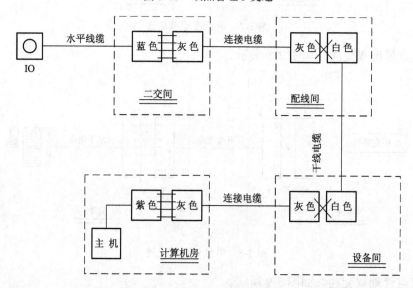

图 3-11 双点管理 4 交连

从上述各图中可以看出，图中的"×"既是管理点，又是交连处，而"—"只表示交连处。

4) 水平布线子系统设计

水平布线子系统是综合布线系统的分支部分，具有点多、面广等特点。它是由 IO 至 FD 之间的缆线组成。水平布线子系统设计范围较分散，遍及整个智能化建筑的每一个楼层，且与房屋建筑和管槽系统有密切关系，在设计中应注意如下几点。

(1) 水平布线子系统的网络拓扑结构都为星型结构，它是以楼层配线架为主节点，各个通信引出端为分节点，二者之间采取独立的线路相互连接，形成以 FD 为中心向外辐射的星型线路网状态。这种网络拓扑结构的线路长度较短，有利于保证传输质量、降低工程造价和维护管理。

(2) 水平布线子系统的设备配置主要是楼层配线架和通信引出端的配置。选用楼层配线架的容量时，应根据该楼层目前用户信息点的需要和今后可能发展的数量来决定。此外，还应考虑设备间预留适当空间，以便今后扩建时安装连接部件。

(3) 根据我国通信行业标准规定，水平布线子系统的缆线最大长度为 90 m。在一般情况下，水平电缆推荐采用特性阻抗为 100 Ω 的对称电缆，必要时允许采用 150 Ω 的对称电缆，不允许采用 120 Ω 的对称电缆。当采用高速率传输系统或传输电视图像信息时，宜采用光缆。建议采用 62.5 μm/125 μm 多模光纤光缆，必要时也可采用 50 μm/125 μm 多模光纤光缆或单模光纤光缆。在水平布线子系统中，对称电缆是否采用屏蔽结构应根据工程实际需要来决定。

5) 建筑物主干布线子系统设计

建筑物主干布线子系统是智能化建筑综合布线系统的中枢部分，它除了本身网络的通信缆线(由 BD 至各个 FD 之间互相连接的缆线)外，还包括上升管路或电缆竖井。因此，建筑物主干布线子系统的工程范围应由设备间和主干布线两部分组成。

(1) 智能化建筑主干布线子系统中设置的上升路由数量是根据工程建设规模、服务和管辖楼层的范围、用户信息需求点的分布密度等因素确定的。

建筑物为塔楼或楼层面积不大，其楼层的总长度和总宽度均不大于 60 m 且用户信息点较多时，应采用单个上升主干布线子系统。用户信息点分布不密集时，可放宽为 75 m，宜设单个上升主干布线子系统。当智能化建筑是由几个不同功能的分区组成或楼层面积较大(如楼层的总长度和总宽度均超过 60 m 甚至达到 75 m)，要考虑设置两个或多个上升主干布线子系统。使得系统有较合理的覆盖范围和管辖区域，能够提高服务水平，保证通信质量和降低工程费用，且有利于维护检修。如因楼层分区平面布置或建筑结构的限制(如楼层的层高不一)或其他因素不能使上升部分上下对齐时，应采用相应的预埋管路相连接，或用分支电缆将干线交接间相互连接成上下贯通整体。

(2) 建筑物主干布线子系统的上升(垂直)主干路由位置和管理区域应力求使干线电缆的长度最短、路由最安全、符合网络结构要求，以满足用户信息点和缆线分布的需要。因此，主干路由应选在该管辖区域的中间。

(3) 干线子系统中的主干线路总容量的确定应根据综合布线系统的设计等级中的规定进行估计推算，并适当考虑今后的发展余地。

(4) 干线子系统的主干线路网络拓扑结构与智能化建筑的使用性质、信息传送的控制方式等有关。此外，节点的连接方式不同，也会有不同的网络拓扑结构。目前，最常用的是星型或派生出来的树状星型结构。如采用其他网络型式时，可以在以下节点(即配线架 CD、BD 和 FD)上进行连接构成。在实际工作中，除可单独采用一种网络结构外，也可将两种或多种网络拓扑结构有机结合，形成混合结构。

(5) 主干线路的连接方法(包括干线交接间与二级交接间的连接)目前有点对点端连接、分支连接和混合连接 3 种。根据网络拓扑结构和设备配置情况这 3 种连接既可单独采用也可混合使用。

① 点对点端连接：此种连接只用一根电缆独立供应一个楼层，其对绞线对数或光纤芯数应能满足该楼层的全部用户信息点需要。这种连接的主要优点是主干路路由上采用容量小、重量轻的电缆单独供线，没有配线的接续设备介入，发生障碍容易判断和测试，有利于维护管理，是一种最简单直接的相连方法。缺点是电缆条数多、工程造价增加、占用干

线通道空间较大，且因各个楼层电缆容量不同，安装固定的方法和器材不一而影响美观。

② 分支连接：采用一根容量较大的电缆，通过接续设备分成若干根容量较小的电缆分别连到各个楼层。这种连接的主要优点是干线通道中的电缆条数少、节省通道空间，有时比点对点端连接方法工程费用减少。缺点是电缆容量过于集中，如电缆发生障碍波及范围较大。由于电缆分支经过接续设备，在判断检测和分隔检修时增加了困难和维护费用。

③ 混合式连接：这是一种在特殊情况下采用的连接方法(一般有二级交接间)，通常采用端接与连接电缆混合使用的连接，由于增加了连接节点，在选用时应进行技术、经济比较后再确定。

在一般的综合布线系统工程设计中，为了保证网络安全可靠，应首先选用点对点端连接方法。为了节省投资费用，也可改用分支连接方法。

6) 建筑群主干布线子系统约设计

规模较大或较重要的机构，通常是由几幢相邻或不相邻的房屋建筑组成，如智能化住宅小区。建筑群主干布线子系统是智能化建筑群体内的主干传输线路，也是综合布线系统的骨干部分。

(1) 建筑方式尽量采用地下化和隐蔽化。

(2) 建筑群主干布线设计应根据建筑群体用户信息需求的数量、时间和具体地点，采取相应的技术措施和实施方案。在确定缆线的规格、容量、敷设的路由以及建筑方式时，务必考虑使通信传输线路建成后保持相对稳定，并能满足今后一定时期信息业务的发展需要。为此，必须遵循以下要点：

① 线路路由应尽量选择距离短、平直，并在用户信息需求点密集的楼群经过，以便供线和节省工程投资。

② 线路路由应选择在较永久性的道路上敷设，符合有关标准规定和与其他管线以及建(构)筑物之间的最小净距要求。除因地形或敷设条件的限制必须与其他管线合沟或合杆外，与电力线路必须分开敷设，并有一定的间距，以保证电力线路不干扰通信线路。

③ 建筑群主干布线子系统的主干缆线分支到各幢建筑物的引入段落，其建筑方式应尽量采用地下敷设。如不得已而采用架空方式(包括墙壁电缆引入方式)时，应采取隐蔽引入，其引入位置宜选择在房屋建筑的后面等不显眼的地方。

3.2　智能综合布线系统中的传输介质

在布线系统中，传输介质就如同交通网络中的公路或桥梁，所有的网络安全运行、各部分之间的信息相互传递的正确性必须建立在布线系统的安全、稳定、可靠的基础上，这一点是至关重要的。如果网络布线组成部分的可靠性产生了不确定，那么网络运行安全就变得更加无法预测和保证。因此，网络安全运行的最基本条件就是要保证传输介质的安全、可靠和有效，必须要做到网络布线连接组件的高度安全、稳定和组件之间的良好匹配，尽可能地降低信号损耗，以及提供足够的传输容量来支持目前和今后的应用需求。

由于铜缆网络中传输的信号是电信号，而光纤网络中传输的信号是光信号，因此在考察不同网络介质的性能时，有很多参数指标是不同的。但是，无论电信号还是光信号，插入损耗、回波损耗、噪声干扰等都是影响网络性能的主要因素，当然还包括由于各连接件之间的失配所造成的网络性能下降也归属在上述几种因素中。

综合布线系统常用的传输媒质有对绞线(又称双绞线)、对绞对称电缆(简称对称电缆)和光缆。

3.2.1　双绞线和双绞对称电缆

所谓双绞线和双绞对称电缆，是指我们大家都认识的数据线缆，它们是根据线缆的结构及传输性能的不同来划分的，分别如图 3-12 和图 3-13 所示。

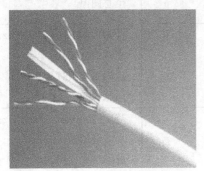

图 3-12　双绞线(如 CAT5)　　　　图 3-13　双绞对称电缆(可用作垂直干线)

双绞线是由两根直径一般为 0.4 mm～0.65 mm(常用的是 0.5 mm 左右)的铜芯导线，按照规定的绞距互相扭绞而成的线对。扭绞的目的是使对外的电磁辐射和遭受外部的电磁干扰减少到最小。对绞线按其电气特性的不同进行分级或分类。根据相关规定，各类或各级的对绞线和对绞对称电缆的应用范围见表 3-1。

表 3-1　对绞线、对绞电缆的分类和应用范围

序号	分类	特性阻抗	说　　明	应用范围
1	Ⅰ类		在局域网中不使用，主要用于模拟话音	模拟话音、数字话音
2	Ⅱ类		在局域网中很少使用，可用于 ISDN(数据)、数字话音、IBM 3270 等	ISDN(数据)：1.44 Mb/s IT:1.544Mb/s 数字话音 IBM 3270、IBM 3X、IBM AS/400
3	Ⅲ类	100 Ω UTP	一种 24 AWG 的 4 对非屏蔽对绞线，符合 EIA/TIA 568 标准中确定的 100 Ω 水平布线电缆要求，可用于 10 Mb/s 和 10Base-T 话音和数据	10 Base-T 4 Mb/s 令牌环 IBM 3270、IBM 3X、IBM AS/400 ISDN 话音
4	Ⅳ类	100 Ω 低损耗	在性能上比第 3 类线有一定改进，适用于包括 16 Mb/s 令牌环局域网在内的数据传输速率，它可以是 UTP，也可以是 STP	10Base-T 16 Mb/s 令牌环

序号	分类	特性阻抗	说　明	应用范围
5	V类	100 Ω	一种 24 AWG 的 4 对对绞线，比 100 Ω 低损耗对绞线具有更好的传输特性，适用于 16 Mb/s 以上的速率，最高可达到 100 Mb/s	10Base-T 16 Mb/s 令牌环 100 Mb/s 局域网
6	超 V类	150 Ω STP	具有高性能屏弊式的对绞线，有 22AWG 或 24AWG 两种。它的数据传输速率可达 100 Mb/s 或更高，并支持 600 MHz 频带上的全息图像传输	16 Mb/s 令牌环 100 Mb/s 局域网 全息图像
7	VI类		执行 YD/T1019 标准	带宽：1 MHz～300 MHz； 衰减：31.8 dB； 近端串扰：31.9 dB； ACR 总和：1.0 dB
8	VII类		执行 IEC11801 标准	带宽：1 MHz～600 MHz； 衰减：50 dB； 近端串扰：50 dB； ACR：大于 4.0 dB

根据我国通信行业标准，国内只生产特性阻抗为 100 Ω 和 150 Ω 的两种规格双绞线，不生产 120 Ω 的产品。

UTP 对绞电缆是无屏蔽层的非屏蔽缆线，由于它具有重量轻、体积小、弹性好和价格适宜等特点，因此使用较多，其至在传输较高速数据的链路上也有采用。但其抗外界电磁干扰的性能较差，安装时因受牵拉和弯曲，易使其均衡绞距受到破坏。同时该种电缆在传输信息时易向外辐射泄漏，安全性较差，在党政军和金融等重要部门的工程中不宜采用。STP、FTP 和 SFTP(见本书的第 1 章)对绞电缆都是有屏蔽层的屏蔽缆线，具有防止外来电磁干扰和防止向外辐射的特性，但它们都存在重量重、体积大、价格贵和不易施工等问题。在施工安装中均要求完全屏蔽和正确接地，才能保证其特性效果。

3.2.2　同轴电缆

同轴电缆的基本结构在本书的第 1 章中已有介绍，在此我们作一些补充。

1. 同轴电缆的分类

同轴电缆按直径分为粗缆(AUI)和细缆(BNC)；按阻抗分为 75 Ω(RG-11)、50 Ω(RG-11/RG-8/RG-58)、93 Ω(RG-62)电缆；按传输方式分为宽带(300 MHz～750 MHz，模拟信号传输(FDM))和基带(数据传输，1 km 内，速率可达 1 Gb/s～2 Gb/s)传输电缆；按用途分为有线电视、无线接入的馈线和宽带数据网络电缆等。

1) 基带同轴电缆

基带同轴电缆易于连接，数据信号可以直接加载到电缆上，阻抗特性均匀，电磁干扰屏蔽性很好，误码率低，适用于各种局域网络。

2) 宽带同轴电缆

使用有线电视电缆进行模拟信号传输的同轴电缆系统，被称为宽带同轴电缆。

2．由同轴电缆构成的网络

由同轴电缆构成的网络有两种不同的构造方式，即细缆网络和粗缆网络，网络结构均为总线型。这两种网络多用于计算机网络的初期，现在已使用较少，现在的 LAN 多使用双绞线作为传输媒介。

1) 细缆网络

细缆网络结构示意图如图 3-14 所示。

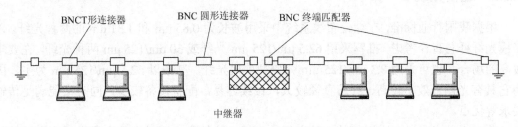

图 3-14　细同轴电缆构成的网络

2) 粗缆网络

粗缆以太网结构示意图如图 3-15 所示。这个网络最麻烦的是要使用专用收发器，且其安装较复杂繁琐。

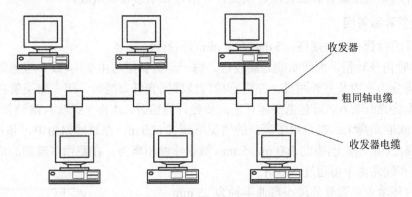

图 3-15　粗同轴电缆构成的网络

在这种网络中用到的一些连接器件如图 3-16 所示，用到的工具如图 3-17 所示。

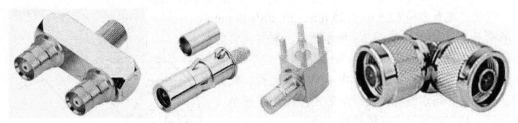

图 3-16　同轴网络中用到的连接器件

（剪切）　　　　　　（剥线）　　　　　　（剥线）

图 3-17　同轴电缆的接续工具

3.2.3　通信光缆

根据我国行业标准，在综合布线系统中采用波长为 0.85 μm 和 1.31 μm 的两种光纤。以多模光纤纤芯直径考虑，推荐采用 62.5 μm/125 μm 光纤或 50 μm/125 μm 两种光纤，在要求较高的场合，也可采用 8.3 μm/125 μm 突变型单模光纤，其中以 62.5 μm/125 μm 为主，因为它具有光耦合效率较高、纤芯直径较大，接续容易，配备设备较少，同时又能满足传输要求等优点。

吹光纤技术是近年来兴起的一种良好的大楼布线技术，同时也是实现光纤到桌面的行之有效的途径。下面我们就为大家来简单地介绍一下这种最新技术。

所谓"吹光纤"，即预先在建筑群中铺设特制的管道，在实际需要采用光纤进行通信时，再将光纤通过压缩空气吹入管道。

吹光纤的系统由微管和微管组、吹光纤、附件和安装设备组成。

1．微管和微管组

吹光纤的微管有两种规格：5 mm 和 8 mm(外径)管。

8 mm 管内径较粗，因此吹制距离较远。每一个微管组可由 2、4 或 7 根微管组成，并按应用环境分为室内及室外两类。在进行楼内或楼间光纤布线时，可先将微管在所需线路上布置但不将光纤吹入，只有当实际真正需要光纤通信时，才将光纤吹入微管并进行端接。8 mm 微管吹制距离为：在路由多弯曲的情况下超过 600 m，在直线路由中可超过 1000 m，垂直安装高度(由下向上)超过 300 m。5 mm 微管吹制距离为：在路由多弯曲的情况下超过 300 m，在直线路由中可超过 500 m。

在室内环境中单微管的最小弯曲半径为 25 mm，可充分适应楼内布线环境的要求。

2．气吹光缆的种类

气吹光缆有多模 62.5 μm/125 μm、50 μm/125 μm 和单模三类，本书中的图 2-9 所示就是一种，其典型结构如图 3-18 所示。其特点是：特别的紧密光缆结构，有效防止套管回缩；不锈钢管内填充特种油膏，充分保证了光缆的防水性能；光纤组装密度高，缆径小，重量轻，是气吹敷设方式的最佳选择。

每一根微管可最多容纳 4 根不同种类的光纤，由于光纤表面经过特别处理并且重量极轻(每芯每米

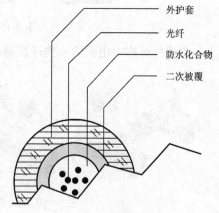

外护套
光纤
防水化合物
二次被覆

图 3-18　气吹光缆典型结构

0.23 g)，因而吹制的灵活性极强。在吹光纤安装时，对于最小弯曲半径 25 mm 的弯度，在允许范围内最多可有 300 个 90°弯曲。吹光纤表面采用特殊涂层，在压缩空气进入空管时光纤可借助空气动力悬浮在空管内向前飘行。另外，由于吹光纤的内层结构与普通光纤相同，因此光纤的端接程序和设备与普通光纤一样。

3. 附件

附件包括 19 英寸光纤配线架、跳线、墙上及地面光纤出线盒、用于微管间连接的陶瓷接头等等。

4. 吹缆设备

如图 3-19 所示是两种不同的气吹光缆设备实物图，净重量不到 45 kg，便于携带。这些设备通过压缩空气将光纤吹入微管，吹制速度可达到 40 m/min。

图 3-19　两种吹缆设备

5. 系统的性能特点

吹光纤系统与传统光纤系统的区别主要在于其铺设方式。光纤本身的衰减等指标与普通光纤相同，同样可采用 ST、SC 型接头端接，而且吹光纤系统的造价亦与普通光纤系统相差无几。

1) 分散投资成本

目前，许多用户在考虑光纤系统设计时出于对光纤系统成本的考虑(包括相关的光缆、端接、配线架、光电转换设备以及布放难度等)，不能全面采用光纤布线。在很多布线工程中只有极少数信息点采用光纤到桌面方案，这样当后期需要增加光纤时，用户又为没有合适的敷设路由苦恼。在吹光纤系统中，由于微管成本极低(不及光纤的十分之一)，所以设计时可以尽可能多地敷设光纤微管，在以后的应用中用户可根据实际需要吹入光纤，从而分散投资成本，减轻用户负担。

2) 安装安全、灵活、方便

在吹光纤系统安装时，只需安装光纤外的微管，由楼外进入楼内和在层分配线架时只需用特制陶瓷接头将微管拼接即可，无需做任何端接。当所有微管连接好后，再将光纤吹入即可。由于路由上采用的是微管的物理连接，因此即使出现微管断裂，也只需简单地用另一段微管替换即可，对光纤不会造成任何损坏。另外，在传统的光纤布线系统中，光缆一旦敷设，网络结构也相应固定，无法更改。而吹光纤系统则不同，它只需更改微管的物理走向和连接方式就可轻而易举地将光纤网络结构改变。

3) 便于网络升级换代

随着网络技术的高速发展，光纤本身亦将不断发展(比如将多模换成单模)，而吹光纤的另一特点就是它既可以吹入，也可以吹出。当将来网络升级需要更换光纤类型时，用户可以将原来的光纤吹出，再将所需类型的光纤吹入，从而充分保护用户的投资。

4) 节省投资，避免浪费

有数据表明，72%的用户在光纤安装之后闲置，这种情况在我国达到 80%以上。特别是我国有大量的写字楼、办公楼在初期投入使用时就采用了光纤主干，然而许多租/用户目前尚无光纤需求，从而造成大量的财力浪费。对于少数用户来说，现有的光纤数量、类型和光纤网络结构又未必满足他们的需求。采用吹光纤系统，在大楼建设时只需布放微管和部分光纤，随租/用户的不断搬入，根据用户需要再将光纤吹入相应管道。当用户需要做网络修改时，还可将光纤吹出，再吹入新的光纤。

3.2.4　综合布线系统中缆线施工的基本要求

1. 综合布线系统工程的电缆施工敷设

综合布线系统分建筑群主干布线子系统、建筑物主干布线子系统和水平布线子系统三部分。第一部分为屋外部分，其安装施工现场和施工环境条件与本地网通信线路基本一致。这里只介绍建筑物主干布线子系统和水平布线子系统，包括缆线敷设和终端等内容。

1) 建筑物主干布线子系统的电缆施工

(1) 对于主干路由中采用的缆线规格、型号、数量、起迄段落以及安装位置，必须在施工现场对照设计文件进行重点复核，如有疑问，要及早与设计单位协商解决。对已到货的线缆也需清点和复查，并对线缆进行标志，以便敷设时对号入座。

(2) 建筑物主干线缆一般采用由建筑物的高层向低层下垂敷设，即利用线缆本身的自重向下垂放的施工方式。该方式简便、易行、减少劳动工时和体力消耗，还可加快施工进度。为了保证线缆外护层不受损伤，在敷设时，除装设滑轮和保护装置外，要求牵引线缆的拉力不宜过大，应小于线缆允许张力的 80%。在牵引线缆过程中，要防止拖、蹭、刮、磨等损伤，并根据实际情况均匀设置支撑线缆的支点，施工完毕后，在各个楼层以及相隔一定间距的位置予以加固，将主干线缆绑扎牢固，以便连接。

(3) 主干线缆如在槽道中敷设，应平齐顺直、排列有序，尽量不重叠或交叉。线缆在槽道内每间隔 1.5 m 应固定绑扎在支架上，以保持整齐美观。在槽道内的线缆不得超出槽道，以免影响槽道盖盖合。

(4) 主干线缆与其他管线尽量远离，在不得已时，也必须有一定间距，以保证今后通信网络安全运行，具体见表 3-2 和表 3-3。

表 3-2　对绞线对称电缆与电力线路最小净距　　　　　　（单位：mm）

项　目	电力线路的具体范围(<380 V)		
	<2 kVA	2 kVA～5 kVA	>5 kVA
对绞线、对称电缆与电力线路平行敷设	130	300	600
有一方在接地槽道或钢管中敷设	70	150	300
双方均在接地槽道或钢管中敷设	注	80	150

注：平行长度小于 10 m 时，最小间距为 10 mm；对绞线对称电缆为屏蔽结构时，最小净距可适当减小，但应符合设计要求。

表 3-3 对绞线对称电缆与其他管线的最小净距

序号	管线种类	平行净距/m	垂直交叉净距/m
1	避雷引下线	1.00	0.30
2	保护地线	0.05	0.02
3	热力管	0.50	0.50
4	热力管(包封)	0.30	0.30
5	给水管	0.15	0.02
6	输气管	0.30	0.02

2) 水平布线子系统的电缆施工

(1) 线缆在天花板或吊顶内一般有装设槽道或不装设槽道两种布线方法。在施工时，前者应结合现场条件确定敷设路由；后者应检查槽道安装位置是否正确和牢固可靠。上述两种敷设线缆的情况均应采用人工牵引，单根大对数的线缆可直接牵引不需拉绳。敷设多根小对数线缆时，应组成缆束，采用拉绳牵引敷设。牵引速度要慢，不宜猛拉紧拽，以防止线缆外护套发生被磨、刮、蹭、拖等损伤。必要时在线缆路由中间和出入口处设置保护措施或支撑装置，也可由专人负责照料或帮助。

(2) 线缆在墙壁内敷设均为短距离段落，当新建的智能化建筑中有预埋管槽时，这种敷设方法比较隐蔽美观、安全稳定。一般采用拉线牵引线缆的施工方法。如已建成的建筑物中没有暗敷管槽时，只能采用明敷线槽或将线缆直接敷设，在施工中应尽量把线缆固定在隐蔽的装饰线下或不易被碰触的地方，以保证线缆安全。

3) 线缆的终端和连接

(1) 配线接续设备的安装施工。

① 线缆在设备内的路径合理。布置整齐、线缆的曲率半径符合规定、捆扎牢固、松紧适宜，不会使线缆产生应力而损坏护套。

② 线缆终端后，应对配线接续设备等进行全程测试，以保证综合布线系统正常运行。

(2) 信息插座和其他附件的安装施工。

① 在终端连接时，应按线缆统一色标、线对组合和排列顺序施工连接(即 T568A 或 568B 规定)。

② 如采用屏蔽电缆时，要求电缆屏蔽层与连接部件终端处的屏蔽罩有稳妥可靠的接触，必须形成 360° 圆周的接触界面，它们之间的接触长度不宜小于 10 mm。

③ 各种线缆(包括跳线)和接插件间必须接触良好、连接正确、标志清楚。跳线选用的类型和品种均应符合系统设计要求。

2. 综合布线系统工程的光缆施工

1) 光缆敷设

(1) 按 A、B 端正确布放，A 端朝着网络侧，光缆敷设顺序应与合理配盘相结合，充分利用光缆的盘长，以减少中间接头，防止产生任意切断光缆的现象。

(2) 主干光缆通常采用由顶层向底层垂直布放的人工牵拉敷设方式。

(3) 在建筑群主干布线系统中的光缆敷设与本地线路网的光缆敷设要求完全相同。

2) 光缆接续与终端

(1) 光纤接续目前采用熔接法。

(2) 光纤接续后应排列整齐、布置合理，将光纤接头固定、光纤余长盘放一致、松紧适度，无扭绞受压现象，其光纤余留长度不应小于 1.2 m。

(3) 光缆终端接头或设备的布置应合理有序，安装位置须安全稳定。

(4) 从光缆终端接头引出的尾巴光缆或单芯光缆的光纤所带的连接器，应按设计要求插入光配线架上的连接部件中。如暂时不用的连接器可不插接，但应套上塑料帽，以保证其不受污染，便于今后连接。

(5) 在机架或设备(如光纤接头盒)内，应对光纤和光纤接头加以保护并符合规定的曲率半径。

(6) 传输系统中的光纤跳线或光纤连接器在插入适配器或耦合器前，应用丙醇酒精棉签擦拭连接器插头和适配器内部，要求清洁干净后才能插接，插接必须紧密、牢固可靠。

(7) 光纤终端连接处均应设有醒目标志，其标志内容应正确无误，清楚完整(如光纤序号和用途等)。

3.3　智能综合布线系统中线缆连接器和线槽

3.3.1　网络线缆连接器

1. RJ45 连接器

RJ45 连接器是一种透明的塑料接插件，又称做水晶头。它的外形与电话线的插头非常相似，但比电话线插头(RJ11)要大。RJ11 插头是 2 线的，而 RJ45 连接器是 8 针的，如图 3-20 所示是 RJ45 水晶头及与之配套的护套。

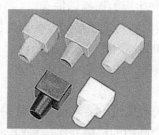

图 3-20　RJ45 水晶头及与之配套的护套

关于水晶头及网线的制作方法在本书第 1 章的实训内容中已有介绍，在此不再赘述。图 3-21 是工程中常用的几种网线制作专用钳，大家在掌握第 1 章实训内容的过程中应学会正确使用这些常见工具。

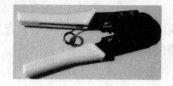

图 3-21　常用网线制作专用钳

2．同轴电缆连接器

同轴网络连接器如图 3-16 所示，因为同轴网络使用不多，在此不多述。

3．光纤连接器

通过光纤连接器实现的光纤连接俗称活接头，是实现光纤间稳定但并不是永久连接的无源组件，是光纤通信系统最简单的器件。

1）光纤连接器的基本构成

多数的光纤连接器由三个部分组成：两个配合插头和一个耦合管。两个插头装进两根光纤尾端；耦合管起对准套管的作用。另外，耦合管多与法兰配合，以便于连接器的安装固定。通常我们在光交接箱中看到的一排排以一定倾斜角度安装的红色装置就是法兰，如图 3-22 所示。

法兰

图 3-22　光交接箱及其中的法兰

2）光纤连接器的分类

根据 ITU 的建议，光纤连接器可以按光纤数量、紧固方式、套管结构、光耦合、机械耦合等进行分类，如表 3-4 所示。

表 3-4　ITU 建议的光纤连接器分类

光纤数量	紧固方式	套管结构	光耦合	机械耦合
单通道	螺丝	锥形套管	透镜	套筒
多通道	弹簧销	直套管	对接	锥形槽
单/多通道	销钉	其他形式	其他形式	V 形槽
				其他形式

3）常见的光纤连接器

Ⅰ．FC 型光纤连接器

FC 表示固定连接(Fixed Connection)，表明其外部加强方式是采用金属套管，紧固方式为螺丝扣。目前大多采用对接端面呈球面(PC)的插针结构，使得插入损耗减少同时回波损耗提高，传输性能比早期的平面插针结构提高了很多，如图 3-23 所示。

图 3-23　FC 型光纤连接器

II. SC 型光纤连接器

SC 是 Subscriber Connector(用户接头)的缩写，是 TIA/EIA-568B.3 标准中的指定连接器，有单光纤连接和双光纤连接两种，并通过彩色编码来指示光纤类型：米色代表多模、蓝色或绿色代表单模。SC 型光纤连接器外壳呈矩形，外部采用塑料加强，如图 3-24 所示，其采用的插针与耦合套筒的结构尺寸与 FC 型完全相同。

图 3-24　SC 型光纤连接器

III. ST 型光纤连接器

ST 型光纤连接器是最常用的连接器，其中心是一个陶瓷套管，外壳呈圆形，所采用的插针与耦合套筒的结构尺寸也与 FC 型完全相同。其中，插针的端面采用 PC 型或 APC 型研磨方式，紧固方式为螺丝扣，如图 3-25 所示。

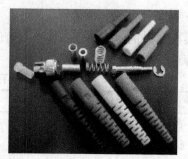

图 3-25　ST 型光纤连接器

IV. LC 型光纤连接器

LC 型连接器是 SC 连接器的姐妹产品，是由朗讯公司设计的，LC 是第一款真正为增加光纤设备系统的堆积密度而设计的耐用的小型化连接器，LC 与小型的 SC 连接器较为相似，能将堆积密度提高 50%，在电信交换环境中，对连接器密度要求非常严格，LC 具有很大的优势。LC 连接器能非常轻松地配置在加密的双工设置上，并具有与普通 RJ45 连接头相似的锁定夹。由于其小型化光传输接收装配的广泛使用，LC 连接器非常受用户欢迎。

LC 型光纤连接器采用操作方便的模块化插孔(RJ)闩锁机理制成，是单模光纤的主流连接器，如图 3-26 所示。

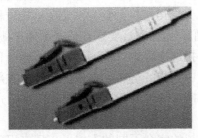

图 3-26　LC 型连接器

Ⅴ. SMA 连接器

SMA 连接器外观与 ST 连接器一样，所不同的是其外壳连接采用螺纹连接，这样连接更为紧密，主要用于有强烈震动的地方，如采矿设备、作战武器、潜艇等。如图 3-27 所示。

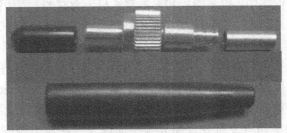

图 3-27　SMA 光纤连接器

Ⅵ. MU 型光纤连接器

MU 型光纤连接器和 LC 型连接器一样，其主要优势在于能实现单芯光纤的高密度安装，节省安装空间和费用。它分为 A、B、SR 等多个系列，图 3-28 所示就是其中的两种。

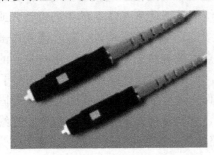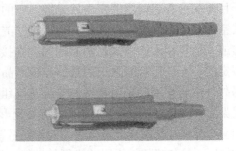

图 3-28　两种 MU 型光纤连接器

4) 光纤的连接技术

Ⅰ. 熔接方式

光纤熔接是目前采用较多的一种连接方式，相对而言，熔接是成功率和连接质量较高的方式。但也应该注意到，熔接后的接头比较容易受损，是发生故障的主要因素之一。由于在使用和维护过程中，对设备的维护操作是必须的，因此它的安全性是我们必须考虑的问题。在通常的情况下，熔接可以得到较小的连接损耗，一般在 0.2 dB(多模)以下。但是回波损耗是不容易控制的，同时在光纤熔接过程中，影响熔接质量的外界因素很多，如环境条件(包括温度、风力、灰尘等)、操作的熟练程度(包括光纤端面的制备、电极棒的老化程度)、光纤的匹配性(包括光纤、尾纤类型匹配、光纤厂商匹配)等。如果采用目前国内还使用不多的 MTP 等多芯带状光纤连接器，带状光纤熔接机则更无法避免熔接过程中出现的个别光纤损耗过大的问题。而且，经验告诉我们，熔接的真实损耗值必须通过测试才能得出，如果测试结果不理想或不达标，要重新将其挑选出再进行返工。在网络已经使用后，如果发生网络机柜或终端需要移动位置时，必须中断光纤链路，在新的位置上重新熔接等。所有以上种种可能出现的情况，都让我们在熔接时付出很多的劳动和加倍小心光纤的安全。

Ⅱ．冷接或现场磨接光纤连接器的方式

现场研磨与工厂生产制造是两种无法比拟的完全不同的方式。工厂专用研磨机器采用的是由粗到精的五道研磨工艺，而现场是无法调整压力、无法保持一致的手工研磨。也许在以往传统的低速网络中，即使出现插损和回损超标、连接不稳定等情况，可能对于网络应用来说也是可以接受的，因为光纤有足够的富裕量消化这些因素带来的影响。但是，在现今性能越来越高的网络中，很多指标和参数都是极为敏感的，因为链路达不到设计要求，让设计者或施工者伤透脑筋，会发生损耗超出网络设计的要求、测试无法通过等事情。

Ⅲ．预连接光缆与预连接方式

为了解决光纤连接中可能遇到的问题，让设计、施工、维护和使用更加可靠和稳定、系统的变更更加易于操作，德国罗森伯格公司研发了预连接技术(Preconnect)，根据现场实际需要可以选择两端预先端接连接器的 PE 或 LSZH 的室内或室外光缆。

预连接光缆采用专用分支部件，将光缆中的裸光纤在输出端变为可以抗拉、抗压的 ϕ3.0 或 ϕ2.0 光缆，它最大限度地消除光纤网络设计、施工和使用中各种不定因素可能对光纤链路造成的损伤或安全影响，充分保证系统安全，满足设计要求。

预连接技术采用光纤直通方式，即光纤无连接点。依据客户的要求，所有的技术指标遵守 IEC、TIA 及相关的标准，技术指标远远超越现场磨接的连接器。同时，光缆结构也不同于目前国内普遍采用的室内软光缆，它的结构是 2 芯到 144 芯的中心束管式或多束管层绞式室内或室外光缆，充油结构也保证了光缆的环境和阻水特性。在光缆输出部分，没有熔接或其他机械连接方式，消除因为存在接点可能导致的不良后果，用户拿到的是测试指标规定的、无任何可能附加因素的光缆产品，使网络的设计或施工变得更加易于控制。

另外，由于预连接采用特殊的光缆分支组件，采用插拔式结构可以将光缆牢固固定在专用机架上，保证 50 kg 的拉力配线箱不变形，同时，矩形的卡接口可以防止光缆使用过程中的应力释放，使两端连接器之间的光纤链路始终处于游离、松弛状态，避免因为光缆外皮受到挤压、拉伸或扭转而影响光纤的性能，最大限度保证光纤网络和业主投资的安全性。

从上述的结构特性我们可以看出，预安装所用的光纤连接器类型是可变的，主要依据设计和客户的需求而定。

安装时采用安装保护管，它的作用是：首先保证光缆在管道或桥架中安放时能承受的强度不超过要求，同时密封的结构保证在安装过程中的防尘、防水性能，因此它的安装可以像过去施工一样，不会对光纤、光缆造成任何损伤。

预连接方式的优势还体现在网络的改善和升级上。网络的应用日新月异必然会造成网络的变更、修正等，但是由于过去采用的连接方式的特点，很多情况下客户会因为工程过于复杂而作罢，最后可能会使机房扩容后结构不合理，使用和维护变得复杂和繁琐，而预连接光缆的插拔使用方式则很好地解决了这个问题。假如发生网络终端移动或路径更改，那么客户只需选择合适的时间将预连接光缆从机架上拔出，再将光缆分支器重新卡接固定在新位置的机架上就可以了，全部过程仅需数十分钟。

预连接光缆和预连接方式的几个特点如下：

(1) 保护业主投资的有效性和安全性。预连接光缆必须订制，对集成商的前期和实际现场勘察的能力提出更高要求，目的在于充分保护业主对于项目的控制权和使用产品的知情权，避免材料浪费和项目投资的风险。

(2) 比较经济。熔接过程需要机器、耗材、时间和人员等，从总体上看，预连接方式没有增加额外的成本。

(3) 操作简便、易于安装、节约安装时间，按照需要即插即用。

(4) 已经完成损耗测试，质量稳定，使用可靠。预连接光缆是工厂100%测试的，而安装过程没有附加其他产品，现场测试简单。

(5) 光纤链路保护充分。没有熔接点和裸光纤暴露在空气中，不会有老化、接头断裂等忧虑。

(6) 维护方便、安全。预连接光缆的分支器的机械性能非常出色，维护或操作过程不会影响光纤正常使用。

(7) 可以重新安装和移动。预连接光缆的分支器可以快速和安全的插拔和移动，根据需要重新安装。

3.3.2　配线架

1. 配线架在综合布线中所起的作用

配线架作为综合布线系统的核心产品，起着传输信号的灵活转接、灵活分配以及综合统一管理的作用。综合布线系统的最大特性就是利用同一接口和同一种传输介质，让各种不同信息在上面传输，而这一特性的实现主要是通过连接不同信息的配线架之间的跳接来完成的。

随着布线技术的不断进步，配线架自身也在沿着高密度、易管理和易安装的方向发展。

随着网络应用的普及和深入，高端口密度成为很多网络设备发展的一个方向。这就需要在机架中支持尽可能多的端口。为了满足这一需要，高端口密度的配线架也就诞生了。24端口、48端口甚至96端口的配线架已经并不稀罕，并且配线架也越来越薄。

为了提高端口密度，将配线架设计成具有一定斜角的结构也不失为一种较好的方法。这样可以充分利用机柜的深度，因为在长度固定的情况下，直线型的配线架(平角)显然没有"拐个弯"的配线架能够提供的端口多，并且，斜角设计可以在机架中实现正确的跳线弯曲半径，最大限度地降低水平管理需求，为高密度应用提供了更好空间。

为了更好地实现综合布线系统的智能管理，除了相应的软件外，配线架自身的可管理也是非常重要的一环。管理能力好的配线架能够让网线布置得更系统化、规范化和合理化，从而避免"炒面式"线缆的发生，这在配线架的端口密度越来越高的今天就越发显得重要。

2. 常用配线架

1) 双绞线配线架

Ⅰ. 110 配线架

(1) 110 鱼骨架式配线架。20 世纪 80 年代末，综合布线系统刚进入中国，当时信息传输速率很低，配线系统主要采用 110 鱼骨架式配线架，主要分为 50 对、100 对、300 对、900 对壁挂式几种，而且从主设备间的主配线架到各分配线间的分配线架，全部采用此种配线架。如图 3-29 所示。

110 鱼骨架式配线架的优点是体积小，密度高，价格便宜，主要与 25/50/100 对大对数线缆配套使用；其缺点是线缆端接较麻烦，一次性端接不宜更改，无屏蔽功能，端接工具较昂贵，维护管理升级不方便。

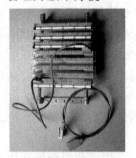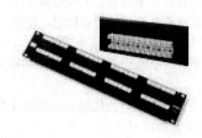

　　　　100 对墙挂式　　　　　　　　　　　　　散件

图 3-29　鱼骨式配线

(2) 19 英寸 RJ45 口 110 配线架。随着网络传输速率的不断提高，布线系统出现了五类(100 MHz)产品，网络接口也逐渐向 RJ45 统一，用于端接传输数据线缆的配线架采用 19 英寸 RJ45 口 110 配线架。此种配线架背面进线采用 110 端接方式，正面全部为 RJ45 口用于跳接配线，它主要分为 24 口、36 口、48 口、96 口几种，全部为 19 英寸机架/机柜式安装。其优点是体积小，密度高，端接较简单且可以重复端接，主要用于 4 对双绞线的端接，有屏蔽产品；其缺点是由于进线线缆在配线架背面端接，而出线的跳接管理在配线架正面完成，所以维护管理较麻烦；由于端口相对固定，无论要管理的桌面信息口数多少，必须按 24 和 36 的端口倍数来配置，造成了配线端口的空置和浪费，也不灵活；另外价格相对 110 鱼骨架式配线架较贵。如图 3-30 所示。

图 3-30　110 型配线架

Ⅱ. 多媒体配线架

千兆/万兆以太网技术的涌现，超 5 类(100 MHz)、6 类(250 MHz)布线系统的推出，以及使用者对网络系统的应用提出多种需求，如内网(屏蔽)、外网(非屏蔽)、语音、光纤到桌面等等，面对较多功能信息端口的灵活管理，对配线系统的多元化，灵活性，可扩展等性能提出了更高要求。

施耐德电气等一些布线厂商推出的多媒体配线架，适应了现代网络通信应用对配线系统的要求。此种配线架摒弃了以往固定 RJ45 口式 110 配线架端口固定无法更改的弱点，它本身为标准 19 英寸宽 1U 高的空配线板，在其上可以任意配置超 5 类、6 类、7 类、语音、光纤和屏蔽/非屏蔽布线产品，1U 高最多可以配置 24 个数据铜缆或光纤端口以及 48 个语音端口，充分体现了配线的多元化和灵活性，对升级和扩展带来了极大的方便。由于其采用独立模块化配置，配线架上的每一个端口与桌面的信息端口一一对应，所以在配置配线架时无需按 24 或 36 的端口倍数来配置，从而也不会造成配线端口的空置和浪费。另外，此种配线架的安装、维护、管理都在正面操作，大大简化了操作程序。可以同时在同一配线板上配置屏蔽和非屏蔽系统，是它区别于老式配线架的另一大特色，如图 3-31 所示。

图 3-31　多媒体配线架

Ⅲ. IDC 语音配线架

随着模拟电话系统逐渐被新的数字通信系统所淘汰，如最新的 VoIP 技术等，再加上 4 芯电话的普及，使得语音配线系统发生了变化。

以施耐德电气为首的部分布线厂商相继推出了 RJ45 口的 IDC 语音配线架，其背面采用 IDC 方式端接语音多对数线缆，前面采用 RJ45 口来进行配线管理，相对 110 鱼骨配线架，它具有端接简便，可重复端接，安装维护成本低，RJ45 口配线简单快速，配线架整体外观整洁的优势，如图 3-32 所示。

图 3-32　IDC 语音配线架

Ⅳ. 端接(打线)方法

不同的配线架其端接方法有所不同，这里我们以超五类模块化配线板的端接为例进行说明。

(1) 整理线缆。用带子将线缆缠绕在配线板的导入边缘上，最好是将线缆缠绕固定在垂直通道的挂架上，这可保证在线缆移动期间避免线对的变形。

(2) 从右到左穿过线缆，并按背面数字的顺序端接线缆。

(3) 切去每条线缆所需长度的外皮。

(4) 对应于每一组连接块，设置线缆通过末端的保持器(或用扎带扎紧)，使得线对在线缆移动时不变形。

(5) 弯曲线对时，要保持合适的张力，以防毁坏单个线对。

(6) 将线对对捻正确地安置到连接块的分开点上(这对于保证线缆的传输性能很重要)。

(7) 把线对按顺序依次放到配线板背面的索引条中，从右到左的色码依次为棕、棕/白、橙、橙/白、绿、绿/白、蓝、蓝/白。

(8) 用手指将线对轻压到索引条的夹中，用打线工具将线对压入配线模块并将伸出的导线头切断，然后用锥形钩清除切下的碎线头。

(9) 将标签插到配线模块中，以标示此区域。

图 3-33 所示就是已安装好的双绞线配线架。

图 3-33　已安装好的双绞线配线架

2) 光纤配线架

光纤配线架主要用于光缆终端的光连接器的安装、光纤熔接、光路的调配、余纤的收容及光纤光缆的保护等。

Ⅰ. 光纤配线架的功能

光纤配线架作为光缆线路的终端设备拥有四项基本功能：固定功能、熔接功能、调配功能和收容功能。

Ⅱ. 光纤配线架的结构

依据结构不同，光纤配线架可分为壁挂式和机架式。

壁挂式光纤配线架可直接固定在墙体上，一般为箱体结构，适用于光缆条数和光纤芯数都较少的场所。如图 3-34 所示。

机架式光纤配线架又可分为两种，一种是固定配置的配线架，光纤耦合器被直接固定在机箱上；另一种采用模块化设计，用户可根据光纤的数量和规格选择相对应的模板，便于网络的调整和扩展，如图 3-35 所示。

图 3-34　壁挂式光纤配线架

图 3-35　机架式光纤配线架

Ⅲ. 光纤上架方法

(1) 光纤端接的主要材料包括：

① 连接器件。

② 套筒，黑色的用于直径 3.0 mm 的光纤；银色的用于直径 2.4 mm 的单光纤。

③ 缓冲层光纤缆支持器(引导)。

④ 带螺纹帽的扩展器。

⑤ 保护帽。

(2) 组装标准光纤连接器的方法。

① ST 型护套光纤现场安装方法。

a. 打开材料袋，驱除连接体和后罩壳。

b. 转动安装平台，使安装平台打开，用所提供的安装平台底座，把安装工具固定在一张工作台上。

c. 把连接体插入安装平台插孔内，释放拉簧朝上。把连接体的后壳罩向安装平台插孔并内推。当前防护罩全部被推入安装平台插孔后，顺时针旋转连接体 1/4 圈，并缩紧在此位置上。防护罩留在上面。

d. 在连接体的后罩壳上拧紧松紧套(捏住松紧套有助于插入光纤)，将后壳罩带松紧套的细端先套在光纤上，挤压套管也沿着芯线方向向前滑。

e. 用剥线器从光纤末端剥去约 40 mm～50 mm 外护套，护套必须剥得干净，端面成直角。

f. 让纱线头离开缓冲层集中向后面，在护套末端的缓冲层上做标记，在缓冲层上做标记。

g. 在裸露的缓冲层处拿住光纤，把离光纤末端 6 mm 或 11 mm 标记处的 900 μm 缓冲层剥去。为了不损坏光纤，从光纤上一小段一小段剥去缓冲层。握紧护套可以防止光纤移动。

h. 用一块沾有无水酒精的纸或布小心地擦洗裸露的光纤。

i. 将纱线抹向一边，把缓冲层压在光纤切割器上。用镊子取出废弃的光纤，并妥善地置于废物瓶中。

j. 把切割后的光纤插入显微镜的边孔里，检查切割是否合格。把显微镜置于白色面板上，可以获得更清晰明亮的图像，还可用显微镜的底孔来检查连接体的末端套圈。

k. 从连接体上取下后端防尘罩并仍掉。

l. 检查缓冲层上的参考标记位置是否正确。把裸露的光纤小心地插入连接体内，知道感觉光纤碰到了连接体的底部为止。用固定夹子固定光纤。

m. 按压安装平台的活塞，慢慢地松开活塞。

n. 把连接体向前推动，并逆时针旋转连接体 1/4 圈，以便从安装平台上取下连接体。把连接体放入打褶工具，并使之平直。用打褶工具的第一个刻槽，在缓冲层上的"缓冲褶皱区域"打上褶皱。

o. 重新把连接体插入安装平台插孔内并锁紧。把连接体逆时针旋转 1/8 圈，小心地剪去多余的纱线。

p. 在纱线上滑动挤压套管，保证挤压套管紧贴在连接到连接体后端的扣环上，用打摺工具的中间的哪个槽给挤压套管打摺。

q. 松开芯线，将光纤弄直，推后罩壳使之与前套结合。正确插入时能听到一声轻微的响声，此时可从安装平台上卸下连接体。

② SC 型护套光纤器现场安装方法。

a. 打开材料袋，取出连接体和后壳罩。

b. 转动安装平台，使安装平台打开，用所提供的安装平台底座，把这些工具固定在一张工作台上。

c. 把连接体插入安装平台内，释放拉簧朝上。把连接体的后壳罩向安装平台插孔推，当前防尘罩全部推入安装平台插孔后，顺时针旋转连接体 1/4 圈，并锁紧在此位置上，防尘罩留在上面。

d. 将松紧套套在光纤上，挤压套管也沿着芯线方向向前滑。

e. 用剥线器从光纤末端剥去约 40 mm～50 mm 外护套，护套必须剥得干净，端面成直角。

f. 将纱线头集中拢向 900 μm 缓冲光纤后面，在缓冲层上做第一个标记(如果光纤直径小于 2.4 mm，在保护套末端做标记；否则在束线器上做标记)；在缓冲层上做第二个标记(如果光纤直径小于 2.4 mm，就在 6 mm 和 17 mm 处做标记；否则就在 4 mm 和 15 mm 处做标记)。

g. 在裸露的缓冲层处拿住光纤，把光纤末端到第一个标记处的 900 μm 缓冲层剥去。为了不损坏光纤，从光纤上一小段一小段剥去缓冲层，握紧护套可以防止光纤移动。

h. 用一块沾有酒精的纸或布小心地擦洗裸露的光纤。

i. 将纱线抹向一边，把缓冲层压在光纤切割器上。从缓冲层末端切割出 7 mm 光纤。用镊子取出废弃的光纤，并妥善地置于废物瓶中。

j. 把切割后的光纤插入显微镜的边孔里，检查切割是否合格。把显微镜置于白色面板上，可以获得更清晰明亮的图像，还可用显微镜的底孔来检查连接体的末端套圈。

k. 从连接体上取下后端防尘罩并仍掉。

l. 检查缓冲层上的参考标记位置是否正确。把裸露的光纤小心地插入连接体内，知道感觉光纤碰到了连接体的底部为止。

m. 按压安装平台的活塞，慢慢地松开活塞。

n. 小心地从安装平台上取出连接体，以松开光纤，把打摺工具松开放置于多用工具突起处并使之平直，使打摺工具保持水平，并适当地拧紧(听到三声轻响)。把连接体装入打摺工具的第一个槽，多用工具突起指到打摺工具的柄，在缓冲层的缓冲褶皱区用力打上褶皱。

o. 抓住处理工具(轻轻)拉动，使滑动部分露出约 8 mm。取出处理工具并仍掉。

p. 轻轻朝连接体方向拉动纱线，并使纱线排整齐，在纱线上滑动挤压套管，将纱线均匀地绕在连接体上，从安装平台上小心地取下连接体。

q. 抓住主体的环，使主体滑入连接体的后部直到它到达连接体的挡位。

3.3.3 线槽、桥架的规格和品种

线槽和桥架也是布线系统中的重要组成部分。线槽和桥架是布线特别是干线布线的基础，水平干线和垂直干线的绝大部分都是穿过线槽或桥架来走线的。

综合布线系统中主要使用的线槽和桥架有以下几种：

(1) 金属槽和附件。

(2) PVC 塑料槽和附件。

(3) 槽式桥架。

(4) 托盘式桥架。

(5) 梯式桥架。

(6) 组合式桥架。

1. 线槽的规格和品种

1) 金属槽

金属槽由槽底和槽盖组成，如图 3-36 所示，每根槽的一般长度为 2 m，槽与槽连接时使用相应尺寸的铁板和螺丝固定。

在综合布线系统中，一般使用的金属槽的规格有 100 mm × 100 mm、100 mm × 200 mm、100 mm × 300 mm 等多种。

图 3-36　金属槽道

2) 塑料槽

塑料槽的外形与金属槽类似，但它的品种规格更多，从型号上讲，有 PVC-20 系列、PVC-25 系列、PVC-25F 系列、PVC-30 系列、PVC-40 系列、PVC-40Q 系列等；从规格上讲，有 20 mm × 12 mm、25 mm × 12.5 mm、25 mm × 25 mm、30 mm × 15 mm、40 mm × 20 mm 等。图 3-37 所示为几种常见的 PVC 塑料槽。

图 3-37　常见的几种 PVC 塑料槽

2. 桥架的规格和品种

桥架通常是固定在楼顶或墙壁上的，主要用做线缆的支撑。将水平干线线缆敷设在桥架中，装修后的天花板可以将桥架完全遮蔽，美观大方，是目前很受欢迎的布线方式。图 3-38 所示为桥架的效果图。

图 3-38　桥架布放后的效果

1) 桥架的种类

Ⅰ. 槽式桥架

槽式桥架如图 3-39 所示。

图 3-39　槽式桥架

II. 托盘式桥架

托盘式桥架如图 3-40 所示。

III. 梯式桥架

梯式桥架如图 3-41 所示。

图 3-40　托盘式桥架　　　　　　　　　　　图 3-41　　梯式桥架

IV. 组合式桥架

组合式桥架如图 3-42 所示。

图 3-42　组合式桥架

2) 桥架布放的技术要求

桥架是综合布线系统工程中的辅助设施，它是为敷设缆线服务的，一般用于线缆路由集中且线缆条数较多的段落，必须按技术标准和规定施工。

(1) 桥架的规格尺寸、组装方式和安装位置均应按设计规定和施工图的要求。封闭型槽道顶面距天花板下缘不应小于 0.8 m，距地面高度保持 2.2 m，若桥架下不是通行地段，其净高度可不小于 1.8 m。安装位置的上下左右保持端正平直，偏差度尽量降低，左右偏差不应超过 50 mm；与地面必须垂直，其垂直度的偏差不得超过 3 mm。

(2) 在设备间和干线交接间中，垂直安装的桥架穿越楼板的洞孔及水平安装的桥架穿越墙壁的洞孔，要求其位置配合相互适应，尺寸大小合适。在设备间内如有多条平行或垂直安装的桥架时，应注意房间内的整体布置，做到美观有序，便于线缆连接和敷设，并要求桥架间留有一定间距，以便于施工和维护。桥架的水平度偏差不超过 2 mm/m。

(3) 桥架与设备和机架的安装位置应互相平行或直角相交，两段直线段的桥架相接处应采用连接件连接，要求装置牢固、端正，其水平度偏差不超过 2 mm/m。桥架采用吊架方式安装时，吊架与桥架要垂直形成直角，各吊装件应在同一直线上安装，间隔均匀、牢固可靠，无歪斜和晃动现象。沿墙装设的桥架，要求墙上支持铁件的位置保持水平、间隔均匀、牢固可靠，不应有起伏不平或扭曲歪斜现象。水平度偏差也应不大于 2 mm/m。

(4) 为了保证金属桥架的电气连接性能良好，除要求连接必须牢固外，节与节之间也应接触良好，必要时应增设电气连接线(采用编织铜线)，并应有可靠的接地装置。如利用桥架构成接地回路时，须测量其接头电阻，按标准规定不得大于 $0.33 \times 10^{-3} \Omega$。

(5) 桥架穿越楼板或墙壁的洞孔处应加装木框保护。线缆敷设完毕后，除盖板盖严外，还应用防火涂料密封洞孔口的所有空隙，以利于防火。桥架的油漆颜色应尽量与环境色彩协调一致，并采用防火涂料。

3.4　智能综合布线系统工程测试

许多工程施工人员认为，只要综合布线合理，对工程测试就不重视或认为无关紧要，一直到了由于线缆的故障而导致通信或计算机网络瘫痪后，才意识到测试的重要性。

实际上，随着信息传输速率的进一步提高，特别是在 6 类、7 类线和光纤均已开始大量应用的今天，测试已显得尤为重要。很多在低信息速率时不太重要或者说无关紧要的参数，在高信息速率时可能起着非常重要的作用，甚至决定着链路或信道的传输质量，影响工程竣工验收等。

综合布线系统工程测试分为验证测试与认证测试，前者是指验证布线线路是否连通的现场施工测试(比如我们经常使用"能手"来验证 5 类线是否连通)，后者是指信道或链路的性能参数指标的测试。对于 5 类线来说，认证测试目前执行的标准是 TSB-67。TSB-67标准的主要内容有：

(1) 定义了两种测试模型，即信道模型与链路模型。

(2) 定义了测试参数及指标容限。

(3) 现场测试仪性能及如何验证这些性能参数。

(4) 现场测试结果与实验室测试结果的比较。

在上述 4 项内容中，最重要的是信道和链路的概念。

信道是通信系统中必不可少的组成部分，它是从发送输出端到接收输入端之间传送信息的通道。以狭义来定义，它是指信号的传输通道，即传输媒质，不包括两端的设备。综合布线系统的信道是有线信道，从图 3-43(a)中可看出其信道不包括两端设备。

链路与信道有所不同，它在综合布线系统中是指两个接口间具有规定性能的传输通道，其范围比信道小。在链路中既不包括两端的终端设备，也不包括设备电缆(光缆)和工作区电缆(光缆)。在图 3-43 中可以看出链路和信道的不同范围。

此外，对于综合布线系统工程测试仪器，施工、维护及监理等不同层次的要求是各不相同的。施工人员希望的是操作简单、能快速测试与定位连接故障的测试仪器，而监理和工程测试人员希望的是高精度的认证工具或仪器。目前，以 Fluke 为代表的生产厂家已生产出不同需求层次的仪器仪表和工具，以满足测试需要。

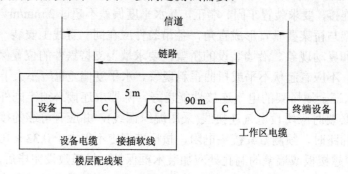

(a) 水平电缆线路中的信道与链路

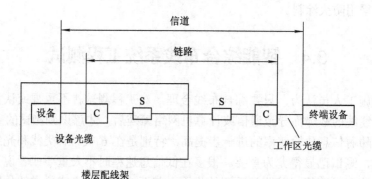

(b) 水平光缆线路中的信道与链路

C—连接插座；S—熔接点

图 3-43　信道与链路

3.4.1　验证测试

电缆线路的验证测试是测试电缆线路的基本安装情况。主要测试内容如下：

(1) 开路、短路：在施工时由于安装工具或接线技巧问题以及墙内穿线技术问题，会产生这类故障。

(2) 反接：同一对线在两端针位接反，如一端为 1—2，另一端为 2—1(如图 3-44(a)所示)。

(3) 错对：将一对线接到另一端的另一对线上，比如一端是 1—2，另一端接在 3—6 针上(如图 3-44(b)所示)。最典型的错误就是打线时混用 T568A 与 T568B 的色标。

(4) 串绕：就是将原来的两对线分别拆开而又重新组成新的线对(如图 3-44(c)所示)。

(5) 同轴电缆的终端匹配器是否连接良好等。

这里要特别给大家说明一点的就是关于串绕的问题。我们从图 3-44 可以看出，串绕的最大特点就是破坏了线对扭绞交叉关系，破坏了交叉平衡，在高速数据信息传送时就会引起严重的近端串扰，但在低速数据传送时它几乎显现不出来(比如我们在传电话的全塑电缆线对中若发现这种问题，一般无须作处理也可保证电话的正常传送)，而且这种障碍的端到端连通性是好的，用简单的仪表如万用表是根本测试不出来的，只有用专用电缆测试仪(如 Fluke 的 620/DSP4000)才能检验出来。

(a) 反接　　　　　　　　　　　(b) 错对　　　　　　　　　　　(c) 串绕

图 3-44　电缆线对的反接、错对和串绕

3.4.2　认证测试

电缆的认证测试，是指电缆除了正确的连接以外，电缆的电气参数(例如衰减、NEXT 衰减等)是否达到有关规定所要求的指标。

1．认证测试模型

认证测试模型即前面所叙的信道模型和链路模型，测试时可以选择其中的一种或两者测试。

信道连接包括基本链路和安装的设备、用户和交接跳接电缆。与实物对应起来的信道模型如图 3-45 所示。图中的 A、B、C、D、E 分别代表用户端连接软线、转接电缆、水平电缆、(最大 2 m 的)连接跳线、楼内设备软线，它们的长度要求是 $\max(B + C) = 90\,m$，$\max(A + D + E) = 10\,m$。

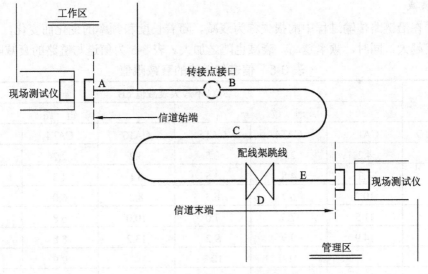

图 3-45　认证测试信道模型

与实物对应起来的链路模型如图 3-46 所示。图中的 F 表示 IO 或 TP 到 FD 之间的电缆，G、H 是测试设备软线。

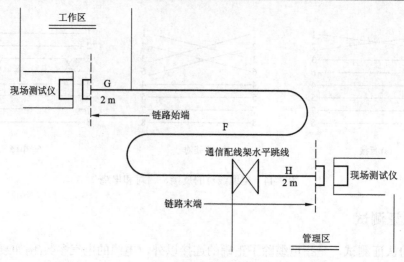

图 3-46　认证测试链路模型

2．认证测试参数

1) 接线图测试

接线图是一个逻辑连接测试，用来确认链路一端的每一个针与另一端相应针的连接是否正确。

2) (链路)长度测试

链路的长度可以用电子长度的测量来估算，电子长度的测量是根据链路的传输延迟和电缆的额定传播速率值而确定的。

3) 衰减

信号在沿链路传输过程中的损失称为衰减。随着长度和频率的变化而变化，长度越长衰减也就越大，同时，频率越高，衰减也随之加大。表 3-5 为信道与链路的衰减限值。

表 3-5　信道与链路的衰减限值

频率/MHz	20℃ 下最大衰减值/dB					
	通　道			链　路		
	CAT3	CAT4	CAT5	CAT3	CAT4	CAT5
1	4.2	2.6	2.5	3.2	2.2	2.1
4	7.3	4.8	4.5	6.1	4.3	4.0
8	10.2	6.7	6.3	8.8	6.0	5.7
10	11.5	7.5	7.0	10.0	6.8	6.3
16	14.9	9.9	9.2	13.2	8.8	8.2
20		11.0	10.3		9.9	9.2
25			11.4			10.3
31.25			12.8			11.5
62.5			18.5			16.7
100			24.0			21.6

注：表中的 CAT3、CAT4、CAT5 分别表示 3 类、4 类、5 类线。

4) 近端串扰损耗

近端串扰损耗是测量一条 UTP 链路中一个回路对另一个回路，或多个回路对另一个回路，或一个回路对多个回路之间的信号电磁耦合，是对高速率传输时性能评估的最重要指标。近端串扰越小越好，近端串扰损耗越大越好。在一条典型的四对 UTP 链路上测试近端串扰值，需要在每一对线之间测试，即 12/36，12/45，12/78，36/45，36/78，45/78 共五组数值。表 3-6 给出了信道与链路的近端串扰(最差线间)损耗最小值。

表 3-6　信道与链路的近端串扰(最差线间)损耗最小值

频率/MHz	近端串扰损耗最小值/dB					
	通　道			链　路		
	CAT3	CAT4	CAT5	CAT3	CAT4	CAT5
1	39.1	53.3	60.0	40.1	54.7	60.0
4	29.3	43.3	50.6	30.7	45.1	51.8
8	24.3	38.2	45.6	25.9	40.2	47.1
10	22.7	36.6	44.0	24.3	38.6	45.6
16	19.3	33.1	40.6	21.0	35.3	42.3
20		31.4	39.0		33.7	40.7
25			37.4			39.1
31.25			35.7			37.6
62.5			30.6			32.7
100			27.1			29.3

注：表中的 CAT3、CAT4、CAT5 分别表示 3 类、4 类、5 类线。

3.4.3　光纤线路测试

光纤线路的测试也同样分为验证测试(比如连通性测试)和认证测试(比如衰减)两大类，其主要测试项目如下。

1. 连通性测试

光纤的连通性与电缆芯线的对号一样，是对光纤的基本要求，同时也是基本的测量之一。进行连续性测试时，通常是把红色激光、发光二极管或者其他可见光(比如手电筒)注入光纤，并在光纤的末端监视光的输出。

具体方法：在光纤一端导入光线(如手电光)，在光纤的另外一端看看是否有光闪。连通性测试的目的是为了确定光纤中是否存在断点。

2. 损耗测试

光纤的衰减主要是由光纤本身的固有吸收和散射造成的。由于衰减系数应在许多波长上进行测量，因此可选择单色仪作为光源，也可以用发光二极管作为多模光纤的测试光源。

具体测试方法：使用一台光功率计和一个光源，先使光源和光功率计"短接"，调整光源的输出功率使光功率计的电平为 0，保持光源的光输出功率不变，再将被测光纤接在光源和功率计之间，此时功率计的读数即为被测光纤的衰减值。

光纤的损耗测试必须分 A→B 和 B→A 两个方向测试并求其平均值。

3. 收发功率电平测试

收发功率电平测试是测定布线系统光纤链路传输性能的有效方法，使用的设备主要是光功率计和一段跳接线。在实际应用情况中，链路的两端可能相距很远，但只要测得发送端和接收端的光功率电平，即可判定光纤链路的状况。

具体方法：

(1) 在发送端将测试光纤取下，用跳接线取而代之。跳接线一端为原来的发送器，另一端为光功率计。使光发送器工作，即可在光功率计上观测得发送端的光功率值。

(2) 在接收端，用跳接线取代原来的跳线，接上光功率计，保持发送端的光发送器工作同时光功率不变的情况下，即可在光功率计上观测到接收端的光功率电平值。

4. 反射损耗测试

反射损耗测试是光纤线路检修非常有效的手段，它使用 OTDR 来完成测试。图 3-47 即为用 OTDR 测得的某光纤通道的反射损耗曲线，图中的非反射事件——熔接和弯曲造成的反射损耗非常清晰。

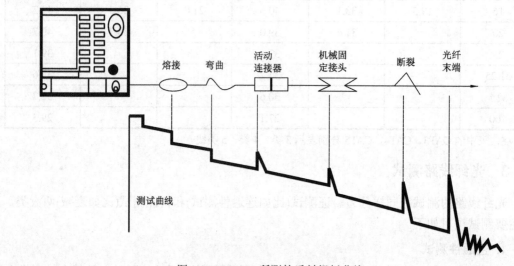

图 3-47　OTDR 所测的反射损耗曲线

关于 OTDR 的基本原理及详细分析等内容请参阅本书作者所编的《光缆通信工程》一书的相关章节，在此不多述。

本 章 小 结

1. 综合布线系统是指由通信电缆、光缆、各种软电缆及有关连接硬件构成的通用布线系统，它能支持多种应用系统，即使用户尚未确定具体的应用系统，也可进行布线系统的设计和安装。综合布线系统中不包括应用的各种设备。智能综合布线系统是指满足智能化建筑信息传输要求的布线系统。

2. 综合布线系统由建筑群子系统、干线(垂直)子系统、配线(水平)子系统、设备间子系统、管理区子系统和工作区子系统 6 个独立的子系统，即通常所说的"一间、二区、三系统"所构成。

3. 综合布线工程分为 3 种不同的布线系统设计等级，即基本型综合布线系统、增强型综合布线系统和综合型综合布线系统。目前常用的是综合型综合布线系统。

4. 布线系统常用的传输媒质有对绞线(又称双绞线)、对绞对称电缆(简称对称电缆)、同轴电缆和光缆。目前使用较多的是对绞线和光(纤)缆。吹光纤技术是近年来兴起的一种先进的大楼布线技术，它使光纤到桌面成为可能。

5. 综合布线系统中的连接器主要有对绞线连接器和光纤连接器，配线架中最受欢迎的是多媒体配线架，施工方式多数采用桥架方式。

6. 综合布线系统工程测试分为验证测试与认证测试，前者是指验证布线线路是否连通的现场施工测试，后者是指信道或链路的性能参数指标的测试。对于 5 类线来说，认证测试目前执行的标准是以 TSB-67 为蓝本的相关标准。此外光纤的测试主要有连通性测试、衰减测试、功率电平测试与反射损耗测试等，其中连通性测试属于验证测试，其他均为认证测试。

习题与思考题

一、填空题

1. 智能建筑的"3A"功能是指(　　　　)、(　　　　　)、(　　　　　)。

2. 综合布线系统是指(　　　　　　　　　　　　　　　　　　)。

3. 综合布线的特点是(　　　　　　　　　　　　　　　　)，其设计类型分为(　　　　　　)、(　　　　)、(　　　　　　　　)。

4. 综合布线的布线子系统有(　　　)、(　　)、(　　　)、(　　　)三个。

5. 综合布线中的 BD、CD、FD、TP、TO 分别表示(　　　　　)、(　　　　)、(　　　)、(　　　)、(　　　　)。

6. 制作 5 类线水晶头的常用方法是(　　　　　)和(　　　　)两种。

7. 推荐使用的水平布线中的双绞线特性阻抗为(　　)Ω，多模光纤的规格为(　　　　)。

8. 综合布线系统中的"一间、二区、三系统"分别是指(　　)、(　　　)、(　　　)。

9. 综合布线系统中管理间的管理内容包括(　　　)、(　　)及(　　)三项。

10. 设某综合布线系统中的信息点数为 N，信息模块数为 M，水晶头的数量为 S，则设计时 M、S 与 N 之间的关系分别为(　　　　)和(　　　)。

11. "100Base-T"中的"100"、"Base"、"T"分别表示(　　　)、(　　)和(　　　)。

12. 所谓管理区是指(　　　　　　　　　　　　)，其作用是(　　　　　　　　　　　　　　　　)。

13. 在 GCS 中，同一根子管中不允许同时放置连接 IO 的(　　　)根 5 类线，其原因是(　　　　　　　　　　　　　　　　)。

14. BAS 中覆盖区是指(　　　　　　　　　　　　)，GCS 中

的工作区是指(　　　　　　　　　　　　　　　　　　　　)。

15．按照绝缘层外部是否有金属屏蔽层，双绞线可以分为(　　　)和(　　　)两大类。目前在综合布线系统中，除了某些特殊的场合通常采用(　　　　　　　)。

16．5 类 UTP 电缆用来支持带宽要求达到(　　　　　)的应用，超 5 类线的传输频率为(　　　)，而 6 类线支持的带宽为(　　　　)，7 类线支持的带宽可以高达(　　　　)。

17．两端 RJ45 水晶头中的线序排列完全相同的跳线称为(　　　)，适用于计算机到(　　　)的连接。

18．交叉线适用于计算机与(　　　　)的连接，交叉线在制作时两端 RJ45 水晶头中的第(　　)线和第(　　)线应对调，即两端 RJ45 水晶头制作时，一端采用(　　　)标准，另一端采用(　　　)标准。

19．配线架中主要是(　　　)的集合，(　　　　)的类型必须与连接线缆的类型对应。

20．在综合布线系统中主要使用的线槽有以下几种：(　　　)、(　　　　)、(　　　)和(　　　)。

二、简答题

1．什么是 GCS 中的干线？在 GCS 中干线分为哪两种？干线子系统布线的最大距离是多少？

2．什么是近端串音损耗？为什么规定近端串音损耗要从通道的两端加以测量？

3．综合近端串扰与近端串扰有什么不同？请分别给出其定义。

4．请写出综合布线中增强型设计等级的主要内容。

三、判断题

1．部标推荐的综合布线网络的拓扑结构是总线拓扑结构。(　　　)

2．管理区是与设备间、配线间等完全不同的分布式区间。(　　　)

3．综合布线系统设计时应按 5 部分进行设计。(　　　)

4．工作区的建筑面积一般为 $8\ m^2 \sim 10\ m^2$。(　　　)

5．在用户驻地网工程中，布放光缆时可以不必区分 A、B 端。(　　　)

6．5 类 UTP 线中每对芯线的绞距都是不一致的。(　　　)

7．5E 和 5 类线的芯线线径是一样的。(　　　)

8．剥除 5 类线外护套时，5 类线的非扭绞长度应不大于 15 mm。(　　　)

9．切断光缆时不可以使用钢锯。(　　　)

10．屏蔽 5 类线中的漏电线是裸露的金属线。(　　　)

四、综合题

1．画图说明构成综合布线各子系统的各段缆线的最大长度限制。

2．图 3-48 为某一学生宿舍综合布线系统工程图，请回答以下问题：

(1) 设计中采用了哪些传输介质？各有何特点？

(2) 该设计的设计等级是什么？请给出判断依据。

(3) 请在图上标出设备间、管理间、干线子系统、水平子系统、BD、FD 的位置。

(4) 图中使用哪些类型的配线架？各有何特点？

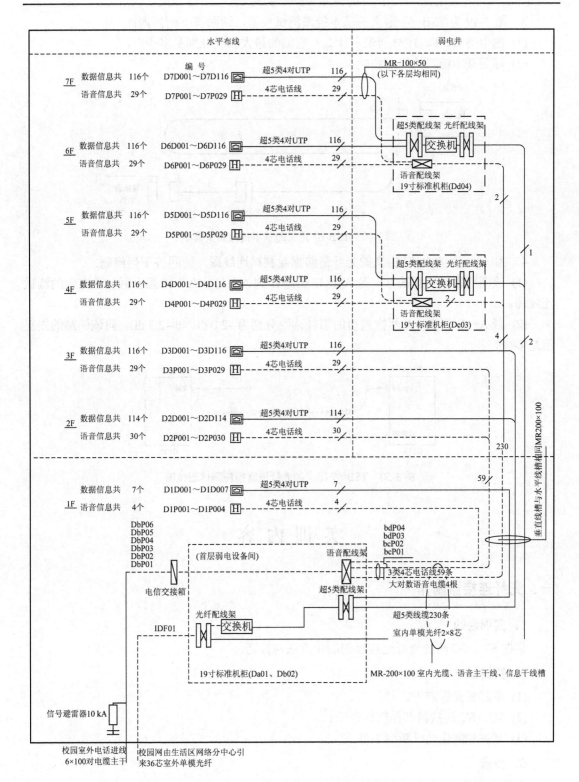

图 3-48　某学生宿舍综合布线系统框图

3．图 3-49 为 TSB-67 定义的基本链路测试模型，请回答下列问题：

(1) 图中的 G、F、H 分别表示什么？它们的最大长度分别是多少？

(2) 标明基本链路的终点和始点。

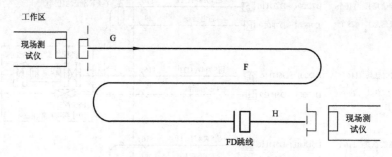

图 3-49　TSB-67 定义的基本链路测试模型

4．图 3-50 为 TSB-67 定义的光纤链路损耗测试连线图，请回答下列问题：

(1) 该图所表示的测试方向是 A 到 B 还是 B 到 A？为什么？请画出另一个方向的测试连线图。

(2) 若 A→B 和 B→A 两次测得的损耗读数分别为 –2.0 dB 和 –2.3 dB，问该链路的损耗值是多少？

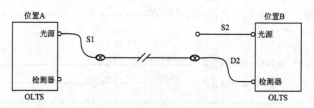

图 3-50　TSB-67 定义的光纤链路损耗测试连接图

实 训 内 容

一、光纤连接器制作

1．实训目的

掌握 ST、SC 两种光纤连接器的制作方法与技巧。

2．实训器材

(1) 单芯软光纤若干。

(2) SC、ST 连接器部件散件若干。

(3) 开剥和制作光纤断面工具。

3．步骤

参见本书第 3.3.2 节。

二、近端串扰损耗测试

1．实训目的

掌握普通 5 类线中一主一被时的近端串扰损耗测试方法和指标要求。

2．实训器材

(1) 近端串扰测试仪。

(2) 普通 5 类线。

(3) 5 类线开剥工具。

3．测试电路与步骤

(1) 按图 3-51 连接好测试电路，图中的振荡器、可变衰减器及电平指示器均在综合测试仪中。

(2) 测试步骤：

① 将 S 置 1—1′，开启振荡器并调整其输出，使电平表的指针指在适当位置，并记住这个位置。

② 保持振荡器的输出不变，将 S 置 2—2′，调整可变衰减器的衰减值，使电平表的指针指在刚才的位置，此时可变衰减器的衰减值即为两回路间的近端串扰损耗值。

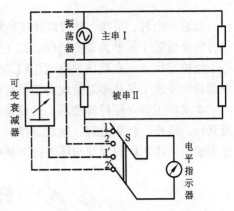

图 3-51　近端串扰损耗测试电路

第4章　架空通信杆路工程

以通信电杆、吊线、拉线以及其他辅助件为主要材料来构成承挂通信电/光缆等主要信息传输介质的工程即为架空通信杆路工程。它具有适用地域广、建设速度快、造价低廉、便于维护等优点，在我国现有通信线路网络中占有较大的比例。掌握架空通信杆路工程的规划设计及施工是从事通信线路工程建设的基本技能。

本章将主要介绍杆路测量、杆路建筑、吊线选定、飞线设计、杆路利旧等设计内容以及立杆、接杆、杆跟处理、拉线、撑杆、避雷、地线、吊线架设等施工内容，为将来从事通信架空杆路工程的设计与施工打下基础。

4.1　杆路规划与设计

杆路规划与设计是杆路工程建设的重要一步，它直接影响到建设成本、维护成本和使用寿命，应引起重视。

4.1.1　杆路测量

1. 杆路定线(路由定位)

杆路定线的要求是：野外杆路一般应沿交通线，杆路定线应在交通线用地之外并保持一定的平行隔距；杆路距公路界 15 m～50 m，与铁路接近时应在铁路路界红线外，铁路或公路弯道处，杆路可适当顺路取直，遇到障碍物时可适当绕避，但距公路不宜超过 200 m；杆路在市区一般应在道路(或规划道路)的人行道上或在与城建部门商定的位置，避免跨越房屋等建筑物，通信线不宜与电力线在同一侧；同路由上已有的通信线路确实无法予以利用而需新建杆路时，新建杆路路由应不影响已有通信线路的建筑和运行安全，与原有杆路路由的隔距应符合表 4-1～表 4-4 的规定。

表 4-1　架空光(电)缆杆线与其他建筑物间隔距表

其他设施名称	最小水平净距/m	备　注
消火栓	1.0	指消火栓与电杆的距离
地下管线、缆线	0.5～1.0	包括通信管、缆线与电杆间的距离
火车铁轨	地面杆高的 4/3 倍	
人行道边石	0.5	
地面上已有其他杆路[①]	杆高的 4/3 倍	地面杆高
市区树木	1.25	缆线到树干的水平距离
郊区树木	2.0	缆线到树干的水平距离
房屋建筑	2.0	缆线至房屋建筑的水平距离

注：地形限制时，允许隔距适当缩小，但不得小于 1 个地面杆高的安全隔距，个别地点达不到要求时，应采取相应的防护措施。

表 4-2　架空光(电)缆架设高度表

名　称	与线路方向平行时		与线路方向交越时	
	架设高度/m	备注	架设高度/m	备注
市内街道	4.5	最低缆线到地面	5.5	最低缆线到地面
市内里弄 (胡同)	4	最低缆线到地面	5	最低缆线到地面
铁路	3	最低缆线到地面	7.5	最低缆线到地面
公路	3	最低缆线到地面	5.5	最低缆线到地面
土路	3	最低缆线到地面	4.5	最低缆线到地面
房屋建筑物			0.6	最低缆线到屋脊
			1.5	最低缆线到房屋平顶
河流			1	最低缆线到最高水位时的船桅顶
市区树木			2.5	最低缆线到树枝的垂直距离
郊区树木			1.5	最低缆线到树枝的垂直距离
其他通信导线			0.6	一方最低缆线到另一方最高线条
与同杆已有 线缆间隔	0.4	线缆到缆线		

表 4-3　架空光(电)缆交越其他电气设施的最小垂直净距表

其他电气设备名称	最小垂直净距/m		备　注
	架空电力线路 有防雷保护设备	架空电力线路 无防雷保护设备	
10 kV 以下电力线	2.0	4.0	最高缆线到电力线条
35 kV～110 kV 电力线(含 110 kV)	3.0	5.0	最高缆线到电力线条
110 kV～220 kV 电力线(含 220 kV)	4.0	6.0	最高缆线到电力线条
220 kV～330 kV 电力线(含 330 kV)	5.0[①]		最高缆线到电力线条
330 kV～500 kV 电力线(含 500 kV)	8.5[①]		最高缆线到电力线条
供电线接户线[②]	0.6		
霓虹灯及其铁架	1.6		
电气铁道及电车滑接线[③]	1.25		

注：① 该数据取自 GB 50233—2005《110～500 kV 架空送电线路施工及验收规范》。② 供电线为被覆线时，光(电)缆也可以在供电线上方交越。③ 特殊情况光(电)缆必须在上方交越时，跨越档两侧电杆及吊线安装应做加强保护装置。

表 4-4　架空光(电)缆线路与其他建筑物间距表

序号	间距说明	最小净距/m	交越角度
	光缆距地面		
1	一般地区	3.0	
	特殊地点(在不妨碍交通和线路安全的前提下)	2.5	
	市区(人行道上)	4.5	
	高杆农林作物地段	4.5	
	光缆距路面		
2	跨越公路及市区街道	5.5	
	跨越通车的野外大路及市区巷弄	5.0	
	光缆距铁路		
3	跨越铁路(距轨面)	7.5	≥45°
	平行间距	30.0[①]	
	光缆距树枝		
4	在市区：平行间距	1.25	
	垂直间距	1.0	
	在郊区：平行及垂直间距	2.0	
	光缆距房屋		
5	跨越平顶房顶	1.5	
	跨越人字屋脊	0.6	
6	光缆距建筑物的平行间距	2.0	
7	与其他架空通信线缆交越时	0.6	≥30°
8	与架空电力线交越时[②]	1.5	≥30°
	跨越河流		
9	不通航的河流：光缆距最高洪水位的垂直间距	2.0	
	通航的河流：光缆距最高通航水位时的船舱最高点	1.0	
10	消火栓	1.0	
11	光缆沿街道架设时，电杆距人行道边石	0.5	
12	与其他架空线路平行时	不宜小于 3/4 地面以上杆高	

注：① 上述间距为光(电)道路由与铁路应保持的间距。特殊情况时，电杆离铁路隔距必须大于 4/3 杆高。② 指 1 kV 以下的电力线裸线，最小净距考虑杆上操作时必要的安全隔距。

杆路与铁路、公路、河流的交越应符合下列要求：

(1) 与铁路、高等级公路交越，应首选地下通过方式，可采用顶管、埋管或在涵洞中穿越。

(2) 与通航河流或河面较宽的河流交越，首先考虑在桥梁上通过(一级干线和国防线除外)，也可采用水底光(电)缆或微控地下定向钻孔敷管等方式。

(3) 在上述钢管或硬质塑料管中穿越时光(电)缆可不改变外护层结构。

杆路与电力线交越应符合下列要求：

(1) 杆路与 35 kV 以上电力线应垂直交越，不能重直交越时，其最小交越角度不得小于 45°。

(2) 光(电)组应在电力线下方通过，光(电)缆的第一层吊线与电力杆最下层电力线的间距应符合表 4-3 的规定。

(3) 通信线不应与电气铁道或电车滑接网交越。

(4) 杆路路由定线应考虑生态环境和文物保护。

2．杆距和杆位的测定

定杆位一般按标准杆距(50 m)测定，杆位应选择在土质比较坚实、周围无塌陷等地，并避免在积水或洪水淹没等地点；杆位(包括杆上建筑)与其他地下或地上建筑物的间距应符合前述所列要求；不应设在施工、维护有很大困难的地点；按标准杆距测定杆位遇土壤不够稳定或与其他建筑物隔距达不到规定要求时，可把杆位适当前移或后移，杆位移动后的杆距一般不超出规定的允许偏差，如必须超长时应按"长杆档"处理；如必须在土壤不够稳定的地点立杆时，应考虑杆根加固及杆位保护措施；需要加装拉线(或撑杆)的杆位的测定应考虑拉线(或撑杆)的位置。

3．装设拉线(撑杆)杆位的测定

在线路路由改变走向的地点应设立角杆，线路终结的地点应设立终端杆，线路中间有光(电)缆需要分出的地点应设立分线杆，架空线路应间隔一定的杆数设立抗风杆及防凌杆；角杆、终端杆、分线杆及抗风杆/防凌杆等需加装拉线(或撑杆)，电杆测定应考虑拉线(或撑杆)的位置。

4．杆高的测定

标准杆高依杆上架设光(电)缆终期数量、最低层光(电)缆的最大垂度离地面的高度及电杆埋深等要求选定，如图 4-1 所示。图中：a 为光(电)缆架挂层数$(n-1) \times 0.40$ m(新建杆路应考虑杆路最终容量的光(电)缆架挂数量设计)；b 为最大垂度；c 为杆上最下层缆的最大垂度离地面的高度；d 为电杆埋深；h 为电杆的杆高，$h = 0.15$(或 0.50)$ + a + b + c + d$ m。

特殊地点杆高配置：架空线路跨越其他建筑物、障碍物或者山区地形起伏较大，光(电)缆及吊线的坡度要变更时，应根据需要配置杆高；跨越其他建筑物时，最下层线缆最大垂度与其他建筑物的间距应符合表 4-1 的要求；在地形起伏或因跨越建筑物需要加高电杆时，电杆杆高配置应符合坡度变更的

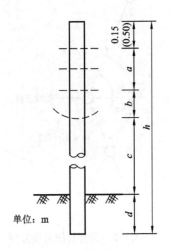

图 4-1　电杆杆高的计算

要求；坡度变更要求一般不大于 20%，大于 20%时可采用加高吊档电杆的杆高来减小坡度变更，仍达不到要求时应采用加强装置；单根电杆高度一般不超过 10 m，超过时可采用接高措施或采用电力杆。采用接高措施或采用电力杆时应符合下列要求：水泥电杆可用杆顶槽钢接高装置，但接高不超过 2 m，超过时宜采用等径钢筋混凝土杆或者电力水泥杆、钢

杆接高装置；木杆单接杆的杆高不宜超过 12 m，超过时宜采用异接杆方式；杆高 16 m 以上宜采用三接杆。

5. 角杆的测定

角深小于 25 m(含 25 m)时采用单角杆，大于 25 m 时采用双角杆，两角杆角深及两侧杆距宜相等或相近，如图 4-2 所示，图中 D、D_1、D_2 为角深。

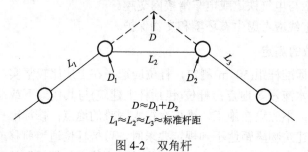

$$D \approx D_1 + D_2$$
$$L_1 \approx L_2 \approx L_3 \approx 标准杆距$$

图 4-2　双角杆

6. 拉线及撑杆的测定

拉线的种类有角杆拉线、顶头拉线、双方拉线、三方拉线及四方拉线等。角杆拉线应装设在角杆内角平分线的反侧，如图 4-3 所示。

顶头挂线应装设在杆路直线受力方向的反侧，双方拉线装设方向为杆路直线方向左右两侧的垂直线，四方拉线为双方拉线加两个顺线拉线，地形地势限制时可以均偏转 45° 装设，三方拉线采用双方拉线加一个顺线拉线(装在跨越挡或长杆挡反侧)，也可以转角 12° 装设，如图 4-4～图 4-6 所示。

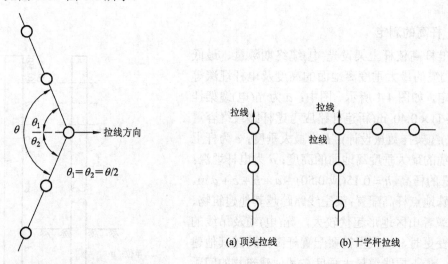

图 4-3　角杆拉线装设方向　　　　　图 4-4　顶头拉线装设方向

电杆上装拉线点与电杆形成的夹角通常用距高比来表示；拉线距高比通常取 1：1；拉线入地即地锚出土位置依照拉线方向不能左右改变时可依地势采取不同距高比做前后移动。

角杆或双方拉线的拉线方向上如遇拉线需跨越道路或其他障碍物(如平房)时，需采用高桩拉线，如图 4-7 所示，高桩拉线正拉线的高度应符合表 4-1 的要求。人行道上无法按正常"距高比"选定拉线入地点时可采用吊板拉线，如图 4-8 所示。角杆外侧无法做拉线时可改做撑杆，撑杆宜采用经防腐处理的木杆装在角杆内侧的转角平分线上，如图 4-9 所示，终端杆无法做顶头拉线时，也可在线路顺线侧做撑杆，撑杆的距高比一般取 0.6。

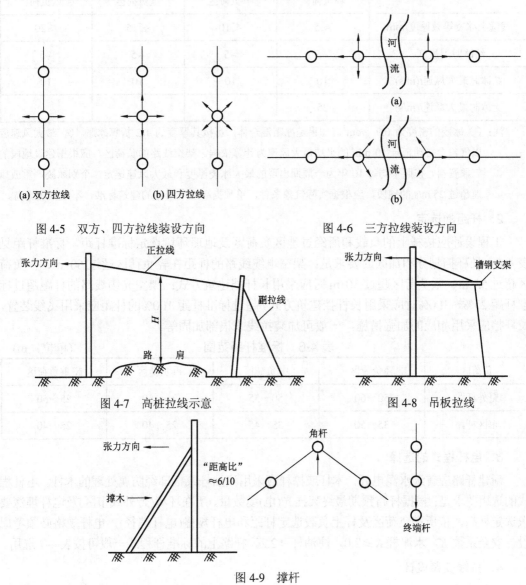

图 4-5　双方、四方拉线装设方向　　　　　图 4-6　三方拉线装设方向

图 4-7　高桩拉线示意　　　　　　　　　　图 4-8　吊板拉线

图 4-9　撑杆

4.1.2　杆路建筑规格设计

1. 杆路建筑规格设计要求

杆路建筑规格应按杆路所经过地区的气象负荷区以及杆上架挂光(电)缆的负载来设计。依所经地区的温度、风速、吊线或光(电)缆上冰凌厚度等因素，通信线路气象负荷区划分如表 4-5 所示。杆路中出现个别地段特殊气象条件时，该地段的杆路建筑规格可单独选用气象负荷区或单独进行特殊设计。

表 4-5　架空杆路气象负荷区划分

气象条件	负荷区别			
	轻负荷区	中负荷区	重负荷区	超重负荷区
线缆上冰凌等效厚度/mm	≤5	≤10	≤15	≤20
结冰时温度/℃	−5	−5	−5	−5
结冰时最大风速/(m/s)	10	10	10	10
无冰时最大风速/(m/s)	25			

注：① 冰凌的密度为 0.9 g/cm³，如果是冰霜混合体，可按其厚度的 1/2 折算冰厚。② 最大风速应以气象台自动记录 10 min 的平均最大风速为计算依据。架空线路的负荷区，应根据建设地段的气象资料，按照平均每 10 年为一周期出现的最大冰凌厚度和最大风速选定。个别冰凌严重或风速超过 25 m/s 的地段，应根据实际气象条件，单独提高该段线路的建筑标准，不应全线提高。

2．杆距的选定

工程设计应按杆上的负载和所经过地区负荷区及地理环境选定标准杆距，标准杆距见表 4-6。长杆挡划分和加固的要求是：架空电缆线路的杆距在轻负荷区超过 60 m、中负荷区超过 55 m、重负荷区超过 50 m 时应采用长杆挡建筑方式；架空光缆线路的杆距超过标准杆距 25%～100%时应采用长杆挡建筑方式，超过标准杆距 100%的杆距应采用飞线装置，长杆挡应采用相应的加强措施，一般可加装拉线或根部加固等。

表 4-6　标准杆距范围　　　　　　　　　　　（单位：m）

负荷区	轻负荷区	中负荷区	重负荷区	超重负荷区
野外杆路	50～60	50～55	25～50	25～50
市区杆路	35～50	35～45	25～40	25～40

3．电杆程式的选择

新建杆路应首选水泥电杆，木杆或撑杆应采用注油杆或根部经防腐处理的木杆。电杆程式的选用要求是：根据杆路预期最终架挂光(电)缆数量、所在环境(野外或市区)及电杆埋深要求选定杆高，依所在负荷区及杆上负载选定杆距和电杆规格(电杆梢径)，电杆规格必须考虑设计安全系数 K，水泥杆 $K \geq 2.0$，注油杆 ≥ 2.2。杆路上的标准杆程式一般可按表 4-7 选用。

4．拉线安装设计

在杆路中，下列电杆应安装拉线来增加杆路建筑强度：角杆；终端杆、分线杆；长杆挡两侧电杆；跨越铁路及高等级公路两侧的电杆；坡度变更大于 20%的吊挡杆；抗风杆及防凌杆；杆高大于 12 m 的电杆；其他杆位不够稳固的电杆等。

拉线安装设计的要求是：通信线路用拉线一般采用 7 股镀锌钢绞线，水泥杆杆路拉线地锚宜采用地锚钢柄及水泥拉线盘；木杆杆路宜采用钢绞线和横木。地锚钢绞线程式应比拉线程式大一级或用同程式 2 根钢绞线，拉线地锚、水泥拉线盘及地锚横木的规格应符合表 4-8 的要求，拉线地锚的坑深应符合表 4-9 的要求。

表 4-7 通信电杆程式选用

架挂光(电)缆条数	负荷区	标准杆距/m	可选用标准杆规格程式					
			预应力水泥杆		非预应力水泥杆		木杆:杆高×梢径/(m×cm)	
			野外	市区	野外	市区	野外	市区
4	轻、中负荷区	≤60	YD7.0—15—1.10	YD8.0—15—1.40	YD7.0—13—0.74	YD8.0—13—1.12	7×14	8×14
	重负荷区	≤50						
	超重负荷区	≤40						
8	轻、中负荷区	≤60	YD7.5—15—1.20	YD8.5—15—1.44	YD7.5—15—1.25	YD8.0—15—1.30	7×16	8.5×16
	重负荷区	≤40						
	超重负荷区	≤30						
10	轻、中负荷区	≤50	YD8.0—15—1.44	YD9.0—15—1.50	YD8.0—15—1.75	YD9.0—15—2.13	8×18	9×18
	重负荷区	≤40						
	超重负荷区	≤30						

表 4-8 拉线地锚、水泥拉线盘及地锚横木规格 （单位：mm）

拉线程式	水泥拉线盘长×宽×厚	地锚钢柄直径	地锚钢线程式股/线径	横木根×长×直径	备注
7/2.2	500×300×150	16	7/2.6(或 7/2.2 单条双下)	1×1200×180	
7/2.6	600×400×150	20	7/3.0(或 7/2.6 单条双下)	1×1500×200	
7/3.0	600×400×150	20	7/3.0 单条双下	1×1500×200	
2×7/2.2	600×400×150	20	2×7/2.6	1×1500×200	2 条或 3 条拉线合用一个地锚时的规格
2×7/2.6	700×400×150	20	2×7/3.0	1×1500×200	
2×7/3.0	800×400×150	22	2×7/3.0 单条双下	2×1500×200	
V 型 2×7/3.0 +1×7/3.0	1000×500×300	22	7/3.0 三条双下	3×1500×200	

表 4-9 拉线地锚的坑深 （单位：m）

土质分类 地锚坑深 拉线程式	普通土	硬土	水田、湿地	石质
7/2.2 mm	1.3	1.2	1.4	1.0
7/2.6 mm	1.4	1.3	1.5	1.1
7/3.0 mm	1.5	1.4	1.6	1.2
2×7/2.2 mm	1.6	1.5	1.7	1.3
2×7/2.6 mm	1.8	1.7	1.9	1.4
2×7/3.0 mm	1.9	1.8	2.0	1.5
V 型 上2×7/2.6 mm 下1	2.1	2.0	2.3	1.7

拉线在电杆上的安装及与地锚的连接可用夹板法(三眼双槽钢绞线夹板)、卡固法(U 型卡子)或另缠法(3.0 mm 镀锌钢绞线绑扎)。在人行道上应尽量避免使用拉线,如需要安装拉线,拉线及地锚位于人行道或人车经常通行的地点时,应在离地面高 2.0 m 以下的部位用塑料管或毛竹筒包封,并在塑料筒或毛竹筒外面用红白相间色作告警标志。角杆拉线的要求是:角深不大于 13 m 的角杆可安装 1 根与光(电)缆吊线同一程式的钢绞线作拉线,但下列情况的角杆应采用比吊线高一级的钢绞线作拉线或与吊线同一程式的 2 根钢绞线作拉线:角深大于 13 m 的角杆;拉线距高比在 0.75~1 之间且角深大于 10 m 或距高比小 0.5 且角深大于 6.5 m 的电杆。终端杆的每条吊线应装设 1 根顶头拉线,顶头拉线程式应采用比吊线程式高一级的钢绞线。分线杆在分线光(电)缆方向的反侧加顶头拉线,顶头拉线采用比分支吊线程式高一级的钢绞线。跨越铁路的两侧电杆应装设一层三方拉线,其中双方拉线可采用 7/2.2 mm 钢绞线,顺线拉线为 7/3.0 mm 的钢绞线。长杆挡两侧的电杆应装设顶头拉线,顶头拉线程式应采用比吊线程式高一级的钢绞线。坡度变更大于 20%的吊挡杆可采用 7/2.2 mm 钢绞线作双方拉线,地势限制时双方拉线可以作顺线安装。杆高大于 12 m 的电杆(接杆)应装设一层 7/2.2 mm 钢绞线作双方或四方拉线,如为三接杆,则应在每个接杆处加一层双方或四方拉线。架空通信杆路应相隔一定杆数交替设立抗风杆和防凌杆,其隔装数应符合表 4-10 的要求。

表 4-10　抗风杆及防凌杆隔装杆数

风速/(m/s)	架空光电缆条数	轻、中负荷区		重、超重负荷区	
		抗风杆	防凌杆	抗风杆	防凌杆
一般地区	≤2	8	16	4	8
(风速≤25)	>2	8	8	4	8
25<风速≤32	≤2	4	8	2	4
	>2	4	8	2	4
风速>32	≤2	2	8	2	4
	>2	2	4	2	2

抗风杆装置应采用一层双方拉线,拉线程式为同杆上吊线中最大一种吊线程式;防凌杆装设一层四方拉线,其侧面拉线程式同抗风拉线、顺线拉线为 7/3.0 mm 钢绞线;角杆拉线不能完全替代抗风杆,遇装设拉线(或撑杆)的角杆或规定装设点的地形无法装设拉线时,可将抗风杆及防凌杆前移 1~3 个杆位,并从该杆重新计数;市区杆路可不装设抗风杆及减少防凌杆安装;松土、沼泽地等经常淹积水塌陷滑坡等地点的电杆在安装杆根加强装置仍不够稳固时,可加装双方拉线来加固;终端杆前一挡可设立辅助终端杆(也称泄力杆),安装 1 根 7/3.0 mm 的顺线拉线。

5. 接杆设计

(1) 木杆接杆应符合下列要求:木杆单接杆的下节杆梢径不得小于上节杆跟径的 0.75 倍;品接杆的下节杆梢径不得小于上节杆梢径;三接杆的最下部接口应用品接杆;上部各接口用单接杆方式,并加装双方或四方拉线。

(2) 水泥杆接杆应符合下列要求:水泥杆接杆一般采用"等径水泥杆"叠加接长,等径杆规格见表 4-11。接杆可采用钢板圈、法兰盘、焊接或其他方式,超过两个接头的接杆,上部接头处应加装双方或四方拉线。

表 4-11　等径水泥杆弯矩规格(KN·m)

直径 /mm	长度/m							
		4.5　　6.0　　9.0						
Φ300	20	25	30	35	40	45		
Φ400	40	45	50	55	60	70	80	90
Φ500	70	75	80	85	90	95	100	105
Φ550	90	115	135	155	180			

6. 电杆根部加固及保护设计

下列电杆应装置根部加固或保护：土质松软地点的角杆、抗风/防凌杆及跨越铁路两侧的电杆、坡度变更大于 20%的电杆、接杆；松土、沼泽地、斜坡等杆位不够稳固的地点、经常受水淹或可能受洪水冲刷的地点。

木杆线路一般在杆根侧面安装横木或杆根底部安装垫木来加固，横木及垫木应注油或经其他防腐处理，其规格见表 4-12。

表 4-12　横 木 规 格

用　　途	规格(直径×长度)/mm
固根横木	(160～180)×1000
杆根垫木	(160～180)×1000
品接杆垫木	(180～200)×(1200～1500)

水泥杆线路一般在杆根侧面安装水泥卡盘或杆根底部安装水泥底盘来加固，其规格程式见表 4-13。

表 4-13　水泥卡盘及底盘程式

名　　称	程式(长×宽×厚)/mm
底盘	500×500×80
卡盘	800×300×120

注：卡盘安装采用"U"型卡盘抱箍。

7. 防护及接地

(1) 强电线路影响及防护设计应符合下列要求：架空电缆及含金属导线或有金属构件而无金属导线的光缆与中心点接地的 110 kV 以上架空输电线平行或与发电厂及变电站的地线网、高压杆塔的接地装置接近时，应考虑输电线故障和工作状况时由电磁感应、地电位升高等因素对通信导线或金属构件的危险影响；与不对称强电线路(如电气铁路滑接线)平行时，应考虑其正常运行时对通信线的危险影响和干扰影响。遇有上述情况时应按水电部和信息产业部(原邮电部) 相关标准规范和协议进行避让，无法避让时应按 YD5102—2010《通信线路工程设计规范》做防护设计。与输电线(除用户引入被覆线外)交越时，通信线应在输电线下方通过，并保持规定的安全隔距(见表 4-3)，交越挡两侧的架空光(电)缆杆上吊线应做接地，杆上地线在离地高 2 m 处断开 50 mm 的放电间隙，两侧电杆上的拉线应在离地高 2 m 处加装绝缘子做电气断开。

(2) 防雷设计应符合下列要求：在雷暴日数大于 20 的空旷区域或郊区，架空光(电)缆应做系统的防雷保护接地；每隔 250 m 左右的电杆、角深大于 1 m 的角杆、飞线跨越杆、杆长超过 12 m 的电杆、山坡顶上的电杆等应做避雷线，架空吊线应与地线连接；每隔 2 km 左右，架空光(电)缆的保护层及架空吊线应做 1 处保护接地，2 km 范围内的电缆接头盒处的金属屏蔽层应做电气连通；市郊或郊区装有交接设备的电杆应做避雷线；重复遭受雷击地段的杆挡应架设架空地线，架空地线每隔 50～100 m 接地一次；杆上地线应高出电杆 100 mm，木杆可用 4.0 mm 钢线沿电杆卡固入地；有拉线的电杆可利用拉线入地，水泥杆有预留接地螺栓的可接在接地螺栓入地，无接地螺栓的可在杆顶接电杆钢筋入地。

8. 号杆

(1) 长途光缆通信线路工程电杆的编号应符合下列原则：电杆的编号宜由北向南或由东向西编制；杆路宜以起讫点地点名称独立编号；同一段落有两组及两趟以上的杆路时可将各路分别编号；中途分支的线路宜单独编号，编号从分线点开始。

(2) 本地通信线路电杆的编号应符合下列原则：市区电杆宜以街道及道路名称顺序编号；同街道两端都有杆路而中间尚无杆路衔接时应视中间段距离长短和街道情况预留杆号；里弄、小街、小巷及用户院内杆路杆号以分线杆分线方向编排副号；市郊及郊区的电杆宜以杆路起讫点地点名称独立编号。

(3) 杆号应面向道路的一侧。如果电杆两侧均有道路，宜以该杆路所沿着的道路为准，如果某段杆路离所沿道路较远而线路改沿小路时则杆号宜面向小路侧。

(4) 水泥电杆可用喷涂或直接书写的号杆方式，木杆用钉杆号牌方式。

(5) 光(电)缆通信线路工程电杆杆号的编写主要内容有：业主或资产归属单位、电杆的建设年份、中继段或线路段名称的简称或汉语拼音、市区线路的道路及街道的名称等。

(6) 杆号编写要求是：电杆序号应按整个号码填写，不得增添虚零；在原有线路上增设电杆时，在增设的电杆上采用前位电杆的杆号并在它的下面加上分号；原有杆路减少个别电杆时，一般可保留空号不重新编杆号；水泥杆上编号的最后一个字或号杆牌钉在木杆上的最下沿，宜距地面 2 m，市区宜为 2.5 m，特殊地段可酌情提高或降低；高桩拉线和撑杆都不应编列号码，只需填写业主或资产归属单位及建设年份即可。

4.1.3　架空光(电)缆吊线规格选定

1. 架空光(电)缆安装方式

架空光(电)缆有挂钩式、捆扎式和自承式三种方式，如图 4-10(a)、(b)、(c)所示。挂钩式或捆扎式的支撑吊线应悬挂在预定高度和间隔的电杆之间，并固定在电杆上，光(电)缆用电缆挂钩吊挂或用钢丝捆扎在支承吊线上，如图 4-10(a)、(b)所示。"8"字形自承式光(电)规由光(电)缆单元、吊线单元及连接两者之间的吊带三部分组成，其吊线直接固定在电杆上，如图 4-10(c)所示。挂钩式、捆扎式的 1 条吊线宜架挂 1 条光(电)绳，特殊情况下经过复核吊线强度并在吊线承载强度范围内可再增加架挂光(电)缆。电缆挂钩的安装间距为 500 mm，挂钩程式见表 4-14。捆扎式宜用线径为 0.9 mm～1.2 mm 的钢丝缠绕，在沿海或有腐蚀气体的地区应采用防腐蚀合金钢丝。

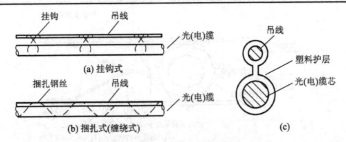

图 4-10 架空光(电)缆安装方式

表 4-14 架空光(电)缆挂钩规格程式

挂钩规格/mm	用于光(电)缆的外径/mm	用于吊线的规格/mm	挂钩自重/(N/只)	挂钩原料规格
25	<12	7/2.2 mm	0.36	3 mm 黑钢丝 0.5 mm 厚锌片 或硬塑片
35	12~17	7/2.2 mm	0.47	
45	18~23	7/2.2 mm	0.54	
55	24~32	7/2.6 mm	0.69	
65	>33	7/3.0 mm	1.03	

2. 架空光(电)缆及吊线安装要求

(1) 架空光(电)缆及吊线应安装在线路顺线方向电杆的侧面，在电杆两侧同一高度位置或上下交替安装，如图 4-11 所示。

(2) 吊线用吊线抱箍或穿钉固定在电杆上，抱箍上安装三眼单槽钢夹板夹固吊线。无穿钉眼的水泥杆应采用吊线抱箍方式，有穿钉眼的水泥杆或木杆宜用穿钉方式固定。

(3) 电杆两侧同一位置安装吊线应采用双吊线抱施或无头穿钉，交替安装方式每条吊线用一个单吊线抱箍或有头穿钉安装。

(4) 吊线终端及辅助终结。吊线在终端杆上做终结，如图 4-12 所示。水泥杆上吊线终端可用拉线抱箍，反向安装顶头拉线，木杆则用吊线钢绞线缠杆 1 圈。吊线终结在水泥杆上常用钢绞线卡子或三眼双槽夹板，木杆常用 3.0 mm 钢丝缠扎。在终端杆前一档的电杆宜做辅助终结，辅助终端杆在面向终端一侧安装顺线位线 1 条，面向终端杆反侧加装辅助吊线，如图 4-13 所示。

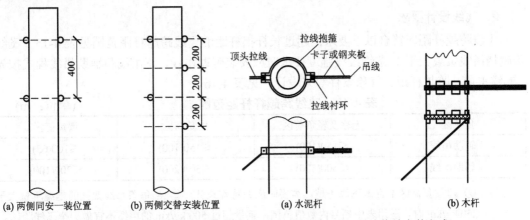

(a) 两侧同安一装位置 (b) 两侧交替安装位置   (a) 水泥杆   (b) 木杆

图 4-11 吊线在电杆上的安装位置(单位：mm)   图 4-12 吊线终结安装方式

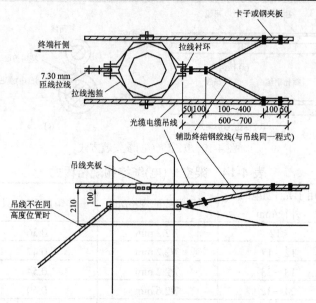

图 4-13　辅助吊线安装方式(单位：mm)

4.1.4　长杆挡及飞线设计

1. 长杆挡设计要求

长杆挡的设计应符合下列要求：

(1) 长杆挡的杆距范围应符合本章前述规定。

(2) 长杆挡两侧的电杆杆高配置应考虑由于杆距加大而引起的光(电)缆垂度增大的影响，杆上最低一层光(电)缆在最大垂度时与地面及其他建筑物的隔距应符合表 4-1 的规定。

(3) 长杆挡电杆加强设计的要求是：在长杆挡两侧电杆的反侧方向上加装顶头拉线 1 条，超过标准杆距 50%或风力超过 10 m/s 的地区宜装三方拉线一层；顶头拉线采用 7/3.0 钢绞线，三方拉线中的双方拉线采用 7/2.2 钢绞线；电杆根部应加装卡盘或固根横木。

(4) 长杆挡辅助终结的设计要求是：超过标准杆距 50%的长杆挡两侧的电杆上应在面向长杆挡侧加装与吊线同一程式的辅助吊线钢绞线。

2. 飞线设计要求

飞线跨越杆距应符合以下要求：超过长杆挡杆距的飞线跨越杆距范围见表 4-15。飞线跨越挡吊线负载大于 1 条钢绞线强度要求时应安装辅助吊线，正吊线和辅助吊线程式按光(电)缆重量、跨越杆距、气象条件等来设计，见表 4-16。

表 4-15　飞线跨越杆杆距范围　　　　　　　　　　(单位：m)

负荷区	无冰及轻负荷区	中负荷区	重负荷区
无辅助吊线	≤150(100)	≤150(100)	≤100(65)
有辅助吊线	≤500(300)	≤300(200)	≤200(100)

注：① 超重负荷区不宜做飞线跨越，需要时应做特殊设计。② 当每条吊线架挂的电缆重量大于 250 kg/km 时，适用表中括号内数值范围，重量超过 500 kg/km 的电缆不宜做架空飞线跨越。

表 4-16　飞线跨越挡吊线用钢绞线程式

负荷区	无冰及轻负荷区		中负荷区			重负荷区		
最大跨距/m	150	500	100	150	300	65	100	200
正吊线/mm	7/2.2	7/2.2	7/2.2	7/3.0	7/3.0	7/2.2	7/3.0	7/3.0
辅助吊线/mm	—	7/3.0	—	—	7/3.0	—	—	7/3.0

4.1.5　杆路利旧

1．杆路选择要求

(1) 计划新建的通信光(电)缆线路工程的路由走向上或顺路附近有已建的杆路时应考虑在该杆路上架挂光(电)缆,并需采取相应的技术措施。

(2) 同一路由附近有两趟或两趟以上杆路可以选用时,宜选择其中路由近捷、地形及环境较好、杆线路由固定、建筑质量良好、施工及维护较方便的杆路。

(3) 选定在原有杆路上架挂光(电)缆的电杆杆高、建筑强度应基本满足新工程架挂光(电)缆的要求,架挂光(电)缆后不应对原杆线的使用和运行产生很大的影响。

(4) 原杆路容量或建筑强度不符合要求时应尽量通过技术改造来满足要求。

(5) 在 35 kV 及以上的输电线路上架设通信光缆时应采用全介质自承式光缆(ADSS)。

2．架挂位置及设计要求

(1) 新架挂光(电)缆与杆上原有光(电)缆设施的间距应为 400 mm,离地高度及与其他建筑物或设施的间距应符合表 4-1 的规定。

(2) 如杆上确实已无空余位置再增挂吊线,且杆上原有吊线强度经核算能满足再增挂光(电)缆要求时,再与该资产所有者协商并取得同意后,可以利用该吊线增加光(电)缆。设计中应考虑新架挂光(电)缆的安装方法和施工方法不能对原有光(电)缆产生危害影响。

(3) 新架挂光(电)缆距地面或与其他建筑物或设施的间距不符合要求时,如原电杆质量良好,可采用原杆接高方式,接高的长度应满足线路近期发展容量的需要。

3．杆路建筑强度要求

(1) 按照原有杆路线缆负载及新架挂光(电)缆后的总负载核算原有电杆的建筑强度。

(2) 如新增缆线后的负载超出原杆路基本杆的允许弯矩,但超出不大时宜采用增加原有杆路抗风杆双方拉线的密度来加强。

(3) 原杆路上新增吊线时,应核算拉线强度确定是否新增拉线。如因拉线过多以致再增加拉线有困难时,可用比原来拉线高一级程式的钢绞线来更换原有部分拉线。

(4) 原杆路上个别电杆的杆身严重损坏或者电杆高度不满足要求并无法采用接杆方式时应予以更换。

(5) 杆身完好但根部有腐朽的木杆可用"绑桩"加固。腐朽较严重的电杆应用截根式绑桩,可用水泥绑桩或经防腐处理的木绑桩处理,杆径程式应符合接杆要求。

4.2　架空杆路施工

架空杆路施工就是将杆路设计图纸变成现实的过程,它主要包括立杆、接杆、安装杆根装置、拉线/撑杆安装、避雷和接地以及架设吊线等。

4.2.1 立杆

1. 电杆埋深

一般轻、中负荷区水泥电杆的电杆埋深，如表 4-17 所示，洞深允许偏差≤50 mm。

表 4-17　轻、中负荷区水泥电杆的一般埋深　　　　　　　（单位：m）

杆　长	电　杆　埋　深			
	普通土	硬土	水田、松土	石质
6.0	1.2	1.0	1.3	0.8
6.5	1.2	1.0	1.3	0.8
7.0	1.3	1.2	1.4	1.0
7.5	1.3	1.2	1.4	1.0
8.0	1.5	1.4	1.6	1.2
8.5	1.5	1.4	1.6	1.3
9.0	1.6	1.5	1.7	1.5
10.0	1.7	1.6	1.8	1.6
11.0	1.8	1.8	1.9	1.8
12.0	2.0	1.9	2.1	1.9

注：① 重负荷区埋深在此表的基础上增加 0.1～0.2 m；② 比上表更松的土壤，若不采用其他加固措施，埋深应增加 0.1 m；③ 12 m 以上电杆按设计要求；④ 撑杆的埋深：普通土、松土为 1.0 m，硬土和石质为 0.6 m；⑤ 高桩杆的埋深：杆上装有副拉线时，普通土为 1.2 m，石质为 0.8 m；不装副拉线时埋深与被拉杆相同。

2. 按设计规定的标称杆距立杆

一般情况下，市区杆距为 35 m～40 m，郊区杆距为 45 m～50 m。

3. 竖立电杆应达到的要求

竖立电杆应达到下列要求：

(1) 直线线路的电杆位置应在线路路由的中心线上，电杆中心线与路由中心线的左右偏差应不大于 50 mm；电杆本身应上下垂直。

(2) 角杆应在线路转角点内移。水泥电杆的内移值为 100 mm～150 mm，木杆内移值为 200 mm～300 mm。因地形限制或装撑木的角杆可不内移。

(3) 终端杆应向拉线侧倾 100 mm～200 mm。

4.2.2 接杆

接杆应符合下列要求：

(1) 应按设计规定的长度、方式、方法进行电杆接高。

(2) 水泥杆接杆必须采用"等径水泥电杆"叠加接高，两杆间用法兰盘或钢板圈接续。

4.2.3 杆根装置

(1) 电杆根部加固装置的安装地点应按设计要求设计。

(2) 水泥电杆杆根装置应用混凝土卡盘，以"U"字形抱箍固定。木杆杆根装置应用横木，以 4.0 mm 钢线缠绕固定。

(3) 卡盘及底盘装置的规格应符合图 4-14 的要求，电杆杆根装置位置容差应不大于 50 mm，横木式杆根装置的规格应符合图 4-15 的要求。

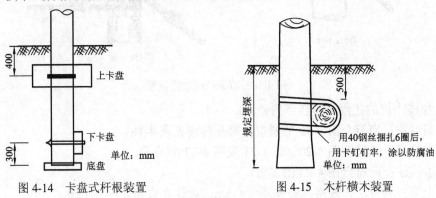

图 4-14 卡盘式杆根装置　　　　图 4-15 木杆横木装置

4.2.4 拉线

(1) 拉线设置应符合设计要求。拉线应采用镀锌钢绞线；拉线扎固方式以设计为准。

(2) 靠近电力设施及热闹市区的拉线，应根据设计规定加装绝缘子。绝缘子距地面的垂直距离应在 2 m 以上。拉线绝缘子的扎固规格应符合图 4-16 的要求。

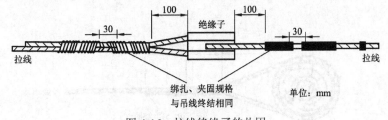

图 4-16 拉线绝缘子的扎固

(3) 人行道上的拉线宜以塑料保护管、竹筒或木桩保护。

(4) 架空电缆线路的拉线上把在电杆上的装设位置及安装方法应符合下列规定：

① 杆上只有一条电缆吊线且装设一条拉线时，应符合图 4-17 要求。

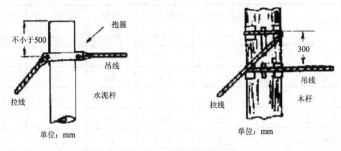

图 4-17 单条拉线装设位置

② 杆上有两层电缆吊线且需装设两层拉线时，应符合图 4-18 的要求。

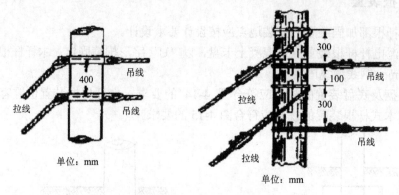

图 4-18　双条拉线装设位置

(5) 拉线上把的扎固应符合下列要求：

① 另缠法：应符合图 4-19 的要求，缠扎规格见表 4-18。

② 夹板法：应符合图 4-20、图 4-21 及图 4-22 的要求。

③ 卡固法：应符合图 4-23 的要求。

④ 上述三种方法，规格允许偏差≤4 mm，累计允许偏差≤10 mm。

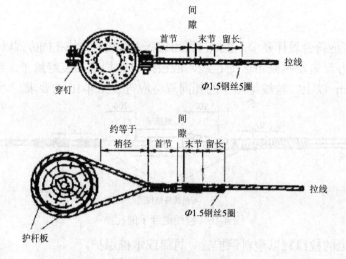

图 4-19　拉线上把另缠法

表 4-18　拉线上把另缠法规格

电杆种类	拉线程式	缠扎线径 /mm	首节长度 /mm	间隙 /mm	末节长度 /mm	留头长度 /mm	留头处理
水杆或水泥杆	1×7/2.2	3.0	100	30	100	100	用 1.5 mm 钢线另缠 5 圈扎固
	1×7/2.6	3.0	150	30	100	100	
	1×7/3.0	3.0	150	30	150	100	
	2×7/2.2	3.0	150	30	100	100	
	2×7/2.6	3.0	150	30	150	100	
	2×7/3.0	3.0	200	30	150	100	

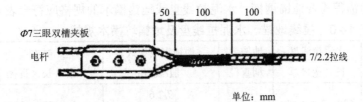

图 4-20　7/2.2 拉线上把夹板法

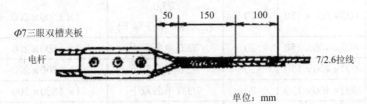

图 4-21　7/2.6 拉线上把夹板法

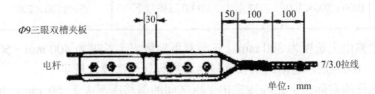

图 4-22　7/3.0　拉线上把夹板法

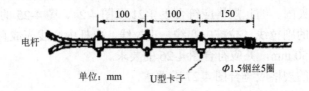

图 4-23　拉线上把卡固法

(6) 各种拉线地锚坑深应符合表 4-19 的规定，容差应不大于 50 mm。

表 4-19　拉线地锚坑深　　　　　　　　　　　（单位：m）

土质分类 坑深 拉线程式	普通土	硬土	水田、湿地	石质
7/2.2 mm	1.3	1.2	1.4	1.0
7/2.6 mm	1.4	1.3	1.5	1.1
7/3.0 mm	1.5	1.4	1.6	1.2
2 × 7/2.2 mm	1.6	1.5	1.7	1.3
2 × 7/2.6 mm	1.8	1.7	1.9	1.4
2 × 7/3.0 mm	1.9	1.8	2.0	1.5
V 型 上2 下1 × 7/3.0 mm	2.1	2.0	2.3	1.7

(7) 拉线地锚程式及地锚钢柄、水泥拉线盘或地锚横木的规格应符合表 4-20 的要求。

表 4-20　拉线地锚、水泥拉线盘及地锚坑横木规格　　　　（单位：mm）

拉线程式	水泥拉线盘 长×宽×厚	地锚钢 柄直径	地锚钢线程式 股/线径	横木 根×长×直径	备注
7/2.2	500×300×150	16	7/2.6 （或 7/2.2 单条双下）	1×1200×180	
7/2.6	600×400×150	20	7/3.0 （或 7/2.6 单条双下）	1×1500×200	
7/3.0	600×400×150	20	7/3.0 单条双下	1×1500×200	
2×7/2.2	600×400×150	20	7/2.6 单条双下	1×1500×200	2 条或 3 条 拉线合用 一个地锚 时的规格
2×7/2.6	700×400×150	20	7/3.0 单条双下	1×1500×200	
2×7/3.0	800×400×150	22	7/3.0 双条双下	2×1500×200	
V 型 2×7/3.0+ 1×7/3.0	1000×500×300	22	7/3.0 三条双下	3×1500×200	

(8) 一般地锚出土长度为 300 mm，三条双下地锚出土长度为 400 mm～500 mm，允许偏差为 50 mm～100 mm。地锚钢柄长度规格根据设计埋深要求选定。

(9) 拉线地锚的实际出土点与规定出土点之间的偏移应不大于 50 mm。地锚的出土斜槽应与拉线上把成直线。

(10) 拉线地锚应埋设端正，不得偏斜，地锚的拉线盘(横木)应与拉线垂直。

(11) 拉线中把夹固、缠扎规格应符合表 4-21 及图 4-24、图 4-25 的要求。

(12) 高桩拉线的副拉线、拉桩中心线、正拉线、电杆中心线应成直线，其中任一点的最大偏差应不大于 50 mm，并应符合图 4-26 的要求。

(13) 吊板拉线的规格应符合图 4-27 的要求。

(14) 墙拉线的拉攀距墙角应不小于 250 mm，距屋沿不小于 400 mm。

表 4-21　拉线中把夹、缠规格表　　　　（单位：mm）

类别	拉线程式	夹、缠物类别	首节	间隔	末节	全长	钢绞线留长
夹板法	7/2.2	φ7 夹板	1 块	280	100	600	100
	7/2.6	φ7 夹板	1 块	230	150	600	100
	7/3.0	φ7 夹板	2 块 中间隔 30	100	100	600	100
另缠法	7/2.2	3.0 钢线	100	330	100	600	100
	7/2.6	3.0 钢线	150	280	100	600	100
	7/3.0	3.0 钢线	200	230	150	600	100
	2×7/2.2	3.0 钢线	150	260	100	600	100
	2×7/2.6	3.0 钢线	150	210	150	600	100
	2×7/3.0	3.0 钢线	200	310	150	800	150
	V 型 2×7/3.0	3.0 钢线	250	310	150	800	150

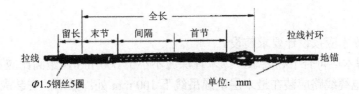

图 4-24　拉线中把缠扎法

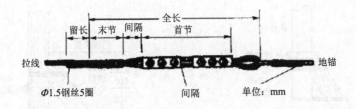

图 4-25　拉线中把夹固法

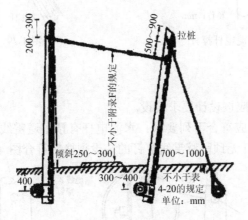

图 4-26　高桩拉线

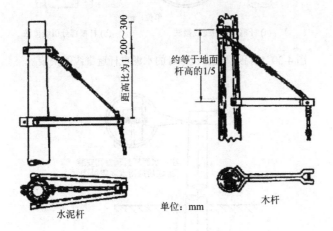

图 4-27　吊板拉线

4.2.5　撑杆

（1）撑杆/撑木应按设计要求装设。

（2）装设撑木应符合下列要求：撑木埋深应不小于 600 mm，距高比应不小于 0.5 并加设杆根横木；电缆线路应装在最末层电缆吊线下 100 mm 处；撑木的安装应符合图 4-28 及图 4-29 的要求。撑木与电杆结合处应将撑木顶端以直径分，锯成 2/5 和 3/5 各一面，其中 2/5 面应与电杆中心线成直角，3/5 面为贴杆面，应锯削成复瓦形槽，撑木槽应与电杆紧密贴实。

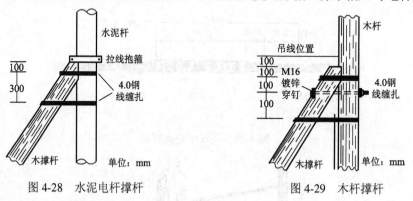

图 4-28　水泥电杆撑杆　　　　　　　　　图 4-29　木杆撑杆

4.2.6　避雷线和地线

（1）避雷线和接地线应按设计要求装设。

（2）电杆装设避雷线应符合下列要求：水泥电杆有预留避雷线穿钉的装设规格应符合图 4-30 的要求；水泥电杆无预留避雷线穿钉的装设规格应符合图 4-31 的要求。

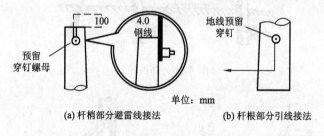

图 4-30　有预留避雷线穿钉的水泥电杆避雷线的安装

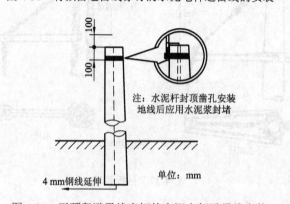

图 4-31　无预留避雷线穿钉的水泥电杆避雷线安装

(3) 利用拉线做避雷线的装设规格应符合图 4-32 的要求。

(4) 在与 10 kV 以上高压输电线交越处，两侧木杆上的避雷线的安装应断开 50 mm 间隙，如图 4-33 所示。

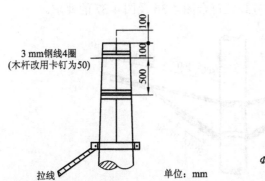

图 4-32　利用电杆拉线做避雷线安装

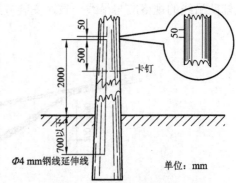

图 4-33　放电间隙式避雷线安装

(5) 避雷线的地下延伸部分应埋在离地面 700 mm 以下，延伸线(4.0 mm 钢线)的延伸长度及接地电阻要求见表 4-22。

表 4-22　避雷线接地电阻要求及延伸线(地下部分)长度

土　质	一般电杆避雷线要求		与 10 kV 电力线交越杆避雷线要求	
	电阻/Ω	延伸/m	电阻/Ω	延伸/m
沼泽地	80	1.0	25	2
黑土地	80	1.0	25	3
粘土地	100	1.5	25	4
砂粘土	150	2	25	5
砂土	200	5	25	9

(6) 光(电)缆吊线利用预留地线穿钉做接地线的安装规格应符合图 4-34 的要求；光(电)缆吊线利用拉线做接地线的安装规格应符合图 4-35 的要求。

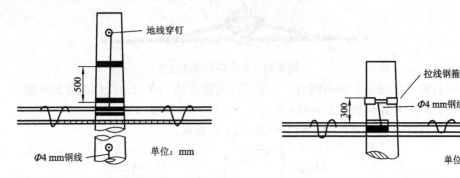

图 4-34　光(电)缆吊线利用预留地线穿钉做地线安装　　　　图 4-35　光(电)缆吊线利用拉线做地线安装

4.2.7　架设吊线

(1) 架空光(电)缆吊线程式应符合设计规定。吊线夹板距电杆顶的距离一般情况下不小于 500 mm，在特殊情况下应不小于 250 mm。

(2) 线路与其他设施的最小水平净距、与其他建筑物的最小垂直净距以及交越其他电气设施的最小垂直净距应符合表 4-1 的要求。

(3) 吊线在电杆上的坡度变更大于杆距的 20%时，应加装仰角辅助装置或俯角辅助装置，辅助吊线的规格应与吊线一致，安装方式应符合图 4-36 及图 4-37 的要求。

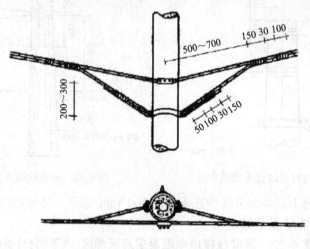

图 4-36 吊线仰角辅助装置

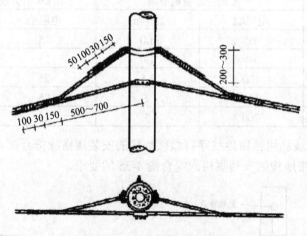

图 4-37 吊线俯角辅助装置

(4) 杆路上架设第一条吊线时，一般设在杆路沿路的车行道反侧或建筑物侧。

(5) 在同一杆路同侧架设两层吊线时，两层吊线间距为 400 mm。

(6) 吊线在直线杆上的固定应符合图 4-38 的要求。

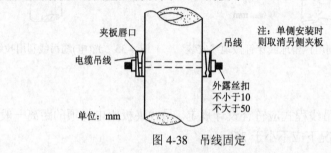

图 4-38 吊线固定

(7) 吊线接续应符合图 4-39 的要求。两端可选用钢绞线卡子、夹板或另缠法，两端用同一种方法。

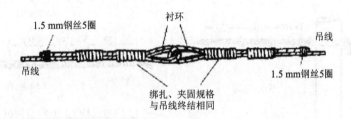

图 4-39　吊线接续

(8) 水泥杆辅助装置应符合图 4-40 的要求。

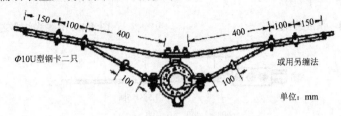

图 4-40　角杆吊线辅助装置

(9) 十字交叉吊线应符合下列规定：两条十字交叉吊线高度相差在 400 mm 以内时，需做成十字吊线；两条吊线程式相同时，主干线路吊线应置于交叉的下方；两条吊线程式不同时，程式大的吊线应置于交叉的下方；夹板式十字吊线的规格应符合图 4-41 的要求。

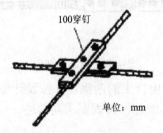

图 4-41　夹板式十字吊线图

(10) 卡子法丁字结、夹板法丁字结的规格应分别符合图 4-42 和图 4-43 的要求。

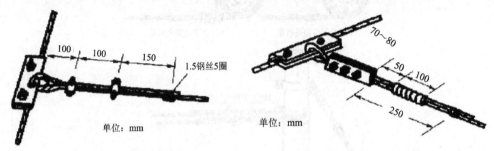

图 4-42　吊线丁字结图之一　　　　　　　　图 4-43　吊线丁字结图之二

(11) 电缆吊线在终端杆及角深大于 15 m 的角杆上，应做终结。卡子法终结、另缠法终结、夹板法终结的规格应符合图 4-44、图 4-45 及图 4-46 的要求。

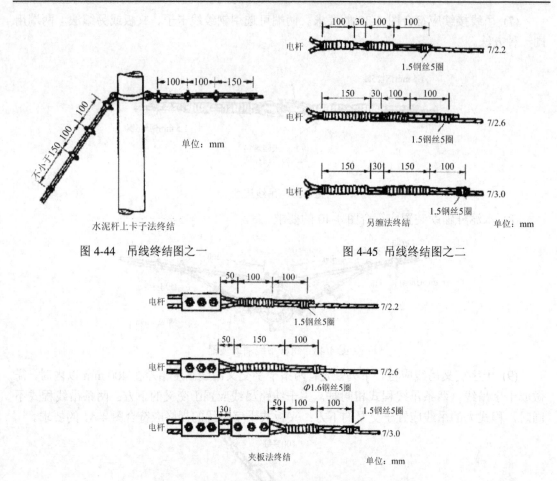

图 4-44 吊线终结图之一

图 4-45 吊线终结图之二

图 4-46 吊线终结图之三

(12) 同层两条吊线在一根电杆上的两侧，并按设计要求做成合手终结的，合手终结的做法应符合图 4-47 的要求，其缠扎、夹固要求同前述。

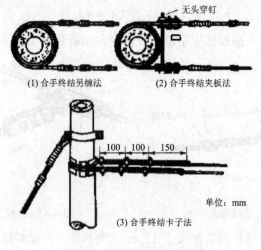

(1) 合手终结另缠法

(2) 合手终结夹板法

(3) 合手终结卡子法

单位：mm

图 4-47 吊线合手终结图

(13) 吊线用泄力杆做辅助终结的，辅助终结的做法应符合图 4-48 的要求。

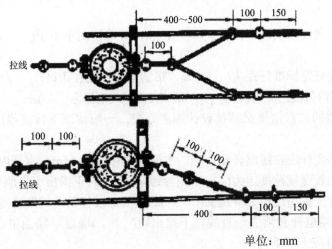

单位：mm

图 4-48　泄力杆上的吊线辅助终结

本 章 小 结

1. 杆路测量是搞好架空杆路工程设计的基础性工作，主要包括路由定位、杆距/杆位测定、拉线定位、杆高测定以及角杆测定等。掌握测量方法及测量指标是学习的重点。

2. 杆路建筑设计主要是指确定电杆/吊线/拉线程式、接杆设计、根部加固及保护、防护、接地及号杆等内容，是架空杆路设计的重要部分。

3. 常用的室外架空吊线程式主要有 7/2.2、7/2.6、7/3.0 三种，拉线的程式也是如此，如何选用主要与气象负荷区、光(电)缆重量等有关。

4. 长杆挡与飞线是两个概念，当不能保证正常架空杆距时首先考虑采用长杆挡，只有在长杆挡不能解决问题时才采用飞线。

5. 杆路利旧能降低工程成本，提高通信电杆利用率，在保证线路安全系数的前提下，利旧是一种不错的选择。

6. 杆路施工中的许多工序是隐蔽工程，如立杆、杆根加固与保护、地锚装设等，必须严格按照现行《通信线路工程验收规范》(YD5121—2010)的要求进行安装与施工，才能保证工程建设质量。

7. 避雷线和接地线的安装是杆路工程中的两大重要保护内容，必须严格按照规范规定执行。

习题与思考题

一、填空题

1. 通信线路跨越市内街道、公路时最低缆线到地面不得小于(　　)m，跨越铁路时最低缆线距轨面不得小于(　　)m，交越市内胡同时最低缆线距地面不得小于(　　)m。

2．光、电缆线路角深大于 15 m 时应设(　　)拉线，出土点应相互内移(　　) cm，吊线应做(　　)。

3．光、电缆吊线应安装在距杆顶(　　) cm，特殊情况不小于(　　) cm，两条吊线间距(　　) cm。

4．架空长途杆路标准杆距为(　　) m，市话电缆杆路在市区(　　) m，郊区(　　) m。

5．7.5 m 水泥杆普通土的埋深为(　　) m，7/2.6 拉线洞深为(　　) m。

6．光缆线路的防雷措施必须按设计规定处理，一般情况下排流线应敷设在光缆上方(　　) cm 处。

7．架空杆路角杆应在线路转角点上，水泥杆内移(　　) cm，木杆内移(　　) cm。

8．地锚出土长度规范规定为(　　)，拉线地锚出土与正确出土点偏差不大于(　　)。

9．吊线坡度变更超过相邻杆距的(　　)时，要加装仰俯角辅助装置。

10．直线线路电杆必须成一直线，不得出现(　　)现象，路由中心左右偏差不大于(　　)，电杆本身应上下垂直。

二、单项选择题

1．架空光缆的吊线一般采用规格为(　　)的镀锌钢绞线。

① 7/2.0　　　　② 7/2.2　　　　③ 7/2.6　　　　④ 7/3.0

2．根据《通信线路工程设计规范》，光缆线路路由，在符合大的路由走向的前提下，宜沿靠公路，但应(　　)，避开路边设施和计划扩改地段。

① 顺路取直　　② 长距离直线　　③ 最短距离　　④ 顺路行进

3．根据《通信线路工程设计规范》，架空光缆一般情况下常用的杆距为(　　) m。

① 40　　　　　② 50　　　　　③ 60　　　　　④ 70

4．根据《通信线路工程设计规范》，角杆拉线：角深不大于(　　) m 时，拉线同吊线程式。

① 10　　　　　② 13　　　　　③ 18　　　　　④ 30

5．光缆在施工安装过程中，最小曲率半径应不小于光缆外径的(　　)倍。

① 10　　　　　② 15　　　　　③ 20　　　　　④ 25

6．在架空光缆的架挂中，光缆挂钩卡挂间距要求为(　　)，允许偏差不大于±3 cm，电杆两侧的第一个挂钩距吊线在杆上的固定点边缘为(　　)左右。

① 50 cm、25 cm　② 50 cm、30 cm　③ 60 cm、25 cm　④ 60 cm、30 cm

7．光缆以牵引方式敷设时，主要牵引力应加在光缆的(　　)上。

① 光纤　　　　② 外护层　　　③ 加强构件　　④ 都可以

8．直线电杆应在中心线上，电杆在中心线左右偏差不大于(　　)，电杆本身应垂直，杆面正确。

① 3 cm　　　　② 4 cm　　　　③ 5 cm　　　　　④ 6 cm

9．光缆防雷地线制作：利用角杆拉线入地的方式，即采用(　　)铁丝绑扎至杆顶高于杆顶(　　)，尾端与拉线抱箍螺钉相连。

① 3.0、10 cm　② 3.0、15 cm　③ 4.0、10 cm　④ 4.0、15 cm

10．新建通信线路路由应沿(　　)等交通方便的地点进行，利于施工及今后的维护。

① 河道、林间路　　　　　　　　　② 铁路、林间路
③ 公路、乡村大道　　　　　　　　④ 公路、铁路

实 训 内 容

校园架空通信线路勘测实施。

1. 实训目的

掌握架空杆路查勘测量方法，学会查勘草图绘制。

2. 实训器材

(1) 查勘用工具仪表：测距推车、地链(50 m，100 m 两种)、激光测距仪、标杆。

(2) 绘图用器材：绘图板、直尺、铅笔、橡皮擦或安装有 AUTOCAD 的手提电脑。

(3) 相关劳保用品。

3. 实训内容

(1) 在校园指定区域内依据设计规范正确选择架空杆路路由。

(2) 正确使用测量工具及仪表测量数据并纪录。

(3) 比较两条以上路由走向，择优绘制查勘草图并上交。

第5章　通信线路的施工

通信线路的施工是通信线路工程建设的重点部分。本章将主要介绍如下内容：

(1) 光缆的单盘检验与配盘。

(2) 架空线路的敷设方法。

(3) 墙壁线路的敷设。

(4) 通信管道的建筑与施工。

(5) 管道线路的敷设。

(6) 全塑电缆芯线接续与接头封合。

(7) 光缆的接续与接头安装。

通过本章的学习，大家要掌握通信线路工程的各种常见施工形式的特点、技术要求与注意事项；熟悉光、电缆的接续施工流程和接头的固定与安装方法、通信管道的建设流程与技术要领；了解单盘检验(尤其是通信光缆的单盘检验)的作用与方法等，为将来从事工程施工与建设打下必要的基础。

5.1　通信光缆的单盘检验与配盘

5.1.1　通信光缆的单盘检验

1. 概念及目的

光缆在敷设之前，必须进行单盘检验。所谓单盘检验，就是以单盘光缆为检验对象对光缆的各项指标——规格、程式、数量、外观、光电主要特性等重新进行现场检测与确认。

这么做是因为光缆在运输、存储等出厂后的诸多环节中可能受到各种不可预测的损害或影响，其性能可能发生变化，所以在正式布放前必须通过检验来确认其各项性能指标是否符合工程设计的要求，这也是保证工程质量的一项必不可少的措施。

光缆的单盘检验是一项较为复杂、细致、技术性、严肃性较强的工作。它对确保工程的工期、施工质量，对保证今后的通信质量、工程经济效益、维护施工企业的信誉，都有不可低估的影响。因此，必须按规范要求和设计或合同书规定指标进行严格的检测。即使工期十分紧张，也不能草率进行，而必须以科学的态度、高度的责任心和正确的检验方法进行光缆的单盘检验。

2. 光缆单盘检验的主要内容

1) 单盘检验的一般规定

(1) 单盘检验应在光缆运达现场分囤点收后进行，检验后不宜长途运输。

(2) 单盘检验前的准备工作:

① 熟悉施工图技术文件订货合同,了解光缆规格等技术指标、中继段光功率分配等。

② 收集、核对各盘光缆的出厂产品合格证书、产品出厂测试记录等。

③ 光纤、铜导线的测量仪表(经计量或校验)及测试用连接线、电源等测量条件。

④ 必要的测量场地及设施。

⑤ 测试表格、文具等。

⑥ 对参加测量人员进行技术交底或短期培训,以统一认识、统一方法。

(3) 经过检验的光缆、器材应作记录,并在缆盘上标明盘号、外端端别、长度、程式(指埋式、管道、架空、水下等)以及使用段落(配盘后补上)。

(4) 检验合格后单盘光缆应及时恢复包装,包括光缆端头的密封处理、固定光缆端头、缆盘护板重新钉好,并将缆盘置于妥善位置,注意光缆安全。

(5) 对经检验发现不符合设计要求的光缆、器材应登记上报,不得随意在工程中使用。

2) 光缆长度的复测

各个厂家的光缆标称长度与实际长度不完全一致。有的是以纤长按折算系数标出缆长;有的以缆上长度标记或缆内数码带长度标出缆长;有的干脆标光纤长度为缆长,然后括号内标上 OTDR;有的工厂按设计要求有几米至 50 米的正偏差,有的可能出现负偏差。

光缆长度复测的方法和要求:

(1) 抽样为 100%。

(2) 按厂家标明的光纤折射率系数用光时域反射仪(OTDR)进行测量;对于不清楚光纤折射率的光缆可自行推算出较为接近的折射率系数。

(3) 按厂家标明的光纤与光缆的长度换算系数计算出单盘光缆长度;对于不清楚换算系数的可自行推算出较为接近的换算系数。

(4) 光缆长度要求厂家出厂长度只允许正偏,当发现负偏差时应进行重点测量,以得出光缆的实际长度;当发现复测长度较厂家标称长度长时,应郑重核对,为不浪费光缆和避免差错,应进行必要的长度丈量和实际试放。

3) 光缆单盘损耗测量

光纤的光损耗,是指光信号沿光纤波导传输过程中光功率的衰减。不同波长的衰减是不同的。单位长度上的损耗量称损耗常数,单位为 dB/km。单盘检验,主要是测量出其损耗常数。

采用后向散射技术测出光纤损耗的方法,习惯上称后向法,又称为 OTDR 法。这是一种非破坏性且具有单端(单方向)测量特点方法,非常适合现场测量。

后向法测量单盘损耗,其测值的精度、可靠性,除受仪表质量影响外,最关键的是耦合方式,光注入条件不同对测值影响非常大。图 5-1 所示的测量方法比较规范,一般用 OTDR仪测量、检验,将光纤通过裸纤连接器直接与仪表插座耦合,或将光纤耦合器与带插头的尾纤耦合,或用熔接器作临时性连接。对于单盘损耗的精确测量,采用辅助光纤可以获得满意的效果。

由于 OTDR 仪测量光纤损耗受仪器测量耦合影响较大,所以被测光纤短于 1 km 时,测量值往往偏大很多。如光纤损耗为 0.33 dB/km,可能测出 0.6 dB/km 的假象。因此,选择 1 km～2 km 的标准光纤作为辅助光纤,用 V 形沟可调耦合器或毛细管弹性耦合器将被测光纤与辅助光纤相连。

用辅助光纤测量时,应注意光标线定位于合适位置,第一光标应打在"连接台阶"的后边,而不能置于辅助光纤长度的末端,第二光标应置于末端前几米处,这样可避免被光纤"连接台阶"和末端反射峰,影响测值正确性,如图 5-2 所示。测出的单位长度损耗,即损耗常数。如果要求被测光纤的损耗(长度损耗),应加上第一标前边的长度损耗。

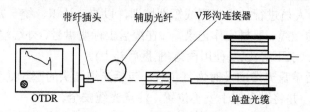

图 5-1　单盘光缆后向测量法

V 形沟连接器在光纤耦合点处应加少量匹配液,使光得以良好传输,以获得较好的效果。

根据以往的经验,对盘长 2 km 以上的光缆可以不用辅助光纤,但必须注意仪器侧的连接插件耦合要良好。这种直接耦合方法,是将被测光纤与仪器带连接插头的尾纤,通过 V 形沟连接器耦合。通常,这种方法测出的平均值,较接近实际值。

后向法测量光纤损耗,有一个较大的特点是有方向性,即从光缆 A、B 两个方向测量,结果不一定相同。因此,严格地说,DTDR 仪测量光纤的损耗应进行双向测量,取其平均值。

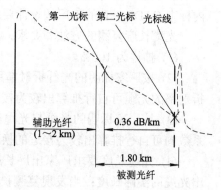

图 5-2　后向法测量时的定标

在单盘光缆检验测量中,由于受时间、条件等影响,如果采用双向测量法,则工作量加倍,显然有困难。鉴于单盘检验对损耗常数评价方法的特点,除少量光纤需进行双向测量外,一般进行一端测量就可以了。

4) 光纤后向散射信号曲线观察

对于施工而言,信号曲线观察是最关键的单盘检查项目。因此,长途通信工程以及其他较重要的工程都应进行本项目的检查。

光纤后向散射信号曲线又称光纤时域回波曲线。用它来观察检查光纤沿长度的损耗分布是否均匀、有缺陷,光纤是否存在轻微裂伤等。

对光纤后向信号曲线的观察,一般可同 OTDR 仪进行损耗测量、长度复测一块进行,但无论对于损耗精测的 25%抽样或其余普测的光缆均应进行本项目检查。

观察方法:对于质量好的光纤,一般曲线均匀,观察时注意有无异常,如曲线有"台阶"、高损耗区、曲线斜率过大,尤其观察有无"菲涅尔"反射点(微裂)、非末端反射峰(断裂)。当发现可疑时应将曲线扩张,如将观察部位扩张即把光标线移至观察部位,然后将测试距离改变到 100 m/div、50 m/div 或 25 m/div 分辨率较高的档位以便进一步分析、确认。

对短距离用的一般光纤，信号曲线不一定很均匀，对这类光纤主要是观察有无明显"台阶"和非末端反射点、反射峰。

对信号曲线的评价方法，根据以往的经验可按下列方法评价、处理。

(1) 发现反射峰或不明显的反射点，必须反复测量确认故障性质。首先应分清是故障的断裂部位反射峰还是始端信号的二次、三次反射峰。这是非常重要的一个问题。在测量中有时信号较强，始端二、三次反射峰极像断点反射峰。判断时一方面改变测量方式或接入一假纤来观察，另一方面通过双向观察来区分、确认。

(2) 当确认光纤存在断点或微伤时，必须处理后方可施工。处理办法可视故障点位置情况，决定截除或截成两段并除去故障部分。

(3) 对于严重缺陷，如曲线"台阶"明显、损耗增加较大则应考虑排除。处理方法类似前面所述。对于"台阶"较缓慢，损耗增加不大的，属于"已稳定"的光缆，可以在工程中使用，但在敷设后，应立即进行测量、观察，看是否恶化。当然，在光缆有富余时，这种光缆可作备用。

(4) 对于"台阶"不明显的一般缺陷，可视同"缓慢台阶"光纤，可以使用。

5) 光缆护层的绝缘检查

光缆护层的绝缘，是指通过对光缆金属护层如铝纵包层(LAP)和钢带或钢丝铠装层的对地绝缘的测量来检查光缆外护层(PE)是否完好。

Ⅰ. 护层对地绝缘测量

护层对地绝缘测量包括测量 LAP、钢带(丝)金属护层的对地绝缘电阻和对地绝缘强度。

(1) 绝缘电阻的测量。

铝包层(LAP)、钢带(丝)金属护层的对地绝缘电阻的测量如图 5-3 所示。

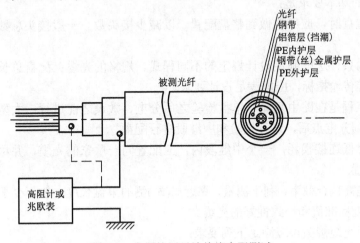

图 5-3　金属护层对地绝缘电阻测试

测量步骤如下：

① 光缆浸于水中 4 小时以上。

② 用高阻计或兆欧表接于被测金属护层和地(水)；测试电压为 250 V 或 500 V，1 分钟后进行读数。兆欧表测量时，应注意手摇速度要均匀。

③ 分别测量、读出钢带(丝)及 LAP 的对地绝缘电阻值。

(2) 绝缘强度的测量。

铝包层(LAP)、钢带(丝)金属护层对地耐压的测量系统图，同图 5-3，只是由介质击穿仪或耐压测试器代替高阻计或兆欧表，一般规定，加高压后 2 分钟不击穿即可。

Ⅱ. 护层对地绝缘的指标要求

(1) 护层对地绝缘电阻指标。

要求金属层对地绝缘电阻≥1000 MΩ·km。

(2) 护层对地绝缘强度指标。

进口光缆规定：加电压 15 000 V，2 分钟应不击穿，考虑国内现场测量均用 5000 V 耐压测试器，故暂定加电压 3800 V，2 分钟不击穿。

根据经验，光缆护层绝缘，可只测量绝缘电阻，它已能检测 PE 护层是否良好，绝缘强度一般可以不测。

5.1.2　通信光缆配盘的目的及方法

1. 光缆配盘的目的

光缆配盘是根据路由复测计算出的光缆敷设总长度以及光纤全程传输质量要求，合理科学地安排每盘光缆在路由中的布放位置以达到节省光缆和提高光缆通信工程质量目的的过程。

2. 光缆配盘的要求

对施工来说，配盘工作非常重要，负责配盘的工程技术人员，在单盘检验后即开始配盘，在分屯、布放过程中，还应不断检查检验配盘是否合理，必要时可作小范围调整。因此，配盘工作待光缆全部敷设完毕才算完成。

光缆配盘的基本要求是：

(1) 光缆配盘时，应尽量做到整盘配置，以减少接头数。一般接头总数不应突破设计规定的数量。

(2) 按路由条件选配满足设计规定的不同程式、规格的光缆；配盘总长度、总损耗及总带宽(色散)等传输指标，应能满足设计要求。

(3) 一般工程是在路由复测、单盘检验之后分屯、敷设之前进行；大型工程可按设计进行初预配，到分屯点后，进行检验和中继段进行配盘。

(4) 为了降低连接损耗，一个中继段内，应配置同一厂家的光缆，并尽量按出厂序号的顺序进行配置。

(5) 为了提高耦合效率，利于测量，靠近局(站)侧的单盘长度一般不少于 1 km；并应选择光纤参数接近标准值和一致性好的光缆。

(6) 配盘后光缆接头点应满足下列要求：

① 直埋光缆接头，应尽量安排在地势平坦、稳固和无水地带，避开水塘、河流和道路等障碍点；

② 管道接头应避开交通道口；

③ 埋式与管道交界处的接头，应安排在人孔内，由于条件限制，一定要安排在埋式处时，对非铠装管道光缆伸出管道部位，应作保护措施；

④ 架空光缆接头，一般应安排在杆旁 2 m 以内或杆上。

(7) 以一个中继段为配置单位(元)。

(8) 长途线路工程、大中城市的局间中继、专用网工程的光缆配盘，光纤应对应相接，不作配纤考虑。对于短距离市话中继、局部网等要求不太高的线路，可选用光纤参数较差一些的光缆，但配置后的传输指标应达到设计规定。

3. 光缆配盘的方法

1) 配盘的基本流程

Ⅰ. 列出光缆路由长度总表

根据路由复测资料，列出各中继段内各种不同施工形式的地面长度。内容包括埋式、管道、架空、水底或丘陵山区爬坡等布放的总长度以及局(站)内的长度(局前人孔至机房光纤分配架(盘)的地面长度)。

Ⅱ. 列出光缆总表

将单盘检验合格的不同光缆列成总表，内容包括盘号、规格，型号及盘长等。

Ⅲ. 初配(列出光缆分配表)

(1) 根据不同敷设方式路由的地面长度，加余量(10%)算出各个中继段的光缆总用量。

(2) 根据算出的各中继段光缆用量，选择不同规格、型号的光缆。使光缆累计长度满足中继段总长度的要求。

(3) 列出初配结果，即中继段光缆分配表。

(4) 对于先分屯后单盘检验工程的初配，是考虑到有的大型工程上得快，必须先分屯后检验。对这类工程，应根据设计长度，按上述同样方法进行初配，然后分屯，待检验、路由复测后进行中继段正式配盘。但按设计长度初配时应留有一部分机动盘作为正式配盘时调整选用，机动盘一般先放到中心分屯点。

Ⅳ. 正式配盘

根据初配结果，按配盘一般规定正式配置，包括接头点位置的初步确定。具体配盘方法步骤见后述内容。

配盘完毕后，应对照实物清点光缆、核对长度、端别分配段落并在缆盘标明清楚。最后填好配盘图表交施工队或作业组实施布放。

2) 中继段光缆配盘的方法与步骤

Ⅰ. 配置方向

一般工程均由 A 端局(站)向 B 端局(站)方向配置。

Ⅱ. 进局光缆的要求

局内光缆按设计要求确定，目前有两种方式：

(1) 局内采用具有阻燃性的光缆，即由进线室(多数为地下)开始至机房端机，这种方式要增加一个光缆接头或分支接头，在计算总损耗时应考虑进去。

(2) 进局采用普通光缆，一般是靠局(站)用埋式缆、管道缆或架空缆等直接进局。

Ⅲ. 计算光缆的布放长度

根据下列公式计算出光缆的布放长度：

$$L = L_埋 + L_管 + L_架 + L_水 + L_坡 \tag{5-1}$$

式中，L 为中继段光缆敷设总长度；每一种施工形式的长度均应包括丈量长度和预留长度两部分。陆地光缆布放时的预留长度见表 5-1。

表 5-1　陆地光缆布放预留长度表

敷 设 方 式	自然弯曲 增加长度 /(m/km)	人孔内增 加长度 /(m/孔)	杆上伸缩 弯长度 /(m/杆)	接头预留 长度 /(m/侧)	局内 预留 /m	备　　注
直埋	7					
爬坡(埋)	10			一般为 8~10	一般为 15~25	接头的安装长度为 6 m~8 m，局内余留 长度为 10 m~20 m
管道	5	0.5~1				
架空	5		0.2			

Ⅳ. 管道光缆配盘方法

无论是话局间中继线路，还是长途光缆线路，管道布放方式是最基本的，几乎每个工程都有。由于管道两个人孔间位置已固定，且各人孔间距各不相等，从几米一直到 200 米左右不等。因此，管道路由的配盘计算较为复杂。要做到既要节省光缆，又要确保敷设安全和满足长度要求，必须掌握下列要领：

(1) 路由地面距离必须丈量准确，并应与维护部门原始图核对。

(2) 选配光缆单盘长度和接头人孔应合适，这是配盘的重点。一般方法如下：

① 采取试凑法。抽取 A 盘光缆，由路由起点开始按配盘规定和式(5-1)和表 5-1 计算，至接近 A 盘长度时，使接头点落在人孔内，最短余留一般除接头重叠预留外，有 5 m 就可以保证路由长度偏差。

当 A 盘不合适，即光缆配至 B 端终点时，不在人孔处，退后一个人孔又太浪费，此时应算出较 A 盘增减长度选 B 盘或 C 盘试配，至合适为止。

按类似方法配第二盘、第三盘，直至配完。

② 配好"调整盘"。对于较长管道路由配盘，如大于 5 km 时，所配光缆不可能正好或接近单盘长度，很可能有一盘只用一部分，我们在配盘时将这一盘应作为"调整盘"。当配盘光缆中某一盘因地面距离偏差或其他原因延长或缩短布放距离时，此"调整盘"应考虑该盘布放长度一般不应少于 500 m，以便 OTDR 仪测量方便和避免单盘过短。

"调整盘"当使用长度超过 1 km 时可以安排在靠局(站)的一段；安排在中间什么地段，要看布放的需要或因地形等条件限制，不宜盘长过长的地段。

配盘时对"调整盘"必须注明，要求布放时放在最后敷设。

安排"调整盘"位置的另一个考虑因素是，如光缆敷设是从两头向中间同时敷设时，该"调整盘"应作为中间"合拢盘"使用。

③ 考虑光缆的外端端别。出厂光缆，单盘的外端端别不一定一致，在配盘时应由 A 端局(站)向 B 方向配置，在布放时则不一定，要根据地形和出厂光缆单盘外端端别决定。在配盘时，应视出厂光缆单盘外端端别的多数端别，确定敷设的大方向；对于少数外端不同端别的缆盘因布放时要先倒盘后布放，故对特殊地段应尽量考虑选择与布放方向的端别合适的光缆(因特殊地段不好倒盘)。

Ⅴ. 埋式光缆配盘方法要领

长途光缆，直埋敷设方式占多数，往往一个中继段仅埋式部分就不下于 30 km，对于无人中继段则在 50～70 km。由于其中个别地段为水底敷设或管道敷设，使埋式光缆形成几个自然段，配盘时以一个自然段为配盘连续段。

配盘时按下列方法进行：

(1) 对于一般的中继段，如一个 25 km 的埋式自然段，可配 12 盘光缆。各盘排列顺序，可按盘号序号顺序排放。这种方式，施工队作业组在具体布放时看接头位置是否合适，布放端别是否受环境地形限制。如有问题可以自行选择后边的单盘，调整后在配盘资料上作标记即可。

(2) 对于光缆计划用量紧张的中继段，必须采取"定缆、定位"配置。即按上述方法排出配盘顺序后，逐条光缆核实接头位置是否合适，否则应更换单盘光缆；并将每盘光缆布放长度的具体位置确定好，标好起始、终点的桩号。这种方法称"定桩配盘法"，虽然要多花一些时间、工作复杂一些，但较为科学，放缆时不会因不适应而重新选缆，同时这种方法使施工作业组布放时心中有数，并可以减少浪费、节省光缆。

(3) 埋式光缆，在配盘时应根据光缆敷设情况配好"调整盘"。

有些工程上得快、工期紧，通常由一个方向向对端敷设的方法跟不上，需要有两至三个布放作业组同时进行布放。对这种工程必须安排好"调整盘"，施工作业组只能由两侧向"调整盘"方向布缆。

"调整盘"以一个自然段安排一盘为宜，"调整盘"选择非整盘敷设的一个单盘，如2 km 盘长只需敷设 1.6 km 的这一盘作为"调整盘"。

"调整盘"安排的位置一般放在自然布放段的中间或两侧与其他敷设方式的光缆接洽位置。

Ⅵ. 编制中继段光缆配盘图

按上述方法、步骤计算配置结束后，按图 5-4 所示格式及要求，编制每一个中继段光缆配盘图。

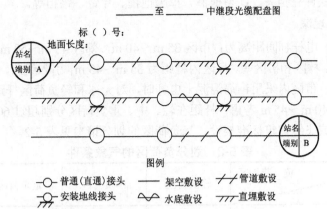

注：1. 按图例符号在接头圆圈内标上接头类型符号和接头序号

　　2. 按图例符号在横线上标上光缆类别(敷设方法)

　　3. 在上图横线上标明地面长度；并标明标桩或标石号；① 配盘时为标桩号；② 竣工资料为标(石)号

　　4. 在上图横线下标明长度：① 配盘时为配盘长度；② 竣工时为最终实际敷设的光缆长度。

编制人＿＿＿＿＿审核＿＿＿＿＿日期

图 5-4　中继段光缆配盘图

5.2　架空线路的敷设

架空线路是将电缆或光缆架设在杆路上的一种建筑形式。与地下敷设形式比较，虽然较易受外界影响，障碍较多，不够安全，影响美观，但它建设费用低、速度快，所以仍被广泛地运用于线路工程中。

5.2.1　架空线路的组成

1．电缆、光缆

全塑电缆的对数或光缆的程式依据吊线程式、负荷区类别和单位长度上电、光缆重量来确定。

2．杆路及其附件

1) 电杆的分类

电杆按照制造时钢筋是否受力来分可分为预应力杆和非预应力杆。前者比后者强度高且不易被破坏。现在常用的是预应力水泥杆。

根据不同的需要，水泥杆的梢径一般为 13 cm、15 cm、17 cm 几种，壁厚分别分 3.8 cm、4.0 cm、4.2 cm；杆长为 6.0 m、6.5 m、7.0 m、7.5 m、8.0 m、8.5 m、9.0 m、10.0 m、11.0 m、12.0 m。有的电杆上预留穿钉孔，以便于装设线担、撑脚等。

水泥杆的规格型号按"邮电杆长—梢径—容许弯距"顺序组成，例如："YD8.0—15—1.27"表示邮电用，杆长 8 米，梢径 15 厘米，容许弯距 1.27T.m。

2) 水泥杆专用铁件

水泥杆专用铁件有担夹、U 型抱箍、撑脚抱箍、穿钉、钢担等。

3) 杆距及其埋深

正常情况下，电杆杆间距离为：市区 35 m～40 m，郊区 45 m～50 m。其中，郊区不包括工业区的边沿、林区和矿区等，厂区内杆距为 35 m～45 m；引入线路，如杆距超过 50 m，一般应加设电杆；市区内采用钢筋混泥土电杆时，对无冰和轻负荷区杆距可增至 50 m，在中、重负荷区按 40 m～45 m 考虑；杆距在轻、中、重负荷区分别超过 60 m、55 m 及 50 m 时，应按长杆档或飞线建筑标准架设。气负荷区的划分请参见表 5-2。

表 5-2　划分负荷区的气象条件

负荷区 气象条件	轻负荷区	中负荷区	重负荷区	超重负荷区
导线上冰凌等效厚度/mm	≤5	≤10	≤15	≤20
结冰时温度/℃	−5	−5	−5	−5
结冰时的最大风速/(m/s)	10	10	10	10
无冰时的最大风速/(m/s)	25			

轻、中负荷电杆的埋深请参见表 5-3。

表 5-3　轻、中负荷区电杆的一般埋深

杆长/m	电　杆　埋　深			
	普通土	硬土	水田、松土	石质
6.0	1.2	1.0	1.3	0.8
6.5	1.2	1.0	1.3	0.8
7.0	1.3	1.2	1.4	1.0
7.5	1.3	1.2	1.4	1.0
8.0	1.5	1.4	1.6	1.2
8.5	1.5	1.4	1.6	1.3
9.0	1.6	1.5	1.7	1.5
10.0	1.7	1.6	1.8	1.6
11.0	1.8	1.8	1.9	1.8
12.0	2.0	1.9	2.1	1.9

注：① 重负荷区埋深在上表的基础上增加 0.1 m～0.2 m；② 比上表更松的土壤，若不采用其他加固措施，埋伸应增加 0.1 m；③ 12 m 以上电杆按设计要求。

撑杆的埋深：普通土、松土为 0.6 m，硬土和石质为 0.6 m；

高桩杆的埋深：杆上装有副拉线时，普通土为 1.2 m，石质为 0.8 m；不装副拉线时埋深与被拉杆相同。

4) 拉线及其附属装置

一般中间杆只能承受设备重量和风力对杆线设备的负荷。如果由于导线或电缆产生不平衡张力而引起额外负荷(如角杆、终端杆、跨越杆等)时，必须采取额外的加固措施来承受。通常采取固根、拉线、撑杆等装置给以反作用力来达到力的平衡。

拉线按作用来分可分为：角杆拉线、顶头拉线、风暴拉线和其他作用的拉线；按建筑方式来分可分为：落地拉线、高桩拉线、吊板拉线、V 形拉线和杆间拉线等。图 5-5 和图 5-6 分别表示高桩拉线和吊板拉线。

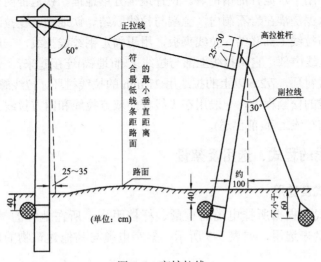

图 5-5　高桩拉线

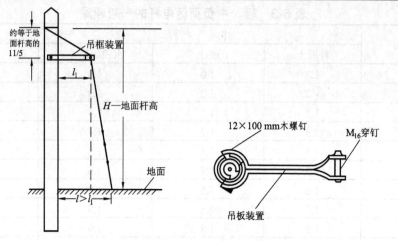

图 5-6　吊板及吊板拉线

3. 吊线

目前常用室外吊线有：7/2.2，7/2.6，7/3.0 三种规格。这三种吊线的特性见表 5-4 所示；挂墙或室内吊线有 7/1.8，7/2.0，7/2.2，7/2.6 等规格。

表 5-4　室外镀锌钢绞线(吊线)特性

程式	外径/mm	单位强度/(kg/mm²)	截面积/mm²	总拉断力/N	线重/(kg/km)
7/2.2	6.6	120	26.6	29300	218
7/2.6	7.8	120	37.2	41000	318
7/3.0	9.0	120	49.5	54500	424

4. 辅助部件

电杆的辅助部件有挂钩(用于承托电缆)、拉线零件等等。拉线零件包括地锚、夹板、衬环、拉线螺旋和用于水泥杆的钢箍等。铁件地锚分钢地锚、铁地锚两种。钢地锚用在岩石地带，下端用水泥浇灌在岩石洞内，上端与拉线联结。铁地锚装在拉线横木或拉线盘上埋入地中，以便与拉线上部联结。拉线夹板，用于固定钢绞线拉线，一般为三眼双槽式。拉线衬环，用于拉线中部，它将拉线上部与拉线下部(地锚)连接起来，一般 7/2.2 的拉线用 16 mm 沟宽的拉线衬环，7/2.6 以上的拉线用 21 mm 的拉线衬环。拉线螺旋，装在中部(把)上，用以调整拉线的松紧程度，一般用在飞线杆的双方拉线和四方拉线上。拉线钢箍，装在电杆上用以联结拉线上部(前已述)。

5.2.2　架空吊线的程式、选用及架设

1. 吊线的程式及选用

选用吊线程式应根据所挂电缆的重量、杆档距离、所在地区的气象负荷区及今后的发展情况等因素来选用，如表 5-5 所示。架空电缆与其他建筑物的最小隔距如表 5-6 所示。

表 5-5 架空电缆吊线规格选择表

负荷区别	杆距 L /m	电缆重量 W /(kg/m)	吊线规格 线径(毫米)×股数
轻负荷区	L≤45	W≤2.11	2.2×7
	45<L≤60	W≤1.46	
	L≤45	2.11<W≤3.02	2.6×7
	45<L≤60	1.46<W≤2.182	
	L≤45	3.02<W≤4.15	3.0×7
	45<L<60	2.182<W≤3.02	
中负荷区	L≤45	W≤1.82	2.2×7
	45<L≤55	W≤1.224	
	L≤40	1.82<W≤3.02	2.6×7
	40<L≤55	1.224<W≤1.82	
	L≤40	3.02<W≤4.15	3.0×7
	40<L≤55	1.821<W≤2.98	
重负荷区	L≤35	W≤1.46	2.2×7
	35<L≤50	W≤0.574	
	L≤35	1.46<W≤2.52	2.6×7
	35<L≤50	0.574<W≤1.224	
	L≤35	2.52<W≤3.89	3.0×7
	35<L≤50	1.224<W≤2.31	

注：超重负荷区吊线另行设计。

表 5-6 架空电缆与其他建筑物接近或交越时的最小垂直空间距离

名 称	与线路方向平行时		与线路方向交越时	
	垂直空距 /m	备 注	垂直空距 /m	备 注
市内街道	4.5	最低电缆到地面	5.5	最低电缆到地面
市内里弄胡同	4.0	最低电缆到地面	5.0	最低电缆到地面
铁 道	3.0	最低电缆到地面	7.5	最低电缆到轨面
公 路	3.0	最低电缆到地面	5.5	最低电缆到地面
土 路	3.0	最低电缆到地面	4.5	最低电缆到地面
房屋建筑物	—	最低电缆到地面	1.5	最低电缆到屋顶
河 流	—		1.0	最低电缆到最高水位时的最高船桅
市内树木	—	—	1.5	最低电缆到树枝的垂直距离
郊区树木	—		1.5	最低电缆到树枝的垂直距离
通信线路	—		0.6	一方最低电缆线与另一方最高电缆线

2. 吊线布放

布放吊线时，应尽可能使用整条较长的钢绞线，减少中间接头。一般要求在一个杆档内，吊线的接续不得超过一处。

(1) 把吊线放在吊线夹板的线槽里，并把外面的螺母略为旋紧，以不使吊线脱出线槽为度，然后即可用人工牵引。

(2) 将吊线放在电杆和夹板间的螺帽上牵引。但在直线线路上,每隔 6 根电杆或在转弯线路上的所有具有离杆拉力的角杆(即外角杆)上,仍须把吊线放在夹板的线槽里布放。

(3) 先把吊线放开在地上,然后用吊线钳衔住吊线把吊线同时搬到电杆与夹板间的螺帽上进行收紧。但采用此法必须以不使吊线受损、不妨碍交通、不使吊线无法引上电杆为原则。

在布放吊线时,如遇到树木阻碍,应该先用麻绳穿过树木,然后牵引吊线穿过。电缆变更对数或线径时,所布放吊线的程式原则上可不改变。这样可以避免施工的麻烦和日后小对数改为大对数电缆时,更换吊线程式的浪费(但设计中另有规定者除外)。

3. 吊线接续

吊线接续一般分为另缠法、夹板法和 U 形钢卡法等几种方法。

1) 另缠法

另缠法是使用 3.0 mm 镀锌钢线进行另缠,要求缠扎紧密均匀,缠线不得有伤痕或锈蚀。各段缠扎长度及段间距离与吊线终结相同,如图 5-7 所示,缠扎总长度的偏差不得超过 2 cm。吊线接续另缠法如图 5-8 所示。

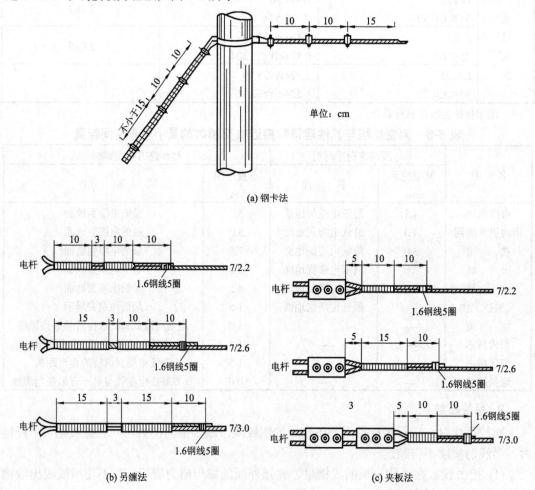

(a) 钢卡法

(b) 另缠法

(c) 夹板法

图 5-7　吊线终结时的缠扎长度

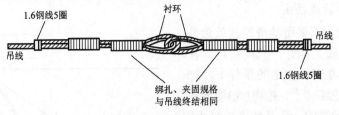

图 5-8 吊线接续另缠法

2) 夹板法

夹板法是采用三眼双槽夹板来代替另缠钢丝，如图 5-9 所示。夹板的程式应与吊线相适应，7/2.6 及以下的吊线用一副三眼双槽夹板，其夹板线槽的直径为 7 mm；7/3.0 吊线应采用两付三眼双槽夹板，夹板线槽的直径为 9 mm。夹板的螺帽必须拧紧，无滑丝现象。

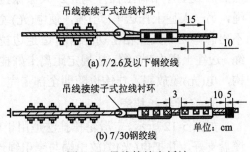

(a) 7/2.6 及以下钢绞线

(b) 7/30 钢绞线

单位：cm

图 5-9 吊线接续夹板法

3) U 形钢线卡法

U 形钢线卡法是采用 10 mm 的 U 形钢线卡子(使用时必须附弹簧钢垫)代替三眼双槽夹板，将钢绞线夹住，钢卡之间的间距一般为 10 cm，每侧 3 个卡子，最后隔 15 cm 收尾。

5.2.3 架空电缆、光缆的布放与保护

1. 架空线路的架设方法

架空线路的架设，一般有预挂挂钩牵引法、动滑轮边放边挂法、定滑轮托挂法、汽车牵引动滑轮托挂法和缠绕机敷设法几种方法。

1) 预挂挂钩牵引法

预挂挂钩牵引法适应于架设距离不超过 200 m 并有障碍物的地方，如图 5-10 所示。首先由线务员在架设段落的两端各装一个滑轮，然后在吊线上每隔 50 cm(光缆可最大放宽至 60 cm)预挂一个挂钩，挂钩的死钩端应逆向牵引方向，以免在牵引电(光)缆时挂钩被拉跑或撞掉。在挂挂钩的同时，就将一根细绳穿过所有的挂钩及角杆滑轮，细绳的末端绑扎抗张力大于 1.4 T 的棕绳或铁丝，利用细绳把棕绳或铁丝带进挂钩里，在棕绳或铁丝的末端利用网套与电缆相接(请大家思考：若为光缆，该如何连接？)，连接处绑扎必须平滑，以免经过电(光)缆挂钩时发生阻滞。电(光)缆架设时，用千斤顶托起电(光)缆盘，一边用人力转动电(光)缆盘，一边用人力或汽车拖动棕绳或铁丝，使棕绳或铁丝牵引电缆穿过所有挂钩，将电(光)缆架设到挂钩中。

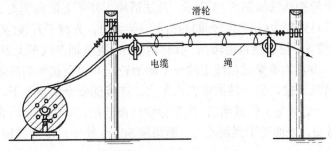

图 5-10 预挂挂钩牵引法

2) 动滑轮边放边挂法

如图 5-11 所示。采用动滑轮边放边挂法时，首先在吊线上挂好一只动滑轮，在滑轮上拴好绳，在确保安全的条件下，把吊椅(坐板)与滑轮连接上，把电(光)缆放入滑轮槽内，电(光)缆的一头扎牢在电杆上，然后一人坐在吊椅上挂挂钩，2 人徐徐拉绳，另一人往上托送电(光)缆，使电(光)缆不出急弯，4 人互相密切配合，边走边拉绳，边往上送电(光)缆，按规定距离卡好挂钩，电(光)缆放完，挂钩也随即全部卡完。

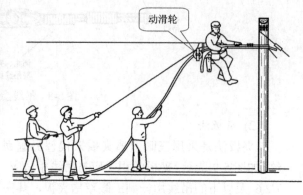

图 5-11　动滑轮边放边挂法

3) 定滑轮托挂法

如图 5-12 所示。定滑轮托挂法适用于杆下有障碍物不能通行汽车的情况。首先将电(光)缆盘支好，并把电(光)缆放出端与牵引绳连接好，然后在吊线上每隔 5 m～8 m 挂上一只定滑轮，在转角及必要处加挂滑轮，以免磨损电(光)缆。定滑轮的滑槽应与电(光)缆外径相适应。再将牵引绳穿过所有的定滑轮，牵引绳一端连接电(光)缆；另一端由人力或动力牵引，牵引时速度要均匀，稳起稳停，动作协调，防止发生事故。放好电(光)缆后及时派人上去挂好挂钩，同时取下滑轮，完成架挂。

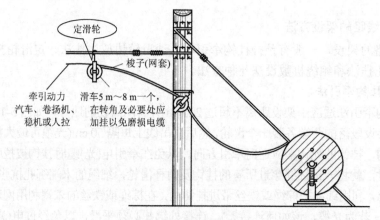

图 5-12　定滑轮托挂法

4) 汽车牵引动滑轮托挂法

汽车牵引动滑轮托挂法如图 5-13 所示，此法适应于杆下无障碍物而又能通行汽车，架设距离较大、电缆对数较大(或光缆较重)的情况。架设时，先将千斤顶(又称架机)固定在汽车上，顶起电(光)缆盘，使之能自由转动，并将电(光)缆盘盘轴在汽车上固定，然后将电(光)缆拖出适当长度，将其始端穿过吊线上的一个动滑轮，并引至起始端的电杆上扎牢。再将牵引绳一端与动滑轮连接，另一端固定在汽车上。在确保安全的条件下，把吊椅与动滑轮用引绳连接起来，一切准备工作就绪后，汽车徐徐向前开动，人力转动电(光)缆盘放出电(光)缆，吊椅上的线务员，一面随引绳滑动，一面每隔 50 cm 挂一只电缆挂钩，直到电(光)缆放完、挂钩卡完为止。

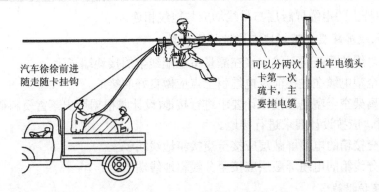

图 5-13　汽车牵引动滑轮托挂法

5) 缠绕机敷设法

缠绕机敷设法是利用电(光)缆敷设工程车和缠绕机敷设架空电(光)缆，如图 5-14 所示。不用工程车时的情况见图 5-15 所示。

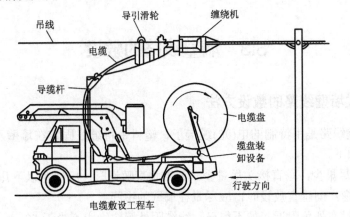

图 5-14　利用缠绕机及工程车敷设架空电(光)缆

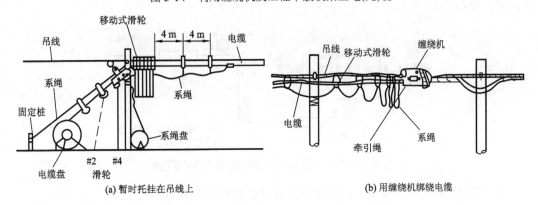

图 5-15　只用缠绕机敷设架空电(光)缆时的情形

2. 架空线路的保护

为了防止电(光)缆及吊线和分线箱被电力线或雷电烧伤，均应连接地线加以保护。一般有分线箱的电杆、电(光)缆引上杆、终端杆、跨越杆及可能受电力线或雷电烧伤，或曾被烧伤过的电杆上的电缆屏蔽层与吊线均应与地线相连。

1) 全塑电缆屏蔽层在下列地点应做接地装置

(1) 成端电缆的屏蔽层引线应接在测量室总配线架的接地端子上。

(2) 架空全塑电缆在进楼前及电缆引上点应做良好的接地。

(3) 长距离架空全塑电缆按设计要求进行接地(设计时根据历史落雷资料确定)。全塑主干电缆较长时, 应按设计要求进行接地。

(4) 进入交接箱的电缆屏蔽层应接至交接箱地线端子上。

(5) 进入分线箱的电缆屏蔽层应接至分线箱地线端子上。

2) 其他保护措施

架空电(光)缆及吊线通过或靠近各种障碍物(如树木、其他杆柱、电力接户线以及电车滑动线等)并有触碰可能时, 应根据不同情况, 在电(光)缆及吊线上加装保护套, 以免被磨损或被电力线烧伤, 阻断通信。当保护装置与电车滑接线交叉时, 应将保护装置的两端各延长 1 m, 以保证安全。

5.3　墙壁线路的敷设

5.3.1　卡子式墙壁线路的敷设方法

卡子式墙壁线路是用特制的电(光)缆卡子、塑料带将缆线固定在墙壁上, 要求缆线平直敷设, 方法如下。

(1) 垂直段尽量少, 垂直接头尽量少。如需垂直敷设时, 应注意以下几点:

① 在两个窗户间垂直敷设时, 应尽量在墙壁的中间;

② 不宜敷设在外角附近, 如不得已, 线缆距外墙边缘应不少于 50 cm。尽可能在墙壁的内角, 如图 5-16 所示。

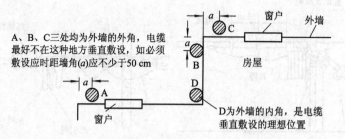

图 5-16　墙壁电缆在墙角垂直敷设时的位置选择

③ 在室内垂直穿越楼板时, 其穿越位置应选择在公共地方。

(2) 同一段落内, 有两条墙壁电缆平行敷设时, 依电缆容量不同, 按图 5-17 安装。

墙壁电缆需分支出电缆并沿墙敷设时, 为保证电缆接头良好, 分支与主干至少平行敷设 15 cm, 并在接头两端及中间用电缆卡子固定。如图 5-18 所示。

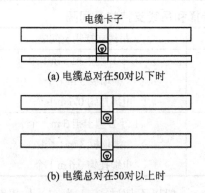

图 5-17　两条电缆平行敷设时的安装方法

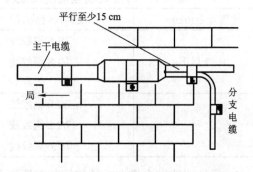

图 5-18　墙壁电缆在分支接头处的安装方法

(3) 电缆卡子的间距和位置。

① 卡子间距：垂直方向 1 m，水平方向 60 cm；

② 卡子钉眼位置：水平时在电缆下方；垂直时与附近水平方向敷设的卡子在电缆同一侧。

(4) 电缆沿墙壁外角水平方向敷设的方法如图 5-19 所示。沿内角水平方向敷设时，根据电缆外径的大小来确定内角的卡子间隔，一般为 10 cm～25 cm，如图 5-20 所示。

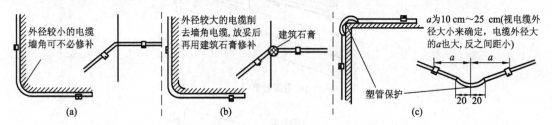

图 5-19　电缆沿墙壁外角水平方向敷设的方法

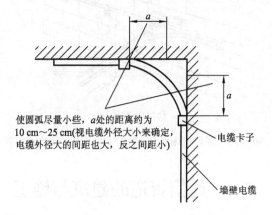

图 5-20　电缆沿墙壁内角的水平方向敷设的方法

5.3.2　吊挂式墙壁线路的敷设方法

吊挂式墙壁线路是用挂钩、吊线，类似于一般架空杆路一样将缆线悬挂到吊线上。

(1) 吊挂式墙壁电缆吊线程式的选择和吊线支持物及间隔，如表 5-7 所示。

表 5-7　吊挂式墙壁电缆吊线程式的选择和吊线支持物及间隔

电缆重量(t/km)	吊线程式股数/线径/mm	吊线支持物及间隔
1～2 以下	7/1.6 钢绞线	1 号 L 型卡担 5 m 1 个
	7/1.8 钢绞线	插墙板 5 m 1 个
		电缆挂钩 0.6 m 1 个
2～4	7/2.0 钢绞线	1 号 L 型卡担 3 m 1 个
	7/2.2 钢绞线	插墙板 3 m 1 个
	7/2.6 钢绞线	电缆挂钩 0.6 m 1 个

(2) 吊挂式墙壁电缆在建筑物间的跨距不宜过大，一般以不超过 6 m 为宜。如果跨越距离大于正常跨距的一半，或电缆重量超过 2 t/km 时，应做吊线终端，并按架空线路的规定施工。吊线和终端装置一般采用有眼拉攀、U 形拉攀等，如图 5-21 所示。

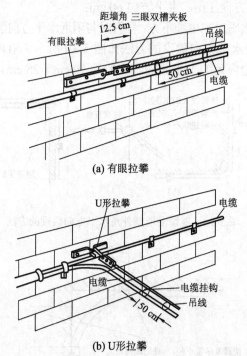

(a) 有眼拉攀

(b) U形拉攀

图 5-21　采用有眼拉攀和 U 形拉攀作吊线终端装置

5.4　通信管道的建筑与施工

5.4.1　通信管道的路由选择

通信管道的路由选择应符合以下要求：

(1) 应满足本地线路网或长途线路网的设计要求，选择在电(光)缆容量较大、条数较多、有重要电(光)缆的路由上。

(2) 应在管道全面规划的基础上研究分路敷设的可能，以增加管路网的灵活性和保证通信安全。使线路网更能适应用户发展，并为减少架空杆路创造条件。

(3) 应符合城市发展的规划，沿规定的道路和分配的断面要求敷设，不应任意穿越广场或今后要建设的空地。

(4) 尽量利旧，以降低建设费用。

(5) 尽量不沿交接区界线、铁路或河流等敷设管道。

(6) 下列地段应尽量避免敷设管道：

① 规划未定、尚未定型、或虽已定型但土壤还未沉实的道路以及土方有滑动的地段；

② 电蚀或土壤腐蚀严重的地段；

③ 有流砂现象或地下水位过高、水质不好的地区；

④ 重型车辆通行和交通极为频繁的地段；

⑤ 地面和地下障碍物过多且较复杂的地段；

⑥ 需穿越河流、桥梁、主要铁路和公路以及重要设施等地段；

⑦ 过于迂回曲折的道路。

(7) 管道中心线位置的选择参见表 5-8。

表 5-8　通信管道中心线位置的确定

道路种类	管道中心线的位置
人行道	与人行道道旁树木的净距应不小于 1.0 m
	与道路边石的净距应不小于 1.0 m
	与建筑物的净距视房屋建筑红线、土壤性质及人孔形式而定，一般不小于 1.5 m
车行道	与电车轨道外侧净距应不小于 2.0 m
	与道路边石的净距应不小于 10.0 m

注：① 管道应尽量建在人行道下；② 若在人行道下无法建设，可建筑在慢车道下，但应尽可能避免建在快车道下；③ 为便于电缆引上，管道与电杆应位于同侧。

5.4.2　通信管材的分类及选用

目前国内常用的电缆管道主要有两种类型：水泥管和塑料管，后者是主流。

1. 水泥管

20 世纪 90 年代中期以前，通信管道主要为水泥管。水泥管用水泥浇铸而成。每节长度为 60 cm，现有多管孔组合(如 12 孔、24 孔)和长度为 2 m 的大型管筒块。此外，一般常用单节管筒，断面有 2 孔、4 孔和 6 孔等。

水泥管的重量大小是衡量管子质量的一个重要指标。在同样的原材料条件下，愈重表示管身的密实程度愈高。因此现行质量标准要求水泥管的重量不能低于用当地材料制成的标准成品重量的 95%。

水泥管在辅设前要经过充分的水化作用(俗称脱碱，以减少碱性对电缆塑料护套的损害)，都需经过水池浸泡 7 个昼夜以上、浇水护养 14 个昼夜以上。

2. 塑料管

塑料管由树脂、稳定剂、润滑剂及填加剂配制挤塑成型。目前常用的塑料管有硬聚氯乙烯管(PVC 管)，聚乙烯管(PE 管)和聚丙烯管(PP 管)，通信管道中常采用 PVC 管。

3. 管材的选用

1) 通信管道对管材的要求

(1) 足够的机械强度。

(2) 管孔内壁光滑，以减少对光(电)缆外护套的损害。

(3) 无腐蚀性，不能与光(电)缆外护套起化学反应，对护套造成腐蚀。

(4) 良好的密封性。不透气、不进水，便于气吹方式敷设光缆。

(5) 使用的耐久性。管道一般至少要 30 年以上。

(6) 易于施工。易于接续、弯曲、不错位等。

(7) 经济性。制造管材的材源要充裕、制造简单、造价低廉，能够大量使用。

2) 各种管材的对比与选用

各种管材的对比与选用见表 5-9 所示。

表 5-9　各种管材的优缺点和使用

管材的名称	优　点	缺　点	使用场合
混凝土管	1. 价格低廉 2. 制造简单，可就地取材 3. 料源较充裕	1. 要求有良好的基础才能保证管道质量 2. 密闭性差，防水性低，有渗漏现象 3. 管子较重，长度较短，接续多，运输和施工不便，增加施工时间和造价 4. 管材有碱性，对电缆护层有腐蚀作用 5. 管孔内壁不光滑对抽放电缆不利	我国以前的本地网线路中使用较多，现在使用较少
塑料管 (硬聚氯乙烯管)	1. 管子重量轻，接头数量少 2. 对基础的要求比混泥土管低 3. 密闭性、防水性好 4. 管孔内壁光滑，无碱性 5. 化学性能稳定、耐腐蚀	1. 有老化问题但埋在地下则能延长使用年限 2. 耐热性差 3. 耐冲击强度较低 4. 线膨胀系数较大	已广泛使用于各种场合

4. 管群的组合形式、埋深及管道的坡度

1) 水泥管管群的组合形式

(1) 水泥管管群的组合形式一般为正方形或矩形，矩形的高应不大于宽度的两倍，其具体组合形式如图 5-22 所示。

(2) 关于管道基础。

管道基础，一般分为无碎石底基和有碎石底基两种。前者即为混凝土基础，其厚度一般为 8 cm。当管群组合断面高度不低于 62.5 cm，则基础厚度应为 10 cm，当管群组合断面不低于 100 cm，则基础厚度应为 12 cm。有碎石底基者，通称碎石混凝土基础，除混凝土基础外，于沟底加铺一层厚度为 10 cm 的碎石。特殊地段，应采用钢筋混凝土基础。基础宽度在管群两侧各多出 5 cm，如图 5-23 所示。

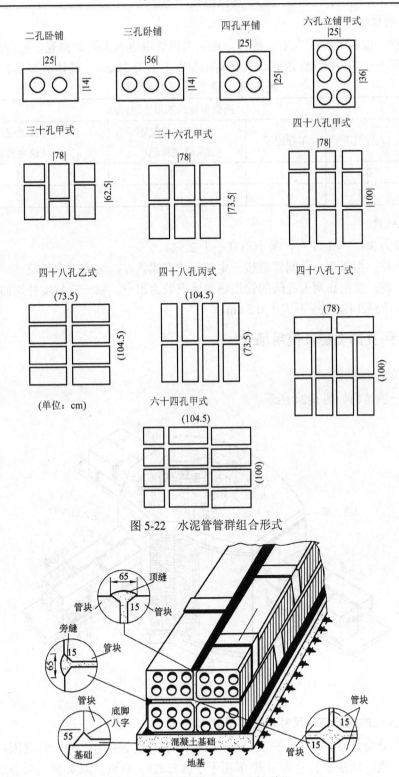

图 5-22　水泥管管群组合形式

图 5-23　水泥管管群组合结构示意(单位：mm)

2) 管道的埋深

管道埋深一般为 0.8 m 左右。此外，还应考虑管道进入人孔的位置，管群顶部距人孔上覆底部应不小于 30 cm，管道底距人孔基础面应不小于 30 cm。具体请参见表 5-10。

表 5-10　通信管道的埋深

管材种类	路面至管顶的最小埋深/m			
	人行道下	车行道下	与电车轨道交越（从轨底算起）	与铁道交越（从轨底算起）
水泥管	0.5	0.7	1.0	1.5
塑料管	0.5	0.7	1.0	1.5

3) 管道坡度

(1) 一般为 3‰～4‰左右，最小不宜小于 2.5‰。

(2) 一字坡：相邻两人孔间管道按一定坡度成直线敷设，坡度方向相反。

(3) 人字坡：以相邻两人孔间的管道适当地点做为顶点，以一定坡度分别向两边敷设，每个管子接口处张口宽度应不大于 0.5 cm。

5.4.3　人(手)孔的类型及使用场合

1. 人孔的一般结构

人孔的一般结构如图 5-24 所示。

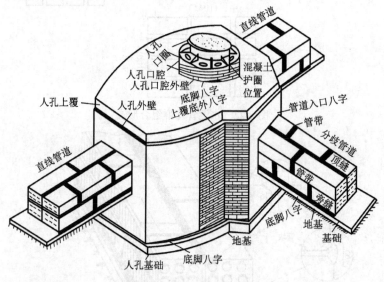

图 5-24　人孔的一般结构

2. 各型人孔的内部结构尺寸及基本形状

通信人孔分为直通、拐弯、分支、扇形、特殊和局前等几种，每一种又因尺寸的不同而分成多个小类；通信手孔分为半页(多用于小区布线)、单页、双页和三页等几种。常见人孔和手孔的内部尺寸如图 5-25 所示。

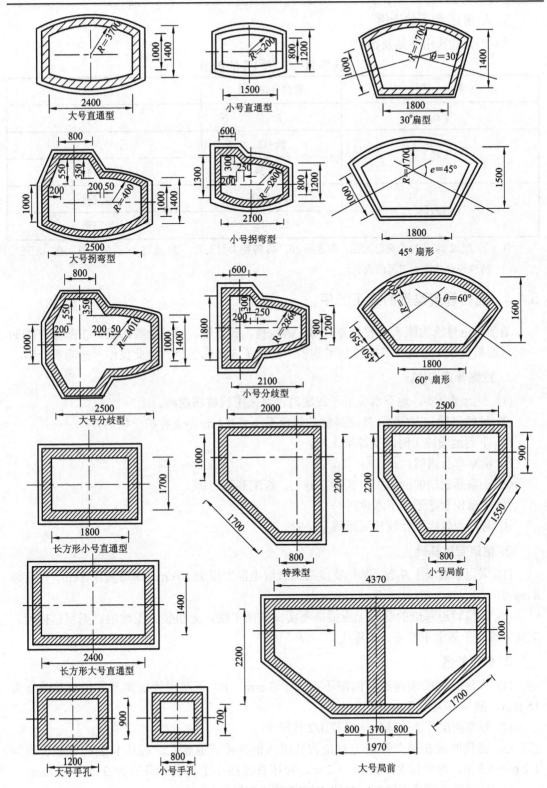

图 5-25 常用人孔和手孔的内部尺寸

3. 人(手)孔型号的选用

人(手)孔的选用参见表 5-11。

表 5-11　人(手)孔的选用

类　　别	管群容量(孔)	人孔形式
手孔	1～4	手孔
人孔	5～12	小号人孔
	13～24	大号人孔
局前人孔	24 及以下	小号局前
	25～48	大号局前

注: ① 超过 24 孔的非局前人孔, 应选用 36、48 等特大型人孔; ② 超过 48 孔的局前人孔, 应选用特殊设计的特大型局前人孔。

5.4.4　通信管道建筑的施工工序

通信管道建筑的施工一般分为挖沟、铺地基、放管道、回填土等阶段。在部标 YDJ39—90《通信管道工程施工及验收技术规范》中作了详细的规定。在此仅作一些简单介绍。

1. 挖掘管道沟(坑)

(1) 在土层坚实,地下水位低于沟底时,可采用放坡法挖沟。

(2) 坑的侧壁与人(手)孔外壁外侧的间距不小于 0.4 m(不支撑护土板时)。

(3) 下列地段施工时应支撑护土板:

① 横穿车行道时;

② 土壤是松软的回填土、瓦砾、砂土、级配砂石层等;

③ 土质松软低于地下水位时;

④ 与其他管线平行较长而距离又小时。

2. 建筑管道基础

(1) 采用素混凝土基础,基础宽度应比管道组群宽度加 10 cm,即每侧各 5 cm,厚度为 8 cm;

(2) 通信管道基础的混凝土应振捣密实,表面平整,无断裂、无波浪、无明显接茬、欠茬,混凝土表面不起皮、不粉化。

3. 敷设管道

(1) 水泥管块的顺向连接间隙不得大于 5 mm,上、下两层管块间及管块与基础间为 15 mm,偏差不大于 5 mm。

(2) 相邻两层管的接续缝应错开 1/2 管段长。

(3) 铺设时应在每个管块的对角管孔用两根拉棒试通管孔。拉棒长度:直线管道为 1.2 m～1.5 m,弯管道为 0.9 m～1.2 m,拉棒直径应小于管孔标称孔径 3 mm～5 mm。

(4) 接缝处先刷纯水泥浆,再刷 1:2.5 的水泥砂浆;

(5) 塑料管的接续宜采用承扦法或双扦法,采用承扦法时,承扦部分长度可参考表 5-12。

表 5-12　塑料管承扦接续部分长度参考表　　　(单位：mm)

塑料管外径	40	50	60	75	90	100 以上
承扦长度	40	50	50	55	60	70

采用承扦法接续塑料管，承扦部分应涂粘合剂。从距直管管口 1 cm 处向管身涂抹，涂抹承扦长度的近 2/3。塑料管群管间缝隙为 10 mm～15 mm，接续管头必须错开，间隙间涂抹与水泥管相同。

(6) 通信管道与其他各种管线平行或交越的最小净距，见表 5-13。

表 5-13　通信管道与其他管线最小净距表

其他管线类别		最小平行净距/m	最小交越净距/m
给水管	直径≤300 mm	0.5	0.15
	直径 300～500 mm	1.0	
	直径>500 mm	1.5	
排水管		1.0	0.15
热力管		1.0	0.25
煤气管	压力 < 294.20 kPa(31gf/cm^2)	1.0	0.3
	压力 = 294.20～784.55 kPa (3～8 kg^5/cm^2)	2.0	
电力电缆	35 kV 以下	0.5	0.5
	35 kV 以上	2.0	

4. 回土夯实

(1) 管道顶部 30 cm 以内及靠近管道两侧的回填土内，不应含有直径大于 5 cm 的砾石、碎砖等坚硬物。

(2) 管道两侧应同时进行回填土，每回填 15 cm 厚的土，就用木夯排夯两遍。

(3) 管道顶部 30 cm 以上，每回填土 30 cm，应用木夯排夯三遍或用蛤蟆夯排夯两遍，直至回填、夯实与原地表平齐。

(4) 挖明沟穿越道路的回填土，应达到下列要求：

① 本地网内主干道路的回土夯实，应与路面平齐；

② 本地网内一般道路的回土夯实，应高出路面 5 cm～10 cm。在郊区大地上回填土，可高出地表 15 cm～20 cm。

(5) 人手孔回填土应符合下列要求：

① 靠近人孔壁四周的回填土内，不应有直径大于 10 cm 的砾石、碎砖等坚硬物；

② 人(手)孔坑每回土 30 cm，应用蛤蟆夯排夯两遍或木夯排夯三遍；

③ 人(手)孔坑的回填土，严禁高出人(手)孔口圈的高程。

5.5　通信管道电缆、管道光缆的敷设

5.5.1　布放前的准备工作

1. 管孔的选用

电(光)缆敷设在管道中，合理地选用管孔，有利于穿放电缆和维护工作，所以在选用管道管孔时，总原则是先下后上，先侧后中。大容量缆线一般应敷设在靠下和靠侧壁的管孔。

管孔必须对应使用。同一条缆线所占用的管孔位置，在各个人(手)孔内应尽量保持不变，以避免发生交错(交错会引起摩擦，同时不利于施工维护)现象。

一般是一孔一缆。当电缆外径较小时，允许在同一管孔内穿放多条电缆。布放光缆时必须加套子管，子管中一管一(光)缆。

2. 清刷管道和人(手)孔

无论新建管道或利旧管道，在敷设电缆之前，均应对管孔和人(手)孔进行清刷，以便顺利穿放电(光)缆。常用的清刷管道的方法有以下几种。

1) 用竹片或硬质塑料管穿通

竹片之间用 1.5 mm 直径的铁线逐段扎接，竹片表面朝下(表面光滑，减少阻力)，后一片叠加在前一片的上面，这样可减小阻力。有积水的地方，应将积水抽掉，才能穿入竹片。竹片始端穿出管孔后，应在竹片末端缚上 4.0 mm 铁线一根，带入管孔内作为铺设电缆的引线。利用引线末端连接如图 5-26 所示的清刷管道整套工具或其他工具，进一步清除管孔内的污泥和其他杂物，同时对人孔内的杂物或积水也应清除，即可敷设电缆。

图 5-26　清刷管道的整套工具

2) 压缩空气清洗法

这种方法广泛用于密闭性能良好的塑料管道。先将管道两端用塞子堵住，通过气门向管内充气，当管内气压达到一定值时，突然将对端塞子拔掉，利用强气流的冲击力将管内污物带出。可使用这种方法的设备包括：液压机、气压机、储气罐和减压阀等。

5.5.2　通信管道电缆、光缆的敷设方法与要求

1. 通信管道电缆的敷设方法与要求

敷设电缆前应根据电缆配盘要求、电缆长度、电缆对数及电缆程式等，将电缆盘放在准备穿入电缆的电缆管道的同侧，并使电缆能从盘的上方放出，然后把电缆盘平稳地支架在电缆千斤顶上，顶起不要过高，一般使电缆盘下部离地面约 5 cm ～ 10 cm(缆盘能自由转

动)即可，由电缆盘至管口的一段电缆应成均匀的弧形，如图 5-27 所示。

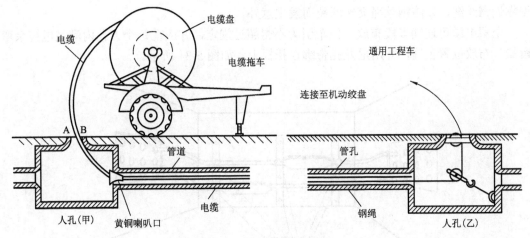

图 5-27　管道电缆的铺设

当两人孔间为直管道时，电缆应从坡度较高处往低处穿放；若为弯管道时，应从离弯处较远的一端穿入。引上电缆应从地下往引上管中穿放。在人孔口边缘顺电缆放入的地方应垫以草包或草垫，管道入口处应放置黄铜喇叭口，以免磨损电缆护套。

牵引电缆网套套在电缆端部(电缆端部要密封，不能进水)并用铁线扎紧。电缆网套会越拉越紧。牵引用的钢丝绳与电缆网套的连接处应加接一个铁转环，防止钢丝绳扭转时，电缆也随着横向扭转而损坏，如图 5-28 所示。

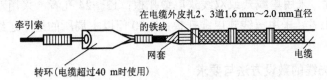

图 5-28　电缆网套与转环装置

牵引电缆过程中，要求牵引速度均匀，一般不超过 10 m/min，并尽可能避免间断顿挫。牵引绳的另一端，通过对方人孔中的滑轮以变更牵引方向，并引出人孔口，然后绕在绞线盘上。若人孔壁上有事先安装好的 U 形拉环，牵引绳通过滑轮即可进行牵引，如图 5-29 所示。

人孔内如没有 U 形拉环，可以立一根木杆，牵引绳通过滑轮进行牵引，如图 5-30 所示。

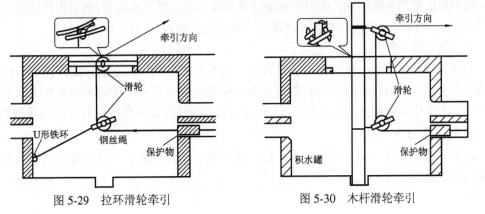

图 5-29　拉环滑轮牵引　　　　　　　图 5-30　木杆滑轮牵引

　　牵引的动力可采用绞盘、卷杨机或汽车，应根据实际情况来确定。牵引时工作人员不得靠近钢丝绳，以防钢丝绳突然断裂而发生意外。

　　全塑电缆可连续多段布放，但牵引力不得超过规定，并应在每个人孔内满足电缆余弯留量，布放位置正确，并用尼龙扎带绑在托板上。如图 5-31 所示。

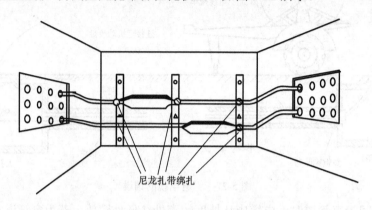

尼龙扎带绑扎

图 5-31　全塑电缆在人孔内的布放绑扎方法示意

　　通信电缆管道，均按远期需要建设，容量较大，穿放电缆条数也较多，这就要求电缆及接头在人孔内排列、走向应有一定的顺序，电缆接头必须交错放置。这样既便于以后电缆扩建工程和经常性维护工作的进行，又能减少电缆故障的产生。为了避免电缆及电缆接头在人孔内发生重叠、挤压、交叉等现象，根据规定：管道容量为 12 孔以下者，电缆及接头在人孔内的放置，采用单线式或双线式电缆托板；13～24 孔者，采用双线式或三线式电缆托板；24 孔以上者，采用三线式电缆托板；5000 门以上局所的地下进线室，应一律采用三线式电缆托板。

2. 通信管道光缆的敷设方法与要求

　　敷设通信管道光缆的工序包括估算牵引张力制定敷设计划、管孔内拉入钢丝绳、牵引设备安装和牵引光缆四个步骤。下面主要就牵引光缆的方法和人(手)孔内光缆的安装作简单介绍。

　　1) 机械牵引法

　　Ⅰ. 集中牵引法

　　集中牵引即端头牵引法，牵引钢丝通过牵引端头与光缆端头连好(牵引力只能加在光缆加强芯上)，用终端牵引机将整条光缆牵引至预定敷设地点，如图 5-32(a)所示。

　　Ⅱ. 中间辅助牵引法

　　中间辅助牵引法是一种较好的敷设方法，如图 5-32(b)所示，它既采用终端牵引机又使用辅助牵引机。一般以终端牵引机通过光缆牵引端头牵引光缆，辅助牵引机在中间给予辅助，使一次牵引长度得到增加。图 5-33 就是在管道光缆敷设中利用这种方法的典型例子。

　　2) 人工牵引法

　　由于光缆具有轻、细、软等特点，故在没有牵引机的情况下，可采用人工牵引方法来完成光缆的敷设。

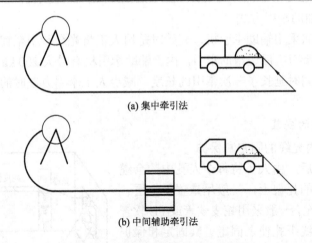

(a) 集中牵引法

(b) 中间辅助牵引法

图 5-32　光缆敷设机械方法示意图

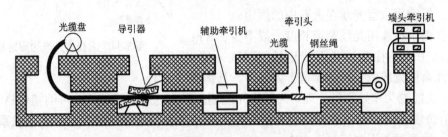

图 5-33　管道光缆机械牵引示意图

人工牵引方法的重点是在良好的指挥下尽量同步牵引。牵引时一般为集中牵引与分散牵引相结合，即有一部分人在前边拉牵引索(尼龙绳或铁线)，每个人孔中有 1~2 人辅助牵拉。前边集中拉的人员应考虑牵引力的允许值，尤其在光缆引出口处，应考虑光缆牵引力和侧压力，一般一个人在手拉拽时的牵引力为 30 kg 左右。

人工牵引布放长度不宜过长，常用的办法是采用"蛙跳"式敷设法，即牵引几个人孔段后，将光缆引出盘后摆成"∞"形(地形、环境有限时用简易"∞"架)，然后再向前敷设，如距离长还可继续将光缆引出盘成"∞"形(请大家思考：为什么要盘成"∞"形？若不盘成"∞"形又有什么不良后果？)，一直至整盘光缆布放完毕为止。人工牵引导引装置，不象机械牵引要求那么严格，但拐弯和引出口处还是应安装导引管为宜。

3) 机械与人工相结合的敷设方法

机械与人工相结合的敷设牵引方式基本上同图 5-32(b)所示相似。

Ⅰ. 中间人工辅助牵引方式

终端用终端牵引机作主牵引，中间在适当位置的人孔内由人工帮助牵引，若再用上一部辅助牵引机，这样更可延长一次牵引的长度。

端头牵引较费事的是，它必须先把牵引钢丝放到始端，然后再进行牵引。解决这一问题的方法是：假设牵引 1 km 光缆，可以让前 400 m 由人工牵引，与此同时终端牵引机可向中间放牵引钢丝，这样当两边合拢后，再采用端头牵引与人工辅助牵引相结合的方式，这样作既加快了敷设速度，又充分利用了现场人力，提高了劳动效率。

Ⅱ. 终端人工辅助牵引方式

这种方式是中间采用辅助牵引机，开始时是用人工将光缆牵引至辅助牵引机，然后这些人员又改在辅助牵引机后边帮助牵引，由于辅助牵引机有最大 200 kg 的牵引力，因此大大减轻了劳动量，同时延长了一次牵引的长度，减少人工牵引方法时的"蛙跳"次数，提高了敷设速度。

4) 人孔内光缆的安装

Ⅰ. 直通人孔内光缆的固定和保护

光缆牵引完毕后，由人工将每个人孔中的余缆沿人孔壁放至规定的托架上，一般尽量置于上层。为了光缆今后的安全，一般采用蛇皮软管或 PE 软管进行保护，并用扎线绑扎使之固定。其固定和保护方法如图 5-34 所示。

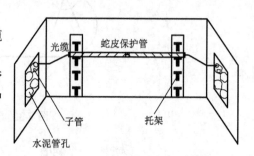

图 5-34　人孔内光缆的固定和保护

Ⅱ. 接续用余留光缆在人孔中的固定

人孔内供接续用光缆余留长度一般不少于 8 m，由于接续工作往往要过几天或更长的时间才能进行，因此余留光缆应妥善地盘留于人孔内。具体要求如下：

(1) 光缆端头作好密封处理。为防止光缆端头进水，应采用端头热可缩帽作热缩处理。

(2) 余缆盘留固定。余留光缆应按弯曲曲率的要求，盘圈后挂在人孔壁上或系在人孔内盖上，注意端头不要浸泡于水中。

5.5.3　气吹光缆的布放

上面介绍的牵引法敷设光缆的距离短、速度慢，且很容易造成缆线的机械损伤。"高压气流推进法"(简称气吹法)是通过光缆喷射器产生的一个轻微的机械推力和流经光缆表面的高速高压气流，使光缆在塑料管内处于悬浮状态并带动光缆前进，从而减少了光缆在管道内的摩擦损伤。该方法操作简便，气吹距离长，而且由于有安全保护装置，一旦缆线前进中遇到阻力过大时会自动停止，因此不会对缆线构成任何损伤，是一种值得大力推广的敷设方法。

气吹法布放光缆的光缆管道主要采用 HDBE 硅芯管，这种管道具有强度大、曲率半径小、内壁永久润滑、寿命长等许多优点，其主要性能见表 5-14。

表 5-14　HDPE 硅芯管主要性能

项　目	主　要　性　能
原材料硬度	邵氏 D_{61}
耐压性	应能承受 0.5 h，0.6 MPa 压力
拉伸强度	≥15 MPa
断裂延伸率	≥350%
抗侧压强度	在 1500 N/100 mm 压力下，扁径不小于塑料管外径的 70%，卸荷后检测能恢复到塑料管外径的 90% 以上，塑料管无裂纹
内壁磨擦系数	≤0.15
弯曲半径	≤10 倍硅芯管外径

目前，光缆管道常用的 HDPE 硅芯管规格主要有两种：40/33 mm 和 46/38 mm，其盘长分别为 2000 m 和 1500 m。44/33 mm 硅芯管适用于平原、丘陵、公路、路肩和边沟等场所，46/38 mm 硅芯管适用于山区、弯度较大的公路路肩和沟边等场所。

1. 气吹法布放通信光缆的基本流程

气吹法的基本原理是由气吹机把空压机产生的高速压气流和缆线一起送入管道。由于管壁内极低的摩擦系数和高压气体的流动使光缆在管道内呈悬浮状态，从而减小了缆线在管道中的阻力。正因为高速流动的气体所产生的是均匀附着在缆线外皮的推力，而不是牵引力，才使该缆线不会受到任何机械摩擦和侧压损伤，同时，也大大提高了穿放缆线的速度和每次气吹敷缆的长度。

一台气吹机一般一次可气吹 1000 m～2000 m 的长度，制约的因素主要有：地形、管道内径与光缆外径之比、光缆的单位长度质量、材料(一般采用外皮为中密度 PE 的光缆气吹效果较好、较经济)和施工时的环境温度及湿度等。

若采用多台气吹机接力气吹，光缆的盘长可选择 4 km 或 6 km。在高速公路上，一般 1 km 设置一个手孔，作为气吹点和应急电话、监控等分支处理点，在有光缆接头处(每 2 km 或 4 km)设置一个人井。而对于在野外易开挖地段敷设根数较少的硅管时，如通信干线工程，只要在有光缆接头处加上密封接口，就可作为气吹点或接力气吹点，穿缆之后拧紧接口，管道依然保持封闭一体的状态。图 5-35 为气吹机接力敷设长距离光缆示意图。

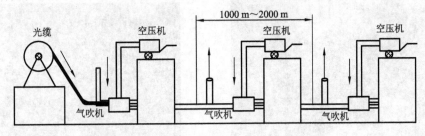

图 5-35　气吹机接力敷设长距离光缆示意图

2. 气吹法布放通信光缆实例

2007 年 1 月 24 日，在南京市龙袍镇长江边，波立门特工程设备(上海)有限公司和中石化管道储运公司第一工程处合作，成功完成了 1.95 km 准备定向穿越长江的光缆及微管的气吹敷设工程。

工程概况是：要求在一根内径为 109 mm 的钢管内穿放 3 根 40/33 mm 的硅芯管，并在其中两根硅芯管中分别气吹 1 根 GYTA53(光缆外径为 15.5 mm)的直埋光缆和 3 根 10/8 mm 的微管。

由于线路长，气吹直径为 15.5 mm 的直埋光缆有较高的风险。为此，波立门特公司根据现场勘察的实际情况，提供了一套完整的气吹施工方案：首先将硅芯管敷设入钢管，然后气吹光缆和微管并在微管和备用的空硅芯管内实现保气；最后将通信管道和成品油管道同步穿越长江。由于 3 根硅芯管在钢管内占用的空间较大，安装普通的硅芯管接头已无可能，加上钢管已焊接完毕，路由上很多地方空压机很难进去，因此要求光缆和微管的气吹敷设一次成功。针对工程的特殊性，波立门特的技术工程师采用了超级润滑方式，使光缆和管道之间的摩擦系数降低到 0.1 以下，与此同时，根据光缆直径粗、重量大、硬度高的特点，在气吹光缆时专门安装了瑞士母公司的专利产品——SONICHEAD，使作用在光缆外护套的气流可以根据气吹速度的变化调节作用在光缆端头的气流量。

　　为了保证微管一次气吹成功，同时又使其在气吹过程中不至于变形，将空气压缩机的压力选择为 7 bar。由于前期准备工作充分，微管气吹十分顺利，大约 1 个多小时，3 根微管以平均 30 m/min 的速度同时到达了气吹终点。

　　波立门特公司的 SUPERJET 气吹机具有升级能力，经过施工现场的快速更换链条和配件后，微管气吹机变成了光缆气吹机。由于 2 km 的直埋光缆盘很重、很大，为了避免气吹速度过高，在意外的情况下刹车困难，损坏光缆，在 7 bar 的空气压力作用下，将气吹速度控制在 55 m/min，并一直保持到 1300 m 处；在最大 9 bar 的空气压力作用下，气吹速度一直保持在 45 m/min 左右，整个布放过程用时近 3 小时。图 5-36 为实际施工中的实物图片。

(a) 气吹微管前的准备

(b) 气吹微管

(c) 气吹直埋光缆

(d) 空硅芯管充气维护

图 5-36　气吹法布放光缆现场图片

5.5.4　微管微缆在通信线路网络中的应用

　　随着我国城镇化进程的不断加快，城市数量和城镇人口数量均在不断地增长，通信网络建设规模也在不断加大，必将导致城市通信管孔资源越来越紧张，大力推进微管微缆在通信线路网络中的应用，将有效缓解这一矛盾，同时为提高通信管孔利用率和美化城市环境提供了新的建设思路。

　　1. 将通信微管建设在城市雨(污)水管道中

　　1) 雨(污)水管道直径在 70 cm 以上时的敷设方式

　　当雨(污)水管道直径在 70 cm 以上时，由于管内空间较大，工人可在管内操作，可使用不锈钢胀环通过人工钉固的方式来固定通信微管，如图 5-37 所示。

　　2) 雨(污)水管道直径小于 70 cm 时的敷设方式

　　当雨(污)水管道直径小于 70 cm 时，由于管内空间太小，不便于工人操作，可采用拉盘方式。具体方法是：先将微管穿入 $\phi 18/14$ mm 不锈钢波纹管中，再把不锈钢波纹管固定在防腐钢丝绳上，通过紧线装置将防腐钢丝绳拉紧，使之紧贴雨(污)水管壁，如图 5-38 所示。

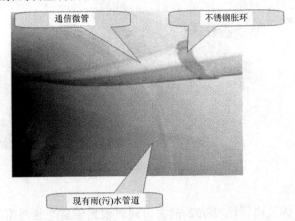

图 5-37　城市雨(污)水管道直径 70 cm 以上时通信微管布放

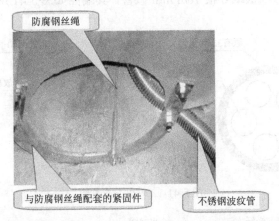

图 5-38　城市雨(污)水管道直径 70 cm 以下时通信微管布放

2. 对现有通信子管的微型化改造

1) 28/32 子管改造

28/32 子管在我国本地通信线路网中使用较多。对于这种子管，可以在其内穿入 4 根 10/8 mm 或 6 根 7/5.5 mm 的微管，其中 10/8 mm 微管可以进行长距离吹放，其管端面图如图 5-39(a)、(b)所示，而 10/8 mm 微管布放实物图如图 5-40 所示。

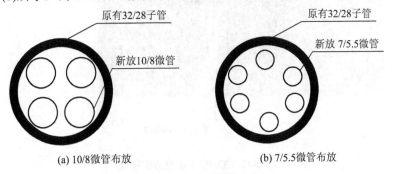

(a) 10/8微管布放　　　　　　　(b) 7/5.5微管布放

图 5-39　28/32 子管改造

图 5-40　10/8 mm 微管布放实物图

2) 33/40 子管改造

对于这种子管，因其内径比 28/32 的大，同时根据信息产业部相关子管利用率设计指标规定，可在其内穿入 5 根或 6 根 10/8 mm 微管，其端面如图 5-41 所示，实物图如图 5-42 所示。

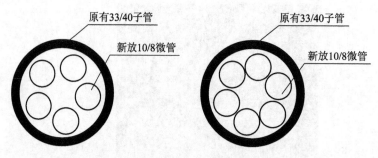

图 5-41　33/40 子管改造

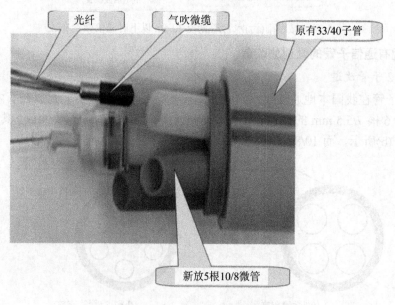

图 5-42　33/40 子管改造实物图

3. 路槽微管道的布放

当城市小区道路是无雨(污)水管道的沥青路面或水泥路面时,可以采用路槽微管道形式建通信管道,其施工示意图如图 5-43 所示。

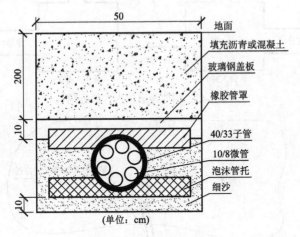

图 5-43　路槽微管道布放方式

4. 建筑物内微管布放

在楼宇综合布线系统中,线路分为室外外墙和室内两部分。室内可采用 29/25 无卤阻燃管(主要是为了防火)内置 3 根微管的形式;室外沿墙钉固需要用不锈钢 40/34 波纹管进行保护,内置 3~4 根 10/8 微管。利用楼宇微管实现光纤到桌面是比皮线光缆更好的形式。尽管以微管道方式实现尚未形成主流,但这将是以后的发展趋势。因为这种方式能实现微管到桌面,而微缆则可按需分期吹放或更换。其具体建设方案是:先在楼宇弱电竖井内布放 19 孔或 24 孔组合的集束管微管道,按楼层做微管分支;然后在每个楼层布放 4 孔、7 孔或 12 孔组合的集束管微管道,按房间单元做微管分支为 1 孔或 2 孔室内微管道进房间;最后根据用户需求吹入外径为 1.6 mm 的室内微缆。

5. 超小型微控顶管设备实现微管敷设

超小型微控顶管设备主要用于以下场合:

(1) 穿越宽度在 50 m 以内的公路、河流或铁路,如图 5-44 所示。

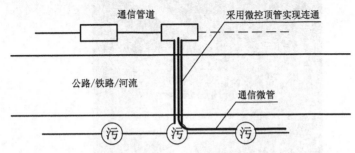

图 5-44　穿越公路/铁路/河流

(2) 实现两个相邻通信井之间的连通,如图 5-45 所示。

(3) 实现通信人(手)井与雨(污)水井之间的沟通,如图 5-46 所示。

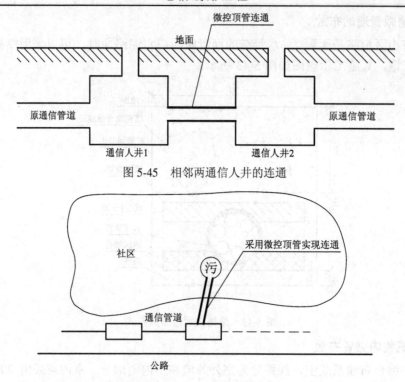

图 5-45　相邻两通信人井的连通

图 5-46　通信人(手)井与社区污水井连通

6. 采用微管微缆技术建设通信枢纽(局站)第二路由

对于不能新建传统方式入局管道或入局管道位置较狭窄的机房，在入局局前井与机房 ODF 之间采用微管/微缆敷设方式；入局局前井内安装地窖式交接箱，微缆与普通光缆在局前井地窖式交接箱采用直熔方式。采用微缆入局可以一次性敷设大芯数光缆，在原有管道的基础上新建进入通信枢纽(局站)的第二路由。

图 5-47 为某通信分公司通信枢纽机房采用入局局前井内安装地窖式交接箱新建第二路由的现场场景。

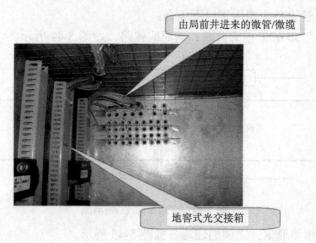

图 5-47　微管/微缆为通信枢纽建立第二路由示例

从以上介绍中可以看到，微管微缆能在现有通信光缆子管的基础上，进一步提高城市通信管孔的利用率，相当于"子管中的子管"。同时它能在普通通信管道无法完成连通的路由上实现线路网络连接，这对于通信全光网络的建设，特别是 FTTH 的推广无疑具有十分重要的意义。

5.6　全塑市内电缆的芯线接续与接头封合

5.6.1　常用接线子的基本结构和接线原理

1. 行业标准中规定的各种标准接线子

在《市内通信全塑电缆线路工程设计规范》中规定了全塑电缆芯线接续所用接线子的类型，表 5-15 列出各型接线子的型号、适用线径及适用场所等。

表 5-15　接线子选型表

序号	名称	型号	适用线径/mm	适用场所
1	扣型	HJK HJKT	0.4～0.9	填充型或非填充型架空电缆；填充型直埋式、管道配线电缆；交接箱成端
2	销套型	HJX	0.32～0.8	非填充型管道、直埋式电缆；局内成端
3	齿型(槽式)	HJC	0.32～0.6	同销套型
4	模块型	HJM HJMT	0.32～0.6	填充型和非填充型管道电缆和直埋式电缆；局内成端

注：H—市内通信电缆；J—接线子；K—扣型；X—销套型；C—齿型；M—模块型；T—含防潮填充剂。

2. 扣式接线子

1) 适应

扣式接线子适应 300 对及以下电缆。

2) 扣式接线子的构成

扣式接线子主要由扣身、扣帽两部分组成，如图 5-48 和图 5-49 所示。

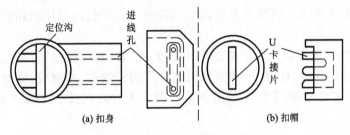

图 5-48　钮扣式接线子结构

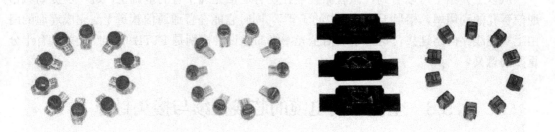

图 5-49　各种扣式接线子外形

Ⅰ. 扣身

扣身又称扣座,它是由聚碳酸脂制成的,色白透明。座内有注硅脂穿线孔槽,作为穿插待接芯线之用;设有定位缝(沟),供作扣帽定位扣盖之用。

Ⅱ. 扣帽

扣帽也称扣盖,它是由帽壳和 U 形卡接片组成。帽壳也由聚碳酸脂制成,并有标志颜色,便于识别各种不同用途和程式的接线子。盖帽中心嵌镶有 U 形卡接片,其形状如同叉簧,由镀锡的磷青铜片(表面为白色,因为镀有锡)制成。卡接片带有锋利的 V 形刀口并被安装在突出帽的底部,扣帽受外力下压时 V 形卡接片即卡在扣身线槽内的芯线上面。V 形卡接片的槽口比芯线线径稍窄,心线卡入时,V 形卡接片就能刺破(卡割开)芯线的绝缘层、油垢和氧化膜,使导线导通。同时 HJKT 接线子内还有防潮密封油脂,使接续处不进水、不氧化。如图 5-50 为扭扣式接线子卡接芯线示意图。

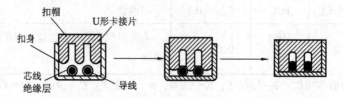

图 5-50　钮扣式接线子卡接芯线示意图

3) 压接钳的构造

压接钳是压接钮扣式接线子的一种工具,共有三种类型:一种是带有钳口套的可调压接钳,根据扣式接线子的高、厚尺寸不同,调换厚薄不同的钳口套,调整钳口闭合空隙宽度(以防用力过大压碎接线子),以适合正常而适度的压接;第二种是双用压接钳,它既能压接,又能剪线;第三种是连发式压接钳,一次可装 100 只扣式接线子,压接时可连发供给使用,能够大大提高工作效率。扣式接线子压接钳的形状如图 5-51所示。

E-9Y 压接钳,最轻便,用于架空作业及修理;E-9E 压接钳钳口动作平行度好,无剪线钳口,其他同 E-9Y;E-9B 压接钳是用途最广的接线钳;E-9C 压链带接线子;E-9CH用于 50 对以上电缆接续(实际中使用不多,因为大对数电缆芯线接续多用模块式接线子)。

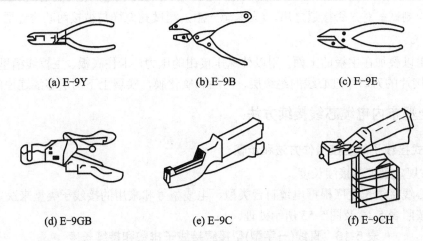

(a) E-9Y　　　　　　　(b) E-9B　　　　　　　(c) E-9E

(d) E-9GB　　　　　　(e) E-9C　　　　　　　(f) E-9CH

图 5-51　钮扣式接线子压接钳的形状

3. 模块式接线子

模块式接线子又称为卡接板或卡接模块，是大对数电缆芯线接续使用最多的接线子，有标准型和超小型两类，每类又分为一字型、Y 字型、T 字型三种，分别用于直接接续、分支接续和搭接接续(桥接)。

模块由 U 型卡接片、切线刀片、线槽和试验孔等部件组成，每次可以卡接一个基本单位(10 对或 25 对)，完成一字型、Y 字型和 T 型连接，图 5-52 所示为模块式接线子的实物图形。

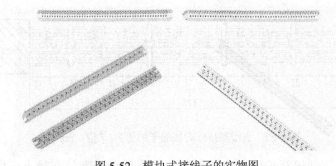

图 5-52　模块式接线子的实物图

从图 5-52 中可以看出，模块由底板、主板(主体)、盖板三块模板组成。

1) 底板

底板上有卡线线槽，一般用于卡接局方芯线。线槽的数量与基本单位中的芯线数量一致，图中线槽为 25 对，供 25 对基本单位卡线用。线槽对数排列顺序为由左向右，依次为 1、2、3、4、…、25 对。卡线时按"A 左 B 右"对号入座。

2) 主板

主板叠盖在底板的上面，它的上、下两面具有与底板相同数量的线槽，而其上面的线槽专供用户侧方向的心线卡线用。每个线槽附有 U 形卡线片和切线刀片，分别供卡接底板、主板上下线槽内的心线和切除线头余长用。U 型卡接片由镀锡的磷青铜片制成，加压时，U 形片将刺破主板上下两层芯线的绝缘层而使芯线连通。主体上每个线槽的另一端设有试线孔，作为测试线对是否接通之用。(大家想一想，测试孔怎样与被接两芯线连通?)

　　3) 盖板

　　盖板用以叠加在主板的上面，用以传递压接钳的压力，卡住底板、主板线槽里的心线，使 U 形卡接片的刀口穿过心线的绝缘层、污垢和氧化膜，实现上下两层芯线连通的目的。

5.6.2　全塑市内电缆芯线接续方法

1. 扣式接线子的压接操作方法和步骤

(1) 按规定确定芯接续长度。

　　电缆心线接续长度应根据电缆封合类型、电缆型号和采用的接线子类型来决定。一般来讲，可按照表 5-16 及图 5-53 所示处理。

表 5-16　直线(一字型)型接续接线子排数和接续长度

电缆对数	接线子排列数/排	接续长度/mm
50 对及以下	8	175
100 对	12	250
200 对	16	325
300 对	20	400

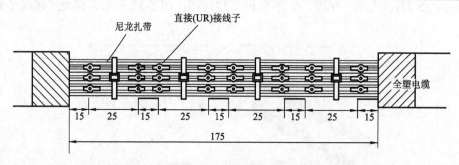

图 5-53　直线型接续时接线子的排列(单位：mm)

　　(2) 电缆接头开剥护套长度：一般来讲，电缆接头开剥护套最小长度为：1.5×接续长度。

　　(3) 电缆接头护套开剥后，按照色谱顺序将心线束折回在电缆接头两侧。

　　(4) 从电缆两侧折回的心线束中，按编号和色谱顺序，检出相接的线对，先接 A 线后接 B 线。在接续时，先以线对为单位按左线压右线交叉，然后扭 3～4 个花(注意要扭紧)，再分别将 A、B 两线分开捋直，如图 5-54 所示，其他依次类推。

　　(5) 根据预留长度，剪齐线头(直线型预留长为 2.5 cm，复接型预留长为 3 cm～5 cm。)然后将两线插入接线子进线孔内，并一直插到底部，如图 5-55 所示。

　　(6) 选用适当的压接钳，将接线子放入压接钳钳口内进行压接，压接时当听到响声时即表示压接到位，不能再强压以免损坏接线子。每 5 对为一组，压接时，要注意压到底为止。如图 5-56(a)、(b)所示，接线子排列见图 5-57(a)、(b)所示。

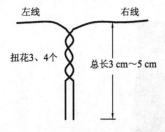

图 5-54　扭花与剪齐线头示意图

图 5-55　两线插入接线子情形

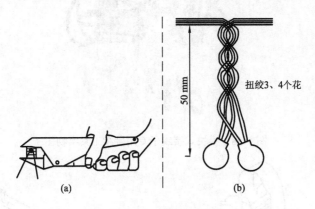

图 5-56　扣式接线示意图

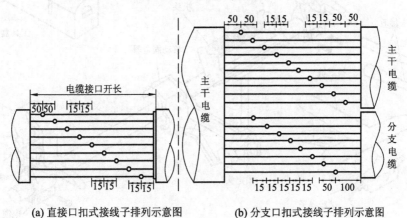

(a) 直接口扣式接线子排列示意图　　(b) 分支口扣式接线子排列示意图

图 5-57　扣式接线子排列

2. 模块式接线子的接线工具及接线操作方法

1) 压接工具

模块式接线子需采用专用压接工具，主要由接线架和压接器两部分构成。其实物图形见图 5-58 所示。

Ⅰ. 接线架

接线架用来支架接线器(机头)，由支架管、移动固定器等部件所构成，如图 5-59 所示。图中的试线塞子用来插入试线孔，检查所接芯线连接是否正确。

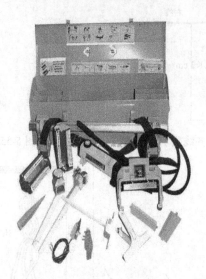

图 5-58　模块式接线子专用接续工具实物图

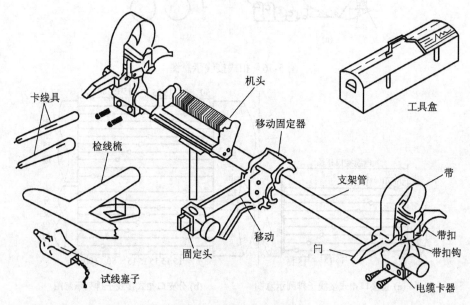

图 5-59　接线机架示意图

Ⅱ. 压接器(加压器)

压接器用来压接接线模块并切断多余线对，分手动/液压压接器和气动/液压压接器两种。一般用手动的居多。它由液压机主体、夹具、高压软管组成，有 4400 磅的压力，如图 5-60 所示。

2) 电缆护套开剥长度

电缆接头塑料护套开剥长度视接续长度而定。

一字型折回接续：开剥长度 =(接续长度 × 2) + 152(mm)；

一字型直线接续：开剥长度 =(接续长度) × 1.5。

电缆接续长度的规定见表 5-17。

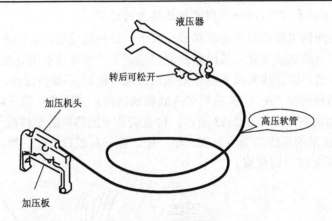

图 5-60　压接器

表 5-17　电缆接续长度

序号	电缆对数	线径/mm	接续长度/mm	直接接头直径/mm	折回接头直径/mm
1	400	0.4	432	69	69
		0.5	432	74	81
		0.6	432	79	107
2	600	0.4	432	79	89
		0.5	432	89	104
		0.6	432	97	133
5	1200	0.4	432	107	135
		0.5	432	114	160
9	2400	0.4	483	157	198

3) 模块的排列及间隔

0.4 × 1200 对及上对数的电缆, 模块为 3～4 排; 其他对数电缆, 安排 2 排, 表 5-17 表示的是数量为 2 排的情形。具体请见图 5-61 所示。

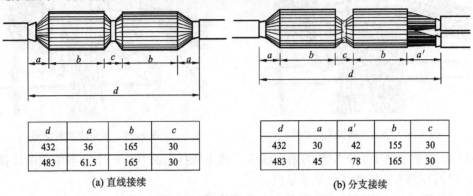

d	a	b	c
432	36	165	30
483	61.5	165	30

d	a	a'	b	c
432	30	42	155	30
483	45	78	165	30

(a) 直线接续　　　　　　　　　　　　　　　　(b) 分支接续

图 5-61　模块式接线子的排数及间隔

4) 压接操作方法和步骤(以一字型直接压接为例说明)

(1) 将开剥的两侧电缆相对固定在接线支架上,装好接线器,如图 5-62 所示。

(2) 将接线模块的底板安装在接线器的固定位置上,并使底板的切角一端靠左。

(3) 把检出来的局侧芯线某基本单位的线对按线对色谱(不要按线序,以提高卡线速度)通过分线排(色谱)分别按"A 左 B 右"卡入底板线槽内,并用检查梳予以检查,如发现卡线不正确,则应及时纠正,如图 5-63 所示。检查梳是一把简单的塑料梳子,用它遮挡住 A 线或 B 线,则露出来的芯线色谱应为蓝、桔、绿、棕、灰或白、红、黑、黄、紫,如果发现颜色错,则表明芯线卡错位置。

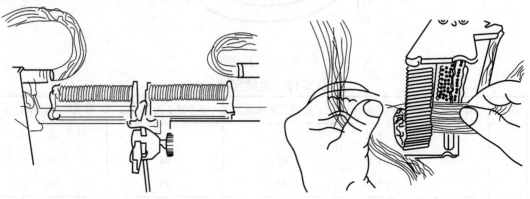

图 5-62　电缆、支架、压接器装置情形　　　　图 5-63　线对依次卡入情形

(4) 盖上主板,切角朝左。

(5) 将对应相接的用户侧芯线,按色谱卡入主板上部线槽中,仍为"A 左 B 右"。

(6) 盖上盖板,切角朝左。

(7) 把压接机的夹具加在盖板上进行加压。当听到液压器发出"唧唧"声同时多余线头被切断时表明压接已经良好,此时三块模板紧紧接合在一起成为一个整体。同时,主体上的 U 形卡接片刺破上下两层芯线的绝缘层使它们导通,切线刀片切掉多余线头,如图 5-64 和图 5-65 所示。

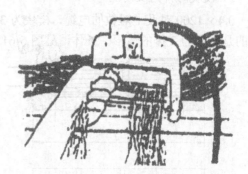

图 5-64　装上压接机头并加压　　　　　　图 5-65　多余线头被切断

(8) 从螺旋弹簧上取下切断的余下线头,卸下压接机夹具,一个基本单位的压接即算完成。用同样的方法接续其他基本单位。

为了便于维修,应用绝缘胶带在中央将模块予以扎紧。如图 5-66 所示。

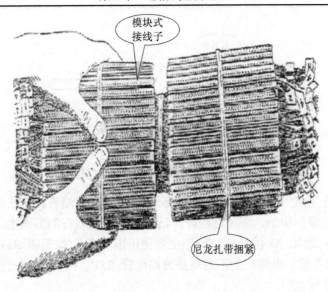

图 5-66　模板式卡接板压接的电缆接头

3. 两种接续方法的比较

(1) 扣式接线子每次只能完成两根芯线的接续，接续速度慢，效率低，所以只适合于小对数电缆接续或无法安装模块式接续机架的场合；模块式接线子一次就能完成 100 根芯线的接续，接续速度快，效率高，所以 50 对以上的大对数电缆大多采用模块式接线子进行接续。

(2) 扣式接线子不能重复使用，而模块式接线子可重复使用若干次。

(3) 扣式接线子完成接续后无法当场验证所接续芯线是否连通，而模块式接线子因其侧面设有测试孔，通过使用测试塞子可当场验证上下芯线是否连通。

(4) 扣式接线子接续工具简单，便于携带，而模块式要使用专用工具，要有安装场地，不便于携带。

(5) 对于相同对数的电缆，扣式接线子所作电缆接头体积比模块式要小。

5.6.3　全塑电缆的接头封合

电缆接头封合前应对芯线进行包扎，包扎的具体要求如下。

(1) 模块接续的接头。

整理模块，使所有模块的背向外并排列成圆柱形；用塑料芯线在两列模块间进行绑扎；转动全部模块使每块模块排列紧密，芯线全部包容在模块内呈圆柱形再用塑料芯线或尼龙扎带将模块中间进行绑扎，如图 5-66 所示。

(2) 接线子接续的接头。

整理接线子使之排列整齐；用宽为 75 mm 的聚脂薄膜带从中间开始向两端进行往返三次的交叉包扎，包扎时前后叠压 1/2，如图 5-67 所示。

电缆接头的封合方法分为热接法和冷接法两大类。这里以热缩管封合法(热接法的一种)为例进行说明。

图 5-67　用聚脂薄膜带对接头进行包扎

热接法主要分为热缩套管法和注塑熔接套管法两种。热缩管封合法是南方地区最为广泛使用的方法。它操作简单、密闭性能好，适应于像我国南方的多雨地区，但热缩包管只能一次性使用。早期(如 20 世纪 80 年代)主要使用国外产品(如美国 Raychem 公司生产的 XAGA 系列)，现在成都电缆厂生产的双热流热缩管(RSP、RSY)系列已使用十分广泛，本书这里以此为例进行说明。

1. 热缩包管型号及规格

1) 进口热缩管

进口热缩管的型号释义如下，规格请见表 5-18 所示。

例 1

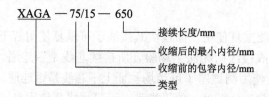

表 5-18　进口加强型热缩套管规格表

序号	规　　格	电缆接头外径/mm	电缆最小直径/mm	接续长度/mm	适应电缆对数(0.5 以下)
1	XAGA—1000—62/15—500	62	15	500	300～200
2	XAGA—1000—62/22—500	62	22	500	100～300
3	XAGA—1000—92/30—500	92	30	500	200～600
4	XAGA—1000—122/38—600	122	38	600	400～1000
5	XAGA—1000—160/55—650	160	55	650	800～1600
6	XAGA—1000—200/65—650	200	65	650	1200～2400
7	XAGA—1000—220/65—650	220	65	650	1200～2400

2) 国产热缩管

国产热缩管的型号释义如下，规格见表 5-19 所示。

例2

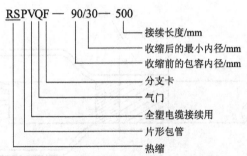

RSPVQF — 90/30 — 500
- 接续长度/mm
- 收缩后的最小内径/mm
- 收缩前的包容内径/mm
- 分支卡
- 气门
- 全塑电缆接续用
- 片形包管
- 热缩

其他：Y——圆形管；T——接续处作石油填充；D——堵塞；M——端帽；DAI——带。

表 5-19　国产热缩管的规格

序号	规　　格	电缆接头外径/mm	实际选用厂方推荐	电缆最小直径/mm	接续长度/mm	适应电缆对数 (0.5 以下)
1	RSB—30/12—250	30	15	12	250	10～50
2	RSB—45/15—300	45	18	15	300	25～100
3	RSB—50/18—400	50	22	18	400	50～150
4	RSB—60/22—500	60	25	22	500	150～200
5	RSB—75/25—550	75	30	25	550	100～400
6	RSB—85/30—550	85	35	30	550	400～500
7	RSB—100/37—550	100	42	37	550	500～600
8	RSB—125/45—550	125	50	45	550	600～1000
9	RSB—150/45—600	150	50	45	600	1000～1200
10	RSB—175/55—600	175	60	55	600	1500～1800
11	RSB—200/55—600	200	60	55	600	1800～2400

2. 行标中规定的热缩管封合接头应达到的要求

(1) 热缩管适应于填充型与非填充型的架空、地下全塑电缆接头的封合。

(2) 接头内衬套筒应置于接头中间，两端与电缆外层护套应重合不少于 4 cm，并用胶带分左、中、右三处缠扎固定，如图 5-68 所示。

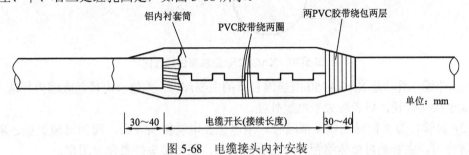

铝内衬套筒　　　PVC胶带绕两圈　　　两PVC胶带绕包两层

30～40　　　电缆开长(接续长度)　　　30～40

单位：mm

图 5-68　电缆接头内衬安装

(3) 在全塑电缆接头两端应纵包隔热铝箔胶带，重合相压不少于 2 cm，长度不少于 6 cm。如图 5-69 所示。(请大家想一想其作用是什么？)但在这里要告诉大家的是：目前实际中缠铝带时一般不缠到热缩包管以内的电缆护套处，因为当铝带随时间氧化脱落时影响接头的密封性能。

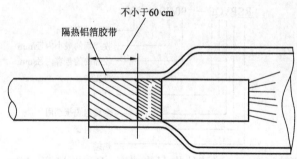

图 5-69　电缆端头铝箔胶带纵包

(4) 热缩管封合后应平整、无折皱、所有温度指示漆均应变黑，热熔胶应充分溶化并在套管两端口及拉链处有少量溢出。

3. XAGA250 系列热缩管法

XAGA250 用于非充气系统中的接头封合，并可进行分支接续。

1) 器材组件及作用

XAGA250 系列是 Raychem 公司的产品，其组件构成如图 5-70 所示。

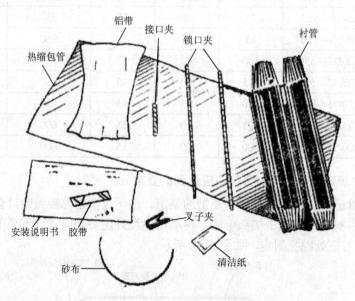

图 5-70　XAGA250 型热缩包管组件

(1) 热缩包管，是 XAGA250 型热缩包管的主要部件，按包容内径及收缩内径选用，前者应大于接头外径，后者应大于电缆外径。

(2) 衬管，为叉指形铝质纵部圆管，用以包在电缆接头外面，起到机械保护、隔热和屏蔽等作用，主要是衬垫热缩管，使之收缩均匀，保持接头外表光滑圆整。

(3) 锁口夹条，是槽形链条式不锈钢夹条，是锁住热缩管纵剖口用的，一般用两条对接，当包管为圆形时无此部件。

(4) 接口夹，是短节槽形链式金属夹条，长约 10 cm，套在两条锁口夹条的接口上，加强保护以免松脱, 当包管为圆形时无此部件。

(5) 叉子夹。U 形塑料夹子, 夹内有热熔胶, 一般插入分支电缆接头的叉口内, 用以密封锁住分支接头叉口。

(6) 铝带。薄铝箔包带, 宽约 2.5 cm～5 cm, 缠包在热缩管两端管口与电缆护套接合处以外的护套上, 用以保护电缆, 以免烤伤。

(7) 胶带。包扎衬管, 使之固定。

(8) 砂布。打毛电缆护套。

(9) 清洁纸。用以清洁电缆护套。

2) 操作方法

(1) 做好心线接续后, 将屏蔽层连通。

(2) 用良好的隔热带将接头接续部分包扎起来(模块接续时不用包扎)。

(3) 在包扎好的部分取中套装衬管, 并在中间和两端缠包胶带加以固定, 如图 5-71 所示。

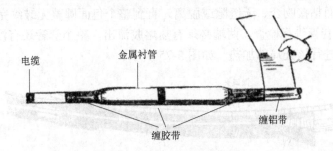

图 5-71　电缆接头上包衬管

(4) 在衬管两端往外各 15 cm 的护套上, 用清洁纸擦试干净并用砂布打毛。

(5) 试放热缩管于中央, 在热缩管两端各作一标记。移开热缩管, 自此标记开始缠包一层铝带并用锤子木柄打平。

(6) 在衬管到铝带之间护套上, 用喷灯火烤 10 s, 进行预热并去除氧化物。

(7) 撕掉热缩管内壁的塑料保护膜, 正式放上热缩管, 扦上锁口夹条(两条的要装好连接扣)如图 5-72 所示。

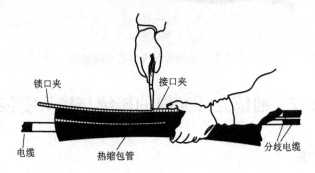

图 5-72　套热缩包管插锁口夹条和卡接口夹条

(8) 把热缩管套在电缆接头上, 并使两端口与铝带接近。分支电缆应扦上分支夹, 并把分支电缆用尼龙扣带平行捆扎好, 如图 5-73 所示。

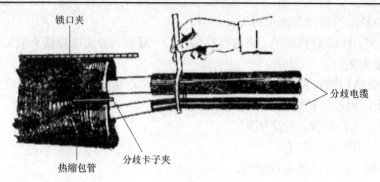

图 5-73　热缩包管加分支夹

(9) 用喷灯火焰加热收缩包管，先中间后两端。在包管中间加热时，先下方后上方，慢慢移动，烤到包管表面的所有温度指示漆完全变黑为止，然后继续用相同的方法加热包管两端部分，如图 5-74 所示，最后在包管的锁口夹、接口夹上再回火 10 s，并用锤把轻轻拍平，使其交接面粘接吻合、无缝隙或脱离，直到整个包面圆整无皱纹完全变黑为止。

(10) 对整个套管进行检查，两端必须有热熔胶流出，整个套管还有没有没变色的皱纹处，如有应继续进行该处局部加热。如图 5-75 所示。

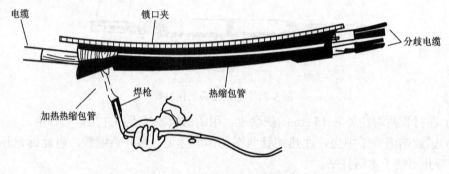

图 5-74　按规定顺序加热热缩管

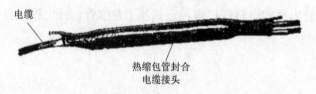

图 5-75　热缩管封合后的电缆接头

5.7　通信光纤光缆的接续与接头安装

5.7.1　任务及要求

1. 任务

(1) 光缆接续准备，护套内组件安装。

(2) 加强件连接或引出。

(3) 铝箔层、铠装层连接或引出。

(4) 远供或业务通信用铜导线的接续。

(5) 光纤的连接及连接损耗的监控、测量、评价和余留光纤的收容。

(6) 充气导管、气压告警装置的安装(非充油光缆)。

(7) 浸潮等监测线的安装。

(8) 接头护套内的密封防水处理。

(9) 接头护套的封装(包括封装前各项性能的检查)。

(10) 接头处余留光缆的妥善盘留。

(11) 接头护套安装及保护。

2. 光缆接续的要求

(1) 光缆接续前,应核对光缆的程式、端别;光缆应保持良好状态;光纤传输特性良好,护层对地绝缘合格(若不合格应找出原因并作必要的处理)。

(2) 接头护套内光纤序号和光缆端别作出永久性标记。

(3) 光缆接续,应防止灰尘影响;在雨雪天施工应避免露天作业;当环境温度低于 0°时,应采取升温措施,以确保光纤的柔软性和熔接设备的正常工作,以及施工人员的正常操作。

(4) 光缆接头余留和接头护套内光纤的余留应留足,接头护套内最终余长应不少于 60 cm。

(5) 光缆接续注意连接作业,一次性完成。

(6) 光纤接头损耗必须符合要求:单模低于 0.08 dB,多模低于 0.15 dB,并保证全中继段的衰减余留。

5.7.2 接续的步骤及方法

1. 光缆接续部分的组成

光缆连接部分,即光缆接头是由光缆接续护套将两根被连接的光缆连为一体,并满足传输特性和机械性能的要求。图 5-76 是光缆接头的组成示意图,图 5-77 是光缆接头的实物图。

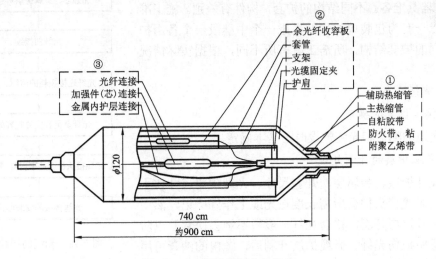

图 5-76　光缆接续部分的组成

图 5-77　室外光缆接头盒的组成

光缆接头由 3 个大的部分组成。

1) 外护套和密封部分

外护套和密封部分包括辅助热缩管、主热缩管、自粘胶带及防水带、粘附聚乙烯带等。

2) 护套支撑部分

护套支撑部分包括套管、支架、光缆固定夹、护肩及余纤收容板等。

3) 盒内连接部分

盒内连接部分包括接续光纤、加强件(芯)连接和金属护层的连接等。

2. 光缆接续的步骤及方法

光缆接续的流程如图 5-78 所示，光缆接续流程由 9 个部分组成，其具体的步骤及方法如下。

1) 准备阶段

(1) 技术准备。在光缆接续工作开始前，必须熟悉工程所用的光缆护套的性能、操作方法和质量要点。对于第一次采用的护套(指以往未操作过的)，应编写出操作规程。

(2) 器具准备。不同结构的护套，构件有差别。施工准备阶段以一套为包装单位，并考虑一个中继段一个备用护套。不同的护套结构，所需工具有所不同，根据实际情况准备。

(3) 光缆准备。

2) 接续位置的确定

在光缆的配盘和光缆敷设时已基本确定。

3) 光缆护层的开剥处理

光缆外护层、金属层的开剥尺寸、光纤预留尺寸按不同结构的光缆接头护套所需长度在光缆上作好标记，然后用专用工具逐层开剥，松套光纤一般暂不剥去松套管以防操作过程中损伤光纤。光缆护层开剥后，缆内的油膏可用无水酒精擦干净。

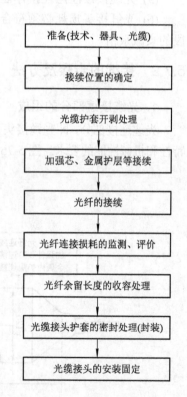

准备(技术、器具、光缆)

↓

接续位置的确定

↓

光缆护套开剥处理

↓

加强芯、金属护层等接续

↓

光纤的接续

↓

光纤连接损耗的监测、评价

↓

光纤余留长度的收容处理

↓

光缆接头护套的密封处理(封装)

↓

光缆接头的安装固定

图 5-78　光缆的接续流程

4) 加强芯、金属护层等接续处理

加强芯、金属层的连接方法一般应按选用接头护套的规定方式进行。金属护层在接头护层内是接续连通、断开或引出应根据设计要求实施。

5) 光纤的接续

光纤熔接过程及其工艺流程见图 5-79 所示，它是确保连接质量的操作规程，对于现场正式熔接，应严格掌握各道工艺的操作要领。

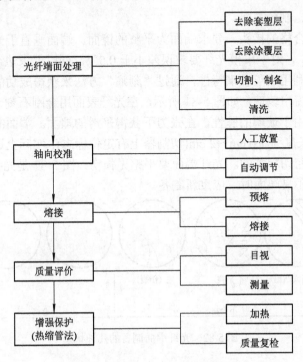

图 5-79　熔接法光纤连接工艺流程

Ⅰ. 光纤端面制备。

光纤的端面处理，习惯上又称端面制备。它包括去除套塑层、除涂覆层、切割、制备端面和清洗四个步骤，见图 5-79 所示。

第一步，去除套塑层。

松套光纤去除套塑层，是将调整好(进刀深度)的松套切割钳旋转切割(一周)，然后用手轻轻一折，松套管便断裂，再轻轻从光纤上退下。一次去除长度，一般不超过 30 cm，当需要去除长度较长时，可分段去除。去除时应操作得当，避免损伤光纤。

第二步，去除一次涂层。

塑管去除后，用无水酒精清洗纤用油膏。

松套光纤在剥除了松套管后的涂层，一般有两种不同材料的结构涂层，多数为紫外光固化环氧层；另一种为硅树脂涂层。它们去除的方法相同，都是采用涂层剥离钳去除。用这种专用剥离钳去除，方便迅速。图 5-80 是用光纤涂层剥离钳去除光纤一次涂层的实物照片。

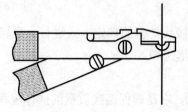

图 5-80　用光纤涂层剥离钳去除一次涂层

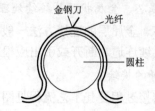

图 5-81　光纤切割方法示意图

第三步，切割、制备端面。

为了完成一个合格的接头，要求端面为平整的镜面。端面垂直于光纤轴，对于多模光纤要求误差小于 1°，对于单模光纤要求误差小于 0.5°。同时要求边缘整齐，无缺损、毛刺。光纤切割方法利用石英玻璃特性，通过"刻痕"方法来获得成功的端面，这种方法类似于用金刚刀裁划窗户玻璃，如图 5-81 所示，在光纤表面用金刚石刻一伤痕，然后按一定的半径施加张力，由于玻璃的脆性，在张力下获得平滑的端面。端面制备标准是：光纤切割、制备后的裸纤长度为 1.6 cm～2 cm(切割器上有定位标志)，实际上这一长度是与所采用的补强热缩管长度密切相关的。光纤端面要平整无损伤，图 5-82 是光纤端面的五种状态。一般遇到前边三种不良端面时，应重新制备。

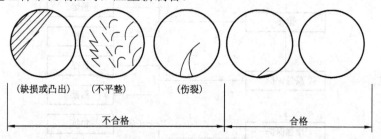

图 5-82　光纤端面制备的几种状态

第四步，清洗。

多模光纤，一般在去除一次涂层并清洁干净后就可切割、制备端面了。对于单模光纤，在端面制备后，应置于超声波清洗器皿(盛丙酮或酒精)内，清除光纤的尘土微粘，以避免光纤表面附有灰尘或其他杂质引起轴向错位和对直错误。实际施工中这一步往往不作，只要在切割断面前把油膏清洗干净就行了，这是因为：第一切割完后再清洗容易粘灰尘，第二超声波清洗器需要电源，实际施工中很不方便。

Ⅱ. 光纤熔接

对于自动熔接来说，关键是光纤放置于 V 型槽内的状态，如位置、状态放得好，工作开始后控制电路就自动进行校准，直至熔接和连接损耗估算结束。

Ⅲ. 光纤接头的补强

光纤采用熔接法完成连接后，其 2 cm～4 cm 长度裸纤的一次涂层已不存在，加上熔接部位经电弧烧灼后变得更脆。因此，光纤在完成熔接后必须马上采取增强保护措施，目前常用的是热可缩管补强法。如图 5-83(a)所示，这种增强件由三部分组成。

(1) 易熔管，是一种低熔点胶管，当加热收缩后，易熔管与裸纤熔为一体成为新的涂层。

(2) 加强棒，材料主要有不锈钢针、尼龙棒(玻璃钢)、凹型金属片等几种，它起抗张力和抗弯曲的作用。

(3) 热可缩管，收缩后使增强件成为一体，起保护作用。热可缩管是增强件，熔接前先套在光纤一侧，光纤熔接完后再移至接头部位。然后加热收缩之(全自动熔接机上配有专用加热装置)，见图 5-83(b)所示。

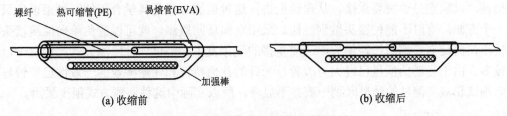

(a) 收缩前　　　　　　　　　　　　　　　　　　　　　(b) 收缩后

图 5-83　光纤接头热可缩补强保护法

6) 光纤连接损耗的现场监测、评价

光纤连接损耗的现场监测主要采用熔接机监测法(直接显示)和 OTDR 监测法。由于熔接机显示的只是一个估计值，它是根据光纤自动对准过程中获得的两根光纤的轴偏离、端面角偏离及纤芯尺寸的匹配程度等图像信息推算出来的。当熔接比较成功时，熔接机提供的估算值与实际损耗值比较接近。但当熔接发生气泡、夹杂或熔接温度选择不合适等非几何因素发生时，熔接机提供的估算值一般都偏小，甚至将完全不成功的熔接接头评估为好质量的接头。因此，对于现场接续实施监测是必要的。如果监测结果与熔接机的估算结果较为吻合，便可以装配接头盒，完成光缆的接续。如果监测结果明显劣于估算值，应提示熔接需返工重接。不难想像，及时发现不合格的接头，现场重新熔接比盲目完成接续任务后再返工要简单得多。

目前，工程中连接损耗的监测普遍采用 OTDR。采用此法有两个优点：一是 OTDR 除了提供接头损耗的测量值外，还能显示端头到接头点的光纤长度，继而推算出接头点至端局的实际距离，又能观测被接光纤是否在光缆敷设中已出现损伤和断纤，这对现场施工有很好的提示作用；二是可以观测连接过程。

OTDR 监测方法有远端监测、近端监测和远端环回双向监测 3 种主要方式，如图 5-84所示。

(1) 远端监测方式。所谓远端监测方式，是将 OTDR 放在局内，先将引向光端机的局内单芯软缆的标准接头插入 OTDR 的"OUT　PUT"端口，局内软缆与进局光缆熔接，然后沿线路由近至远依次接续各段光缆的接头。OTDR 始终在局内监测，记录各个接头的损耗和各段光缆的纤长，OTDR 与熔接机操作人员之间应具有通话联络手段。这种监测方式的优点是，OTDR 不必在野外转移，有利于仪表的保护，并节省仪表测量的准备时间，而且所有连接都是固定的有用连接。远端监测方式的连接如图 5-84(a)所示。局内光缆与外线光缆的接头，受 OTDR 盲区的限制不能观测，一般是中继段连接全部完成后，将 OTDR 移到对端局再进行一次全程测量，可以观测出此接头的插入损耗。

(2) 近端监测方式。所谓近端监测方式，是将 OTDR 连接在熔接点前一个盘长处，每完成一个接头，熔接机和 OTDR 都要向前移动一个盘长，如图 5-84(b)所示。当然，这种监测方式不如远端监测方式理想。只有在缆内无金属导线或者出于防雷效果考虑，各段光缆的金属线要求在接头处断开(且熔接点与局内无联络手段)时，才采用这种监测方式。近端监测方式也有一个优点：光缆开剥和熔接可以形成流水作业，有利于缩短施工时间。

(3) 远端环回双向监测方式。如图 5-84(c)所示，这种方式下，OTDR 也在熔接点之前，但它与近端监测方式不同的是在始端将缆内光纤作环接，即 1 号纤与 2 号纤、3 号纤与 4 号纤等分别连接。测量时由 1 号纤、2 号纤分别测出接头两个方向的损耗，并当即算出连接损耗，以确定是否需要重接。从理论上讲，这种监测方式是科学合理的。如果现场只监测一个方向，有时不能使接头做到最佳。采用双向环回监测，就可以避免单向监测接头损耗较小，而反向复测时损耗偏大，造成重接的现象发生。不过这种监测方式比较复杂，费时较多。由于光缆的质量已经大为改善，光纤的几何特性和传输参数的一致性已经较好，单向测试和双向测试的结果区别一般并不显著，所以实际中这种监测方式很少采用。

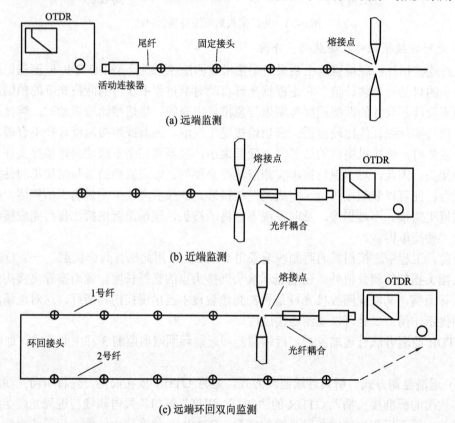

(a) 远端监测

(b) 近端监测

(c) 远端环回双向监测

图 5-84　光纤熔接接头损耗的现场监测

7) 光纤余留长度的收容处理

光纤连接后，经检测连接损耗合格，并完成保护后，按护套结构所规定的方式进行光纤余长的收容处理。光纤收容的盘绕中，应注意曲率半径和放置整齐、易于今后操作等环节。光纤余长盘绕后，一般还要用 OTDR 仪复测光纤的连接损耗。当发现连接损耗有变大现象时，应检查原因并予以排除。

光缆接头，必须有一定长度的光纤，一般完成光纤连接后的余留长度(光缆开剥处到接头间的长度)一般为 60 cm～100 cm。

光纤余留长度的收容方式如图 5-85 所示。

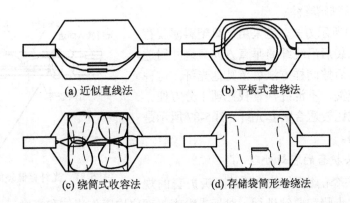

(a) 近似直线法　　　　　　　(b) 平板式盘绕法

(c) 绕筒式收容法　　　　　　(d) 存储袋筒形卷绕法

图 5-85　光纤余长的收容方式

Ⅰ. 近似直线法

图 5-85(a)是在接头护套内不作盘留的近似直线法，显然，这种方式不适合于室外光缆间的余留放置要求，使用较少。

Ⅱ. 平板式盘绕法

图 5-85(b)所示的收容方式，是使用最为广泛的收容方式。如盘纤盒、余纤板等多数属于这一方法。在收容平面上以最大的弯曲半径，采用单一圆圈或"∞"双圈盘绕方法。

这种方法盘绕较方便，但对于在同一板上余留多根光纤时，容易混乱，查找某一根光纤或重新连接时，操作较麻烦和容易折断光纤。解决的办法是，采用单元式立体分置方式，即根据光缆中光纤数量，设计多块盘纤板(盒)，采取层叠式放置。

平板盘绕式对松套、紧套光纤均适合，目前在工程中采用较为普遍。图 5-86 所示是光纤收容盒的一个实例，上边还有盖子保护，一般一个盘纤盒可收容 6 根光纤。

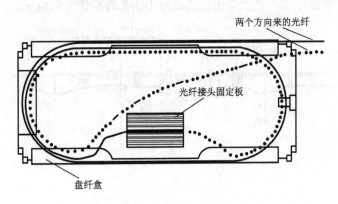

图 5-86　光纤收容盒(板)实例

Ⅲ. 绕筒式收容法

如图 5-85(c)所示，是光纤余留长度沿绕纤骨架(笼)放置的。将光纤分组盘绕，接头安排在绕纤骨架的四周，铜导线接头等可放于骨架中。光纤盘绕有与光缆轴线平行盘绕，也有是垂直盘绕，这决定于护套结构、绕纤骨架的位置、空间。这种方式比较适合紧套光纤使用。

Ⅳ. 存储袋筒形卷绕法

图 5-85(d)中所示方式，是采用一只塑料薄膜存储袋，光纤盛入袋后沿绕纤筒垂直方向盘绕并用透明胶纸固定，然后按同样方法盘留其他光纤。这种方式，彼此不交叉、不混纤，查找处理十分方便。存储袋收容方式比较适合紧套光纤。图 5-87 所示是这种方式的实例。

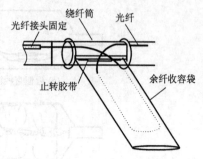

图 5-87　光纤存储袋筒形收容实例

8) 光缆接头护套的密封处理

光缆接头护套的密封处理根据接头护套的规定，严格按操作步骤和要领进行。对于光缆密封部位均应作清洁和打磨，以提高光缆与防水密封胶带间可靠的密封性能。注意，打磨砂纸不宜太粗，打磨方向应沿光缆垂直方向旋转打磨，不宜与光缆平行方向打磨。

9) 光缆接头的安装固定

(1) 架空光缆的接头一般安装在杆旁，并应作伸缩弯，如图 5-88 所示。接头的余留长度应妥善地盘放在相邻杆上，可以采用塑料带绕包或用盛缆盒(箱)安装。图 5-89 所示是架空光缆余留长度安装示意图。图 5-90 所示是适合于南方、接头位置不作伸缩弯的一种安装方式，对于气候变化不剧烈的中负荷区，这种安装方式应在邻杆留伸缩弯。

(2) 管道人孔内光缆接头及余留光缆的安装方式，应根据光缆接头护套的不同和人孔内光(电)缆占用情况进行安装。

① 尽量安装在人孔内较高位置，减少雨季时人孔积水浸泡；

② 安装时应注意尽量不影响其他线路接头的放置和光(电)缆走向；

③ 光缆应有明显标志，对于二根光缆走向不明显时应作方向标记；

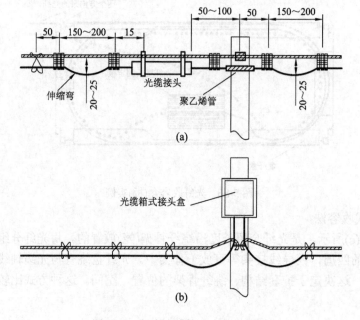

图 5-88　架空光缆接头安装示意图

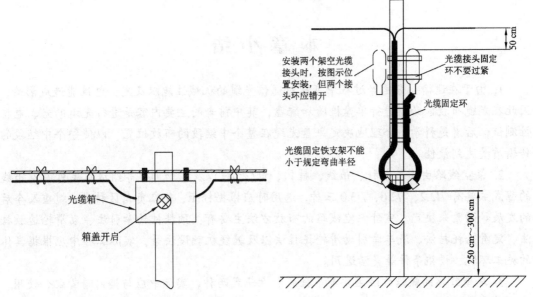

图 5-89　架空余留光缆箱安装示意图

图 5-90　架空光缆接头及余留光缆安装图

④ 按设计要求方式对人孔内光缆进行保护。

采用接头护套为一头进缆时，可按图 5-91 所示方式安装；二头进缆时可按图 5-92(a) 所示相类似方式，把余留光缆盘成圈后，固定于接头的两侧。采用箱式接头盒时，一般固定于人孔内壁上，余留光缆可按图 5-92 所示的两种方式进行安装、固定。

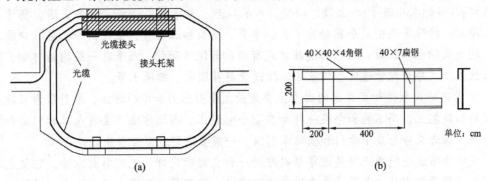

图 5-91　管道人孔接头护套安装图

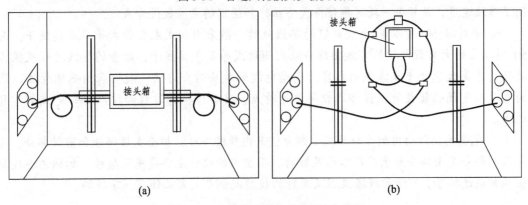

图 5-92　人孔内光缆接头箱(盒)安装图

本 章 小 结

1. 由于在运输、分圈等过程中可能对通信光缆的机械性能以及光、电性能造成影响，因此在光缆布放前必须进行单盘检验和配盘，其中前者的主要内容是进行光缆的光、电特性测试，后者是科学、合理地决定每盘光缆在整个中继段的布放位置，以使整个中继段的传输质量达到最佳。

2. 架空线路由通信电杆、吊线、挂钩、电(光)缆以及辅助部件等组成；室外架空吊线的程式主要有 7/2.2、7/2.6、7/3.0 三种，选用时应根据杆距、气象负荷区种类、缆重及今后的发展等因素来决定。室外架空线路的布放方法主要有：预挂挂钩牵引法、动滑轮边放挂法、定滑轮托挂法、汽车牵引动滑轮托挂法以及缠绕机敷设法等，实际工程中应根据具体的施工环境、设施条件等灵活选用。

3. 墙壁线路的敷设方法主要有吊挂式和卡子式两种，实际中应与楼内暗管配合使用，使墙壁线路美观、规范。

4. 通信管道是目前最主要的通信线路基础设施，它由管群、人孔、手孔等组成。构成管群的管材主要有混泥土管和塑料管、硅芯管等，其中后两者是通信管道的首选材料，也是通信管道的发展方向。人孔主要用于管群数量在 4 孔以上(不含 4 孔)的线路路由，而手孔则主要用于管群数量在 4 孔以下(包括 4 孔)的线路路由。人孔一般由人孔盖、人孔口圈、人孔口腔(俗称人孔脖子)、上覆、四壁、人孔坑底、积水罐等组成，分为直通、拐弯、分支、局前、特殊等类型。手孔分为半页、单页、双页和三页等，主要由手孔盖、口圈、四壁、坑底及积水罐组成。人孔的建筑方式有砖砌和浇铸两种，而手孔一般均为砖砌。通信管道的施工工序为挖管道坑、作基础、敷设管群并固定、回填土等。

5. 管道光缆敷设时要考虑的因素主要是最大牵引张力和牵引方法，牵引张力只能加在光缆的加强芯上，而不能和电缆一样加在整个电缆上，布放方法主要有人工牵引法和机械牵引法，后者又分为集中牵引和辅助牵引法，一般多采用辅助牵引法。

气吹法布放光缆或光纤是近年来兴起的一种良好的光纤、光缆布放方法，它使光纤或光缆在通信管道内处于悬浮状态来进行向前布放，这既最大程度地保护了光纤光缆，又提高了布放速度，是将来一段时期值得大力推广和运用的主流敷设方式。

6. 小对数(50 对以下)全塑电缆的芯线接续一般采用扣式或套管式等单式接线子，而 50 对以上的大对数电缆的芯线接续多采用模块式等复式接线子，后者的接续过程及操作具体要求是大家要重点掌握的内容。全塑电缆的接头封合方法一般均采用热缩管法，因为它具有密闭性能良好、操作比较简单等特点，其具体操作过程和技术要领是我们学习的重点。

7. 光缆的接续由内到外分为三个部分：盒内接续部分、护套支撑部分和密封部分，其中后两部分是由接头盒生产厂家已做好的，而盒内的接续主要是光纤接续、加强芯连接和金属护层连接等。光缆的接续流程及光纤的接续流程是大家必须重点掌握的。

习题与思考题

一、判断题(对的打 √，错的打×)

1. 布放管道电缆时，缆盘应与穿放电缆管孔应处于同一侧。(　　　)

2. 水泥管是碱性的，对电缆的塑料护套有腐蚀作用。(　　　)

3. 人孔主要用于支线，手孔主要用于干线。(　　　)

4. 通信管孔群中布放电缆的原则是"先侧后中，先上后下"。(　　　)

5. 人孔口腔的壁厚一般为 24 cm。(　　　)

6. 本地网架空通信线路与市内街道平行时的最小垂直净距是 4.5 m。(　　　)

7. 无论是主干电缆还是配线电缆在做电缆接头时均应将电缆屏蔽层予以连通。(　　　)

8. 在驻地网工程施工中，布放管道电缆时不必区分 A、B 端。(　　　)

9. 在驻地网工程施工中，布放的管道电缆应放在人孔电缆支架的托板上，但可不必用扎带绑扎固定。(　　　)

10. 全塑电缆芯线接续时，各单位束的扎带应缠紧，并保留在单位束的根部。(　　　)

11. 用于电缆接头封合的热缩管的性能是热缩冷胀。(　　　)

12. 进行光缆的吹缆作业时，非作业人员必须远离吹缆设备，防止硅芯塑料管爆裂、缆头回弹伤人。(　　　)

13. 吹缆收线时，若确因工作需要，人孔内可以站人。(　　　)

14. 因地形所限，吹缆设备可以放在高低不平的地面上。(　　　)

15. 与吹缆作业中的空压机相连的外部管线及软管，无论何时均可随空压机一起移动。(　　　)

16. 光缆施工时的允许弯曲半径应至少大于光缆外径的 15 倍。(　　　)

17. 光纤接续人员必须经过严格培训，取得合格证明后方可上岗操作。(　　　)

18. 在工地上滚动光缆盘时的滚动方向必须与光缆的盘绕方向(箭头方向)相同。(　　　)

19. 切断光缆时不可以使用钢锯。(　　　)

20. 当手头没有光纤一次涂层剥除器时，可用剃须刀片去除光纤的一次涂层。(　　　)

21. 障碍历时：从设备维护交出线路障碍开始计算，至线路修复或倒通并经设备维护验证可用时为止。(　　　)

22. OTDR 在光缆有无光时都可以使用。(　　　)

23. 光缆的加强芯与接头盒的连接应牢靠，以确保有可靠的连接强度。为避免强电影响，加强芯做电气连通。(　　　)

24. 障碍处理中介入或更换的光缆，其长度一般应不小于 50 m，尽可能采用同一型号的光缆，单模光纤的平均接头损耗应不大于 0.1 dB/个。(　　　)

25. 光缆引入采用在终端杆或机房墙壁做盘留架进行盘留，也可在铁塔或机房房顶盘留。(　　　)

26. 水泥杆埋深要达到的标准，8 m 杆一般为 1.5 m，软石 1.3 m，坚石不低于 1.2 m，10 m 杆 1.6 m～1.8 m，最低 1.5 m。(坚石)杆根夯实。(　　　)

27. 新建光缆杆路建设原则上满足 50 m/杆挡(1 kg 20 根电杆)，如地形障碍不能满足，则在邻近杆挡进行调整，以满足平均杆距 60 m 的要求。( )

28. 吊线检修，要检查吊线终结，吊线保护装置及吊线的锈蚀情况，每隔 8 年检查一次吊线垂度，更换损坏的挂钩，并经常整理。( )

29. 在光缆终端重新熔接时连接设备的尾纤可以断开也可以不断开。( )

30. 由于光纤不怕水，在施工中光缆接头密封可以要求不严格。( )

31. 进入机房内的光缆成端后应在机房内予留。( )

32. 子管在两人(手)孔间的管道段内可以有接头。( )

33. 终端杆立起后，杆身应向张力反侧(拉线侧)倾斜 20 cm～30 cm。( )

34. 迁改工程中和更换光缆接头盒时单模光纤的平均接头损耗应不大于 1 dB/个。( )

35. 光缆接头盒内金属构件一般要作电气连通。( )

二、单选题

1. 在吊线程式"7/3.0"中"3.0"表示( )。
① 吊线的半径为 3.0 mm
② 吊线的直径为 3.0 mm
③ 吊线中每股钢绞线的直径为 3.0 mm
④ 吊线中每股钢绞线的半径为 3.0 mm

2. 地下线缆路由穿越铁路时，应采用( )作业。
① 引上架空法　② 顶管法　③ 隧道法　④ 槽道法

3. 通信用的水泥管道管孔直径多数为( )mm。
① 110　② 100　③ 90　④ 80

4. 水泥管管群的基础厚度一般为( )cm。
① 12　② 10　③ 8　④ 6

5. 通信人孔内的净空一般为( )m。
① 2.0　② 1.5　③ 1.8　④ 1.2

6. 室外架空线路中，挂钩的标准间距为( )。
① 40 cm　② 50 cm　③ 60 cm　④ 70 cm

7. 布放远端模块局到分局间的中继电缆时，电缆的 B 端应朝向( )。
① 远端模块局　② 分局　③ 用户　④ 交接箱

8. 全塑电缆中包带的主要作用是( )。
① 增加机械强度　② 便于成缆　③ 防潮　④ 增加电缆韧性

9. 若新买回的电缆护套两端标有红、绿点，则绿点表示( )。
① 充油　② 充气　③ A 端　④ B 端

10. 用模块式接线子进行芯线接续时的卡线方法是( )。
① A 左 B 右　② A 右 B 左　③ A 左 B 左　④ A 右 B 右

11. 在布放光缆时应尽量整盘布放，其目的是( )。
① 防止损坏光缆　② 减少接头数量　③ 节省投资　④ 利于光缆盘放

12. 采用机械牵引方式布放光缆时，牵引的最大速度为( )m/min。
① 10　② 15　③ 20　④ 25

13. 穿放光缆的塑料子管内径至少应为光缆外径的(　　)倍。

① 1.0　　　　　　② 1.5　　　　　　③ 2.0　　　　　　④ 2.5

14. 设测得某光纤由 A→B 和由 B→A 的损耗值分别为 0.1 dB 和 0.15 dB，则这根光纤的损耗值为(　　)dB。

① 0.25　　　　　② 0.1　　　　　③ 0.15　　　　　④ 0.125

15. 墙壁光缆吊线支撑物间间距应为(　　)m。

① 8～10　　　　② 7～10　　　　③ 6～10　　　　④ 5～10

16. 布放光缆时，牵引力应加在(　　)上。

① 光缆　　　　② 外护层　　　　③ 涂覆层　　　　④ 加强芯

17. ODF 是(　　)。

① 法兰盘　　　　　　　　　　　② 光纤分配架

③ 光分路器　　　　　　　　　　④ 局内电缆总配线架

18. 直埋光缆中的金属构件在光缆接续时应予(　　)。

① 电气连通　　　　　　　　　　② 机械连通(电气不通)

③ 不予连通　　　　　　　　　　④ 剪断去掉

19. 布放光缆时，一次牵引的光缆长度应不大于(　　)m，否则应采取盘"∞"字分段引。

① 1000　　　　② 2000　　　　③ 500　　　　④ 100

20. 若光缆外径为 15 mm，则应选用的挂钩程式为(　　)。

① 25　　　　　② 35　　　　　③ 45　　　　　④ 55

21. 迁改工程中和更换光缆接头盒时单模光纤的平均接头损耗应不大于(　　)。

A. 0.1 dB/km　　B. 0.02 dB/km　　C. 0.3 dB/km　　D. 0.05 dB/km

22. 障碍处理中介入或更换的光缆，其长度一般应不小于(　　)m。

① 50　　　　　② 100　　　　　③ 200　　　　　④ 300

23. 目前我国用量最大的光缆类型为(　　)。

① G.652　　　　② G.653　　　　③ G.654　　　　④ G.655

24. 光缆线路发生障碍时，应遵循"(　　)"的原则。

① 先抢通、后修复　　　　　　　② 先修复、后抢通

④ 边抢通、边修复　　　　　　　③ 修复过程中抢通

25. 光纤的主要成分是(　　)。

① 电导体　　　　② 石英　　　　③ 介质　　　　④ 塑料

26. 单模光纤以(　　)色散为主。

① 模式　　　　② 材料　　　　③ 波导　　　　④ 偏振膜

27. 下列光缆结构形式中，(　　)式光缆以其施工和维护抢修方便、全色谱等优点在国内用的比较广泛。

① 松套管层绞式　　② 中心束管式　　③ 骨架式　　④ SZ 绞式

28. GYTS 表示(　　)。

① 通信用移动油膏钢-聚乙稀光缆　　② 通信用室(野)外油膏钢-聚乙稀光缆

③ 通信用室(局)内油膏钢-聚乙稀光缆　　④ 通信用设备内光缆

29. 一般规定局进线室内光缆预留长度是(　　)。

① 30 m～50 m　　② 20 m～50 m　　③ 30 m　　④ 15 m～20 m

30. 光缆跨越大河或高速公路时要用余留架盘好,一般留(　　)m 时用两个余留架,并使光缆盘放整齐牢固。

① 20～30　　② 30～40　　③ 40～5　　④ 50～60

31. 光缆跨越公路一般柏油路应不低于(　　)m,乡村土路应不低于(　　)m。

① 4.5　5.5　　② 5.5　4.5　　③ 6　5

32. 双方拉线(防风拉):直线杆路每隔(　　)做一双方拉线。

① 20 档　　② 12 档　　③ 10 档　　④ 8 档

33. 杆距超过 80 m 时应安装辅助吊线,安装辅助吊线的两端电杆应做(　　)。

① 双方拉线　　② 三方拉线　　③ 四方拉线　　④ 终端拉线

34. 光缆在电杆上分上下两层架挂时,光缆间允许的隔距标准是(　　)。

① 0.35 m　　② 0.45 m　　③ 0.5 m　　④ 0.55 m

35. 两条光缆同挂时选用(　　)mm 以上的光缆挂钩。

① 25　　② 35　　③ 55　　④ 45

36. 光缆在下列哪些地方不需要进行蛇皮软管保护(　　)。

① 管道光缆通过人孔时　　　　　　② 架空光缆经过电杆时

③ 管道光缆引上时　　　　　　　　④ 架空光缆与供电下户线路交越时

37. 线路巡视过程中,发现挂钩不均匀时,应予以整治,根据规范规定,光缆挂钩的托挂的间距为(　　)。

① 0.35 m　　② 0.45 m　　③ 0.5　　④ 0.55 m

38. 根据维护规程,线路维护与设备维护的界限为(　　)。

① 移动公司基站机房外墙　　　　　② 铁塔

③ 移动基站机房传输设备　　　　　④ 移动光缆进入机房后的第一个连接器

39. 当人(手)孔表面低于路面或地表面 10 cm 以上时要长井脖,当井脖大于(　　)cm 时要长上覆。

① 30　　② 40　　③ 50　　④ 60

40. 下面说法正确的是(　　)。

① 子管可以跨井敷设　　　　　　　② 子管应超出第一根光缆搁架 150 mm

③ 子管在管道内可以有接头　　　　④ 子管管孔可以不封堵

三、综合题

1. 吊线的接续方法有哪几种? 分别用于什么情况? 怎么做法? 请画图说明。

2. 详述模块式接线子的结构、接线原理及操作步骤。

3. 管道为什么要有一定的坡度? 常用人孔和手孔有哪些类型? 分别用于什么场合?

4. 图 5-93 所示为"××架空杆路施工图"的一部分,请回答下列问题:

(1) 统计架设里程和新立电杆数量。

(2) 在图上标明拉线的各种施工形式并简述每种施工形式的特点。

(3) 说明该线路的入局方式及穿墙时的技术处理要求。

(4) 说明从电杆 P022#到 P023#杆挡中吊线在建筑物上的固定方法和技术要求。

5. 请画图说明通信光缆接续流程。

6. 请回答有关热缩管封合电缆接头的下列问题：

(1) 解释热缩管型号"RSB-90/30-500"之含义。

(2) 说明以下部件的功用：

① 叉指形内衬；② 不锈钢锁口夹条；③ 隔热铝带；④ 分支夹；⑤ PVC 胶带。

(3) 简述一字形接头的封合步骤。

7. 仔细观察图 5-94，然后回答以下问题：

(1) 这是什么图纸？请准确说出图纸名称。

(2) 说明图中各种符号之含义。

(3) 说明新建管道施工工序和技术要领。

(4) 说明交接箱的施工形式、施工工序与技术要求。

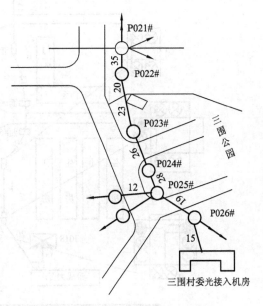

图 5-93　××架空杆路施工图

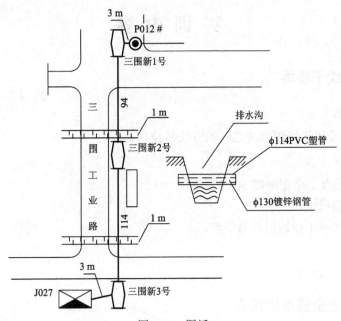

图 5-94　图纸

8. 图 5-95 为"××管道线路施工图"的一部分，请回答下列问题：

(1) 这是什么图纸，准确说出图纸名称。

(2) 在图中标明各符号之含义。

(3) 工程中使用的手孔是什么类型？请说明其施工工序与技术要求。

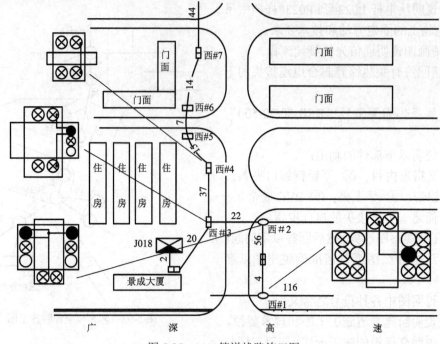

图 5-95 ××管道线路施工图

实 训 内 容

一、模块式接线子接续

1．实训目的

掌握模块式接线子接续电缆芯线的方法与技巧。

2．实训器材

(1) 100 对或以上全塑电缆 50 m 以上。

(2) 模块式接线子。

(3) 模块式接线子接续机具若干套。

3．步骤

参见本教材 5.6.2 节。

二、热缩管封合全塑电缆接头

1．实训目的

掌握热缩管封合全塑电缆接头的方法与技巧。

2．实训器材

(1) 50 对全塑电缆 50 m 以上。

(2) 扣式接线子。

(3) 热缩管组件。

(4) 喷灯或气焊枪。

3. 步骤

参见本教材 5.6.3 节。

三、光缆接续与接头盒安装

1. 实训目的

掌握光缆接续与接头盒安装的方法与技巧。

2. 实训器材

(1) 6 芯或以上光缆 50 m 以上。

(2) 光缆开剥工具。

(3) 光纤端面制作工具。

(4) 光纤熔接机。

(5) 室外光缆接头盒。

3. 步骤

参见本教材 5.7 节。

第6章　通信线路的测试与维护

由于大自然的变化及人为因素的影响，会使通信线路的光、电特性发生变化，如绝缘电阻下降、串音、地气(芯线碰地)甚至断线、光纤衰减增加等，这些都将严重地影响通信质量。我们必须用先进的仪器和科学的手段，迅速、准确地确定故障性质及地点，并进行修复，以保证良好的通信质量，这就是电气测试的目的。

电气测试的作用是通过科学地分析和良好的测试手段保证线路设备光、电特性合乎技术标准，经常处于稳定和良好的工作状态，发生障碍后及时判断障碍性质和位置，缩短障碍历时，从而保证和提高通信质量。

随着宽带数据业务的不断发展以及新业务的层出不穷，本地线路网络的维护测试尤显重要，这主要表现在两个方面：

(1) 测试数据要求更加准确，这就要求测试手段更加多样，测试仪器更加精确。

(2) 测试参数更加多样，测试面更宽更广。

这就要求我们对测试工作引起高度重视，不能再停留在过去那种电话业务的"粗犷"式维护测试水平上，而应该更加精细准确，掌握更多的测试手段和方法。

电缆线路电气测试分类如下：

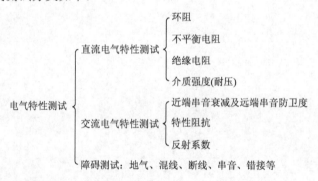

光缆线路的测试项目见表6-1和表6-2。

表6-1　竣工测试项目

单盘测试项目		竣工测试项目	
光特性	电特性	光特性	电特性
单盘光缆衰减	单盘直流特性	中继段光缆衰减	中继段直流特性
单盘光缆长度	单盘绝缘特性	中继段光缆长度	中继段绝缘特性
单盘光缆背向曲线	单盘耐压特性	中继段光缆背向曲线	中继段耐压特性
			中继段接地电阻

表 6-2　维护测试项目

项　目	周　期	备　注
接地装置和接地电阻测试	每年一次	雨季前
金属护套对地绝缘测试	全线每年一次	
光纤线路衰耗测试	按需	备用系统一年一次
光纤后向散射曲线测试	按需	备用系统一年一次
光缆内铜导线电特性测试	每年一次	远供铜线根据需要确定
光缆线路的故障测试	按需	发现故障立即测试

具体测试项目及测试周期、指标等请参见《本地网线路维护规程》。

6.1　用户电缆线路环阻及屏蔽层电阻测试

6.1.1　用户线环路电阻的测量

1. 环阻的概念

环路电阻又称回路电阻，简称环阻，它是指构成通信回路的 A、B 两线电阻之和，是电缆线路工程电气测试的重要内容。对环阻加以测量和限制是控制线路传输衰减、保证传输质量的重要措施。

2. 环阻的测量标准

全塑市话电缆线路的环阻值标准参见本教材表 1-7。表中所列的单根导线直流电阻最大值的两倍即为线对环阻值。

不同业务对环阻的要求不同。比如电话业务，对程控交换机用户线环阻限值为 2000 Ω (包括话机)，步进制交换机用户线环阻为 1000 Ω(不包括话机)，用户线环阻不能超过这些值，超过了就会造成信号的过大衰耗。此外，环阻也是检验线对是否工作良好的一个指标，若发现环阻值过小，则线路一定短路(自混)了，若环阻值趋于无穷大，则表示线对已经开路(断线)了。又如，对于 ADSL 等宽带业务，要求环阻值在 900 Ω 以下。

3. 环阻的测试仪表

1) 数字万用表

数字万用表是大家非常熟悉的仪表，因为在其他的专业基础课程中已经学过，在此不再重复。但要告诉大家的是，用万用表测试出来的环阻值是个粗略值，往往存在较大的误差，作为粗略估算可以，作为障碍定点则不行。环阻的准确测量仪表是 QJ45 型电桥。

2) QJ45 型电桥

QJ45 型电桥又称 QJ45 型线路故障测试器(因为以前它的主要功能是测试障碍而不是测环阻等直流参数)，是通信线路施工维护中使用最为广泛的仪表，它既可以用于直流测试，也可以用于交流测试。QJ45 型便携式线路故障测试器主要用途是以电桥测量原理组成各类回线测试线路，用以检测通信电缆线路中环阻、线条电阻及不平衡电阻等，由于仪器内附有工作电源和高灵敏度指示仪表(检流计)，其测量环阻的准确性要比万用表高得多。

QJ45 型电桥的面板如图 6-1 所示，图中各键的作用说明如下：

RX1 和 RX2 端子——连接被测电阻或导线。

BA——外接电源通断开关，当 BA 置"外"表示表头内电源已断开，应使用外接电源；当 BA 置"内"时表示此时使用表内(背板里 3 节 1 号电池)电源。

B$^+$、B$^-$——外接电源输入端，须与 BA 配合动作。

GA——外接检流计通断开关，这是为了保护高灵敏度检流计而设置的，使用同 BA。

G$^+$、G$^-$——外接检流计接线柱，须与 GA 配合动作。

BR——比较臂引出端子，外接比较臂(电阻箱)时使用。

BO——电源通断按钮，使用时与 G0.01～G1 配合使用，按下去表示接通，松开后自动弹起，电源切断，以保护高灵敏度的表头——检流计。

G$_{0.01}$，C$_{0.1}$，G$_1$——检流计粗细按钮，(即分流按钮)结构同 Bo，但要注意的是，C$_{0.01}$→G$_1$ 表示由粗→细，使用时由粗调至细，发现指针打满，应马上松手，以免检流计长时间流过电流而烧坏。

×1，×10，×100，×1000——比较臂，用来调整电桥，使之平衡。

M1000，M100，M10，$\dfrac{1}{1000}$～100——比率臂，其中 M1000、M100、M10 表示使用茂莱法时的可变比例臂法时的电阻值，其他为伐莱法(固定比法)和普通电桥法时比率臂值，测试环阻时茂莱法不用。

R·V·M(S$_1$)——功能转换开关，R 表示普通惠斯登电桥法。V——伐莱法(固定比例臂法)；M——茂莱法(可变比例臂法)。

GO——高灵敏度的表头检流计，使用时一定注意保护表头检流计，若不平衡电流比较大，则可采用外接检流计的方法。

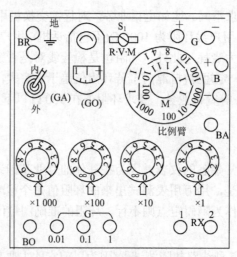

图 6-1　QJ45 型线路故障测试器

4. 环路电阻的测量方法

1) 环路电阻的测试原理

环路电阻的测试原理电路如图 6-2 所示，它实际上就是惠斯登电桥。

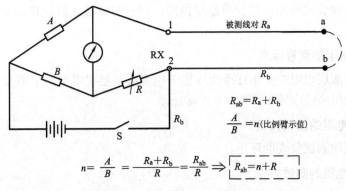

$$n = \frac{A}{B} = \frac{R_a + R_b}{R} = \frac{R_{ab}}{R} \Rightarrow \boxed{R_{ab} = n \cdot R}$$

图 6-2　环阻测试原理图

2) 用 QJ45 测环阻时的具体操作方法

(1) 将 3 节 1 号电池装入 QJ45 电桥背面的电池盒内，注意极性不要接错，放平电桥不能有摆动(放止指针因重力而误动)，并盖好电池盖。

(2) 将 QJ45 的量程变换开关置"R"位置(因为这是测普通电阻)，并调整检流计表头，使指针指"0"。

(3) 将被测回路的两芯线 a、b 分别接至 RX1 和 RX2 端子上，对端用废弃的芯线短连，如图 6-3 所示。

(4) 根据被测芯线的长度、线径及标称电阻值(见表 1-7，数值要求记忆)，估计出被测环路电阻值的范围，从而确定比例臂的位置。

(5) 按"0.01—0.1—1"的顺序同时按下 G 和 BO 按钮，并同时调节比较臂至检流计指向"0"为止，要注意一旦指针打表，只要看清偏转方向后，马上将手松开，以免表头长时间通过不平衡电流而烧坏。

(6) 读出此时电桥面板上比较臂(R)和比率臂(n)之值，则环阻 $R_{ab} = n \cdot R(\Omega)$，测试完毕。(注：环阻测量时可精确到小数点后两位。)

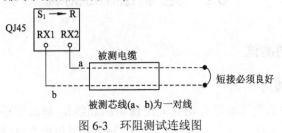

图 6-3　环阻测试连线图

6.1.2　通信电缆屏蔽层电阻的测试

1. 屏蔽层电阻的概念

全塑电缆的屏蔽层采用 0.15 mm 的铝带，如果不接地，其屏蔽效果会很差。因为全塑电缆的外护套采用塑料，即使埋在土壤中也与大地绝缘，外部感应到金属屏蔽层上的电流只能在屏蔽层接地处流出，所以保证全塑电缆屏蔽层连接良好并接地有十分重要的作用。在我国曾多次发生雷击全塑电缆的故障以及因屏蔽层没有良好接地而影响对号等现象。

根据电阻定律公式可知,尽管屏蔽层很薄,但它的横截面面积却很大,所以其阻值是很小的。

2. 屏蔽层电阻的测量标准

全塑电缆屏蔽层电阻的大小标准为:主干电缆屏蔽层电阻平均值不大于 2.6 Ω/km;配线电缆屏蔽层电阻(绕包除外)不得大于 5 Ω/km。

3. 屏蔽层电阻的测试仪表

屏蔽层电阻的测试仪表同环阻。

4. 屏蔽层电阻的测试方法

这里为大家介绍屏蔽层电阻的准确测试方法——(采用 QJ45 电桥)三次测量法,如图 6-4 所示。分三次测,第一次测量 a、b 两芯线的环阻;第二次测量屏蔽层与 a 线电阻之和;第三次测量 b 线与屏蔽层电阻之和。于是:

$$R_{屏} = \frac{(a线与屏蔽层电阻) + (b线与屏蔽层电阻) - (ab线环阻)}{2} \tag{6-1}$$

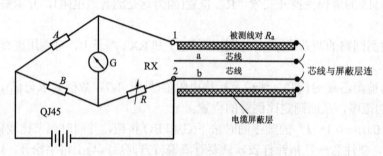

图 6-4 全塑电缆屏蔽层连通电阻测试

6.2 绝缘电阻的测试

6.2.1 通信电缆的测试

1. 绝缘电阻的概念

通信电缆线路中的绝缘电阻包括线间绝缘电阻和线地(屏蔽层)间绝缘电阻两种。绝缘电阻是指两芯线间或芯线与地之间的绝缘层(如塑料)电阻与填充物(油膏或空气)电阻之和,是通信线路的分布参数之一。

绝缘电阻测试和环路电阻测试一样,是通信电缆线路电气测试的重要内容之一。

2. 绝缘电阻测量标准

全塑市话电缆绝缘电阻标准:非填充型聚乙烯芯线绝缘电阻单根芯线对地、线间不低于 6000 MΩ·km;填充型聚乙烯电缆线间、线地不低于 1800·MΩ·km;聚氯乙烯绝缘电缆线间、线地绝缘电阻不低于 120 MΩ·km,测试条件为温度 20℃,湿度不大于 80%。

3. 绝缘电阻测试仪表

1) 选用仪表要求

测线间绝缘电阻时，应使用 500 V，量程不小于 1000 MΩ 的兆欧表进行；测试连有分线设备或总配线架有保安弹簧排的电缆时，应使用不超过 250 V 的兆欧表。

2) 绝缘电阻测试仪表——兆欧表

兆欧表俗称摇表，其外形如图 6-5 所示，主要由表头、手摇直流发电机、E 接线柱、L 接线柱及保护环 G 等构成。

兆欧表的工作原理电路如图 6-6(a)、(b) 所示，图中，D——手摇直流发电机；R_A——保护电流线圈的限流电阻；L_A——电流线圈；L_V——电压线圈；R_V——保护电压线圈的限流电阻；L_Z——零点平衡线圈；L——线路接线；L_I——无限大平衡线圈；E——接地接线柱。图(a)为电路图(图中磁路部分未绘出，关于磁场对指针偏转的作用也从略)，图(b)是它的等效电路图。

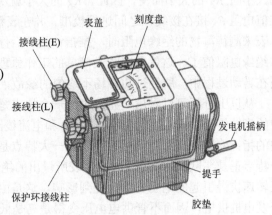

图 6-5　兆欧表的外形

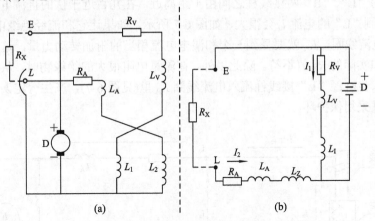

(a)　　　　　　　　　　(b)

图 6-6　兆欧表原理电路示意图

图中电压线圈 L_V 和电流线图 L_A 实际上是装在永久磁铁的两个磁极中间，并且互相保持一定的角度而固定在同一转轴上，可以自由旋转。轴的上端装有电表指针。这两个线圈由于它们的绕线方向不同，当有电流通过时，根据左手定则，两线圈所产生的力矩方向彼此相反。设计时是使电压线圈有电流时带动指针按逆时针方向偏转，电流线圈有电流时带动指针按顺时针方向偏转。

当 "L"、"E" 两接线柱间开路时，电流线圈 L_A 中没有电流，只有电压线圈 L_V 中有电流 I_2 通过，于是指针就按逆时针方向偏转到最大位置(这时指针最后静止下来是由于磁场设计上的安排)。把这一位置在刻度盘上刻上 "∞"。因外部开路就相当于外接被测物的绝缘电阻 R_x 为无限大的情形。

当两接线柱间短路时，因为只有在这种情况下通过电流线圈 L_A 的电流 I_1 最大，指针这时应该按顺时针方向偏转到最大位置，把这一位置在表盘上刻上"0"，因为外部短路就相当于外接绝缘电阻 $R_X = 0$ 的情形。

当外接被测的绝缘电阻为 0 与 ∞ 之间的任意数值时，连续摇动摇柄使直流发电机 D 供电，这时指针的停留位置显然要看通过这两个线圈(L_V 和 L_A)的电流相对的大小关系如何。也就是说，要由 I_1 与 I_2 的比值来决定。由于绝缘电阻 R_X 串联在电流线圈 L_A 的回路里，I_1 的大小随 R_X 的大小而变，因此，R_X 的大小就决定指针的位置。如果用各种已知大小的标准值电阻 R_X 接在接线柱之间进行校准，并在表盘上刻划出相应的刻度。反过来，应用这只电表来测待测物的绝缘电阻时，据指针偏转后停留的位置，便能从表盘刻度上直接读出未知绝缘电阻值了。这就是兆欧表简单的工作原理。至于兆欧表刻度不均匀，是由于电压线圈在转动过程中，所经过的磁场不均匀的缘故。

从以上分析可以看出，兆欧表的一个特点是不像一般电表那样靠游丝的扭力来使偏转中的指针停留，而是利用电压线圈 L_V 和电流线圈 L_A 所产生的互相相反的转动力矩使偏转中的指针停留下来。因此，兆欧表的一大特点是：不使用时，指针可停留在任何位置。这一特点正是兆欧表的优点，因兆欧表所量出的绝缘电阻 R_X 的读数，能基本上不因手摇发电机转速快慢引起的电压变化而受到影响。这是由于电流线圈与电压线圈已安排成由同一直流发电机供电，因而不管供电电压变得是高是低，I_1 与 I_2 之间总能保持一定的比值。

下面我们来看看兆欧表消除漏电流影响的原理。

兆欧表的"L"、"E"两接线柱之间由于距离近，在几百近千伏的直流电压作用下，直接从"E"漏到"L"的电流 i_a 会很大，如图 6-7 所示。如果让它和流经绝缘电阻 R_X 的电流 I_1 一同流入电流线圈，L_A 就要受到一个和漏电流相当的附加转动力量，这样就会使指针所指的读数和实际的 R_X 值不符。除此以外，在测量电阻很大的绝缘物时，从绝缘物表面漏过去的电流 i_b 也会经"L"接线柱流入电流线圈 L_A 里(见图 6-7)，产生一定误差，解决这个问题的办法是采用保护环。

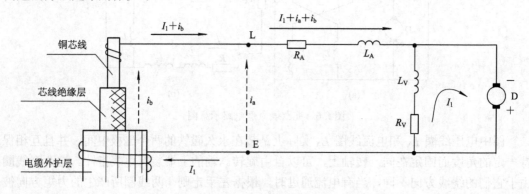

图 6-7　漏电电流的两条途径

保护环 G 的作用如图 6-8 所示。有了保护环后，由于它和发电机的负极相连，两处漏电流 i_a 和 i_b 都会由保护环直接流回发电机负极，而不再经过电流线圈 L_A，当然也就不会影响绝缘电阻 R_X 的读数了。

在实际的兆欧表上，保护环 G 为一半圆形的金属罩，罩在 L 接线柱上，但并不和 L 接线柱接触连通。

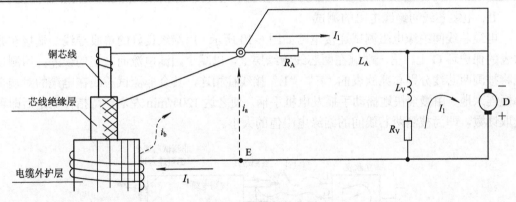

图 6-8　保护环的作用

4. 绝缘电阻的测量方法

1) 测量前的准备工作

Ⅰ. 摆平兆欧表

测量前必须选择平坦的地方把表摆平，以消除重力对测量所产生的误差。若不平，L_A、L_V 上的重力力矩将不能互相抵消。

Ⅱ. 连接测量引线

测量前用两根引线，把被测对象连到兆欧表的 "L"，"E" 接线柱上去。其中 "E" 为接地接线柱，必要时要连接接地装置或电缆屏蔽层。

如果使用 "G" 保护环，还必须另外准备一条测量引线，将保护环与相关绝缘层相连接。

Ⅲ. 开短路实验

当表的接线柱上已连接好测量引线，在兆欧表不连接任何被测物两引线开路时，转动手摇发电机，并使之转速达 120 r/min，看指针是否指向 "∞"。当两引线短路，摇动发电机时，看指针是否指向 "0"。经过开、短路实验证明是指向 "∞" 和 "0" 的，则说明表是好的，可以用，否则说明仪表失灵，要进行检修。

2) 具体测量方法

Ⅰ. 芯线对地绝缘电阻的测试

芯线对地绝缘电阻的测试连线图如图 6-9 所示。被测芯线对端必须腾空。用单股绝缘导线一根，一端连在兆欧表的保护环 G 上，另一端缠在被测芯线绝缘层上，以减少因漏电流而引起的测试误差。用测试线将兆欧表的 E 端子接电缆屏蔽层；用测试线将被测芯线与兆欧表的 L 接线柱相连。慢慢摇动手柄，最后使转速达 120 r/min 左右，待表针稳定后从表头读取 R_x 之值，即为被测绝缘电阻的电阻值。

这里要说明的一点是，在 YD/T322 标准中，并没有连接保护环 G 与芯线绝缘层，因为工程测试中漏电流的影响一般是忽略不计的。

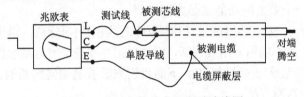

图 6-9　线地间绝缘电阻测试连线图

II. 电缆芯线间绝缘电阻的测试

电缆芯线间绝缘电阻测试连接电路如图 6-10 所示，用绝缘良好的单股导线一端接在兆欧表的保护环 G 上，另一端缠在两芯线绝缘层上，以减少因漏电流而产生的误差；用测试线将被测两芯线分别与兆欧表的 "E"、"L" 接线柱相连，其余非测试芯线在电缆的对端全部短连入地。由慢至快地摇动手摇发电机手柄，使之达 120 r/min 左右，待指针稳定后即可读取读数，即为被测两芯线间的绝缘电阻值的大小。

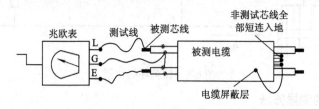

图 6-10　线间绝缘电阻测试连线图

III. 测试数据的处理

测试线间、线地绝缘电阻的目的是要检测它们是否符合前述标准。在前述标准中，绝缘电阻值的单位均为 MΩ·km，而在测试中得到读数为 MΩ，二者怎么比较呢？我们采取如下办法。

设被测电缆长度为 L(km)，实测值为 R_x(MΩ)，则换算成标准值后为

$$R = R_x \cdot L(\text{MΩ} \cdot \text{km}) \tag{6-2}$$

设标准绝缘电阻值为 $R_标$，则 $R \geqslant R_标$ 为合格，否则为不合格，即绝缘降低或短路等。

例 1　已知一条长为 800 m 的市话电缆，用兆欧表测得其线间绝缘电阻值为 2300 MΩ，而这种电缆线间标准绝缘电阻为 2000 MΩ·km，问该电缆的绝缘电阻是否符合标准？

解　因为

$$R_x = 2300 \text{ MΩ} \qquad L = 800 \text{ 米} = 0.8 \text{ km}$$

所以

$$R = R_x \cdot L = 2300 \times 0.8 = 1840 \text{ MΩ} \cdot \text{km}$$

则

$$R_标 = 2000 \text{ MΩ} \cdot \text{km}$$

$$R < R_标$$

即该电缆的绝缘电阻不符合标准，有绝缘降低的现象出现。

从该例题中我们可以清楚地看出，当被测电缆越短时，其所测出的绝缘电阻就越大(这是为什么？请大家课后思考)。正因如此，当我们在实验室用 500 MΩ 的兆欧表测短、断全塑电缆的绝缘电阻时，往往无法读出具体数值，指针总是指在 "∞" 处，即满偏。

IV. 判断芯线障碍的方法

兆欧表的另外一个重要的功能就是判断障碍。

电缆芯线有断线、地气(芯线碰地)和混线(即芯线短路)等障碍，由于电缆线路很长，加上芯线具有电阻，一般不能用万用表判断，而要采用兆欧表，因为兆欧表量程大，对 3000 Ω 以下用户电阻可以说无反应(指针指 0)。下面我们来看看是如何判断的。

(1) 断线障碍的判断方法。

如图 6-11 所示，A 端以不混线地气为原则呈疏散状态，兆欧表的"E"接线柱可接地也可与 2—3 根芯线相连(不可能这三根线均为断线，只要有一根不为断线就行)；B 端将芯线连成良好混线和地气状态(即全部短连入地)。从 A 端抽出一根，测试一根，若表针指"0"，则该线为好线，若指"∞"，则该线为断线。

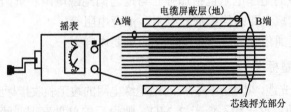

图 6-11　判断断线障碍的连线方法

(2) 地气和混线障碍的判断。

如图 6-12 所示，A 端将芯线连成良好混线和地气状态(即全部短连入地)；兆欧表的"E"接线柱也接地(电缆屏蔽层)，"L"接线柱接被测芯线，B 端以不混线地气为原则呈疏散状态。然后从 A 端的混线束中，抽出一根与"L"相连，测试一根，若表针指"0"则为坏线对；抽一根，测一根，等全部芯线测试完了以后，甩掉地线校测，以证明是地气还是混线等，再依障碍线对查找。

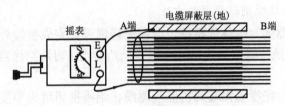

图 6-12　判断地气和混线障碍的连线方法

Ⅴ. 兆欧表使用注意事项

(1) 当绝缘电阻测试完了之后，所测的线对上还会带有较高的电压，会影响人身安全，因此应立即放电，其方法是将被测芯线碰触地气即可；

(2) 接线柱至被测物的引线，应使用绝缘良好的导线，以防产生误差；

(3) 摇动兆欧表时，"E"、"L"端子有较高的直流电压(转速越快，电压越高)，最高可达 1000 V 以上，应注意勿碰。

(4) 摇动手柄后速度不宜太快或太慢，一般要求是 90 r/min～150 r/min。不能开始摇得很快而后又慢下来，这样，开头输出了很高的电压，使被测的介质上充上高压，后来再减慢时，使绝缘介质上存在的高压反而比表输出电压高，这样容易使电流倒灌，结果会加大表针指示读数的误差。

(5) 测试较长段电缆时，表针不容易稳定下来，这时读数可取其平均值。

(6) 测试有电容量的机线设备时，如电缆芯线间的电阻，应多摇一会，使芯线充满电后再取读数。

(7) 测试使用线对时，一定要将配线架上或分线箱里的避雷器甩开，以免击穿，造成地气故障。

6.2.2　通信光缆的测试

1．绝缘电阻的概念

通信光缆线路中的绝缘电阻包括加强芯与地之间绝缘电阻和屏蔽层与地之间绝缘电阻两种。绝缘电阻的构成主要是绝缘护套电阻、油膏电阻等。

绝缘电阻测试是通信光缆线路电气测试的重要内容之一。

2．绝缘电阻测量标准

单盘直埋或管道光缆，其金属外护层对地绝缘电阻的竣工验收指标应不低于 $10\,\text{M}\Omega\cdot\text{km}$，其中，暂允许 10%的单盘光缆不低于 $2\,\text{M}\Omega$。敷设后的单盘直埋或管道光缆，其金属外护层对地绝缘电阻的维护指标应不低于 $2\,\text{M}\Omega$。

3．绝缘电阻测试仪表

通信光缆线路绝缘电阻的测试仪表同电缆线路，都是使用兆欧表或高阻计。

4．绝缘电阻的测量方法

1) 测量前的准备工作

测量前的准备工作同电缆线路。

2) 光缆线路对地绝缘测试要求与方法

(1) 直埋光缆线路的对地绝缘指标，应在光缆埋设并完成接续后于竣工验收和日常维护中通过光缆线路对地绝缘监测装置进行测试。光缆线路对地绝缘监测装置应与光缆中的金属构件相连接。

(2) 光缆线路对地绝缘监测装置由监测尾缆、绝缘密闭堵头和接头盒进水监测电极组成。其中，监测尾缆和绝缘密闭堵头应安装在每个光缆接头点的监测标识内；进水监测电极安装在接头盒的内底壁上。无监测电极时，将光缆监测线对中的两根空余线(5、6 号)分开后，放在接头盒底部。

(3) 直埋光缆线路对地绝缘电阻测试，应根据被测电阻值的范围，按仪表量程确定使用高阻计或兆欧表。选用高阻计($500\,\text{V}\cdot\text{DC}$)测试时，应在 2 分钟后读数；选用兆欧表($500\,\text{V}\cdot\text{DC}$)测试时，应在仪表指针稳定后读数。这里要说明的一点是，高阻计适宜于绝缘电阻较大时的测试，但在低阻值时有盲区；兆欧表适宜于绝缘电阻较小时的测试，最低可到零。施工过程中，光缆线路对地绝缘指标一般较高，故高阻计比较适宜。维护过程中当光缆线路对地绝缘指标仍保持为高阻值时，应采用高阻计进行测试；当光缆线路对地绝缘指标降到数兆欧及以下时，用兆欧表测试比较适宜。

(4) 对地绝缘电阻的测试，应避免在相对湿度大于 80%的条件下进行。

(5) 测试仪表引线的绝缘强度应满足测试要求，且长度不应超过 2 m。

(6) 直埋光缆线路对地绝缘监测装置缆线连接方法见如图 6-13 和图 6-14 所示。对地绝缘监测装置缆线的连接应符合以下要求：

① 监测尾缆的芯线与光缆金属护层应电气连通，接续良好；

② 接头盒进水监测电极可用 PVC 塑料胶粘结在接头盒内底壁上，其位置应不影响接头盒的再次开启使用；

③ 采用非金属加强芯光缆时，监测尾缆 3、4 号芯线空置，线头做绝缘处理；

④ 监测尾缆在标石上线孔内应保持松弛状态，避免受力。

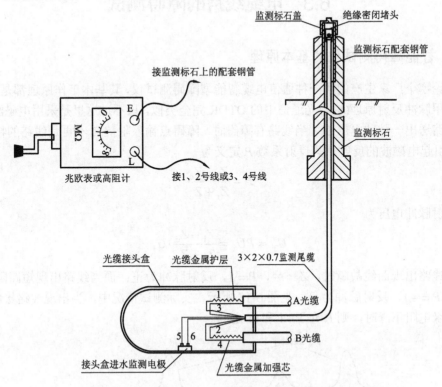

图 6-13 一端进出接头盒对地绝缘监测装置连接图

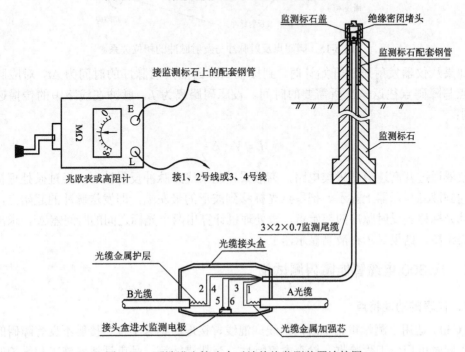

图 6-14 两端进出接头盒对地绝缘监测装置连接图

6.3　电缆线路的障碍测试

6.3.1　智能障碍测试仪的基本原理

无论哪个厂家生产的哪一种通信电缆智能型障碍测试仪,其基本工作原理都是一样的,即均采用脉冲反射原理(这与光通信中的 OTDR 完全类似,只不过这里是采用电磁波反射)。设向线路送出一脉冲电压 U_i,当线路有障碍时,障碍点输入阻抗 Z_i 不再是线路的特性阻抗 Z_c,而引起电磁波的反射,其反射系数 P 定义为

$$P = \frac{Z_i - Z_c}{Z_i + Z_c}$$

反射脉冲电压为

$$U_n = PU_i = \frac{Z_i - Z_c}{Z_i + Z_c} \cdot U_i$$

当线路出现断线故障时,$Z_i \to \infty$,$P = 1$,反射脉冲为正;而当线路出现短路障碍时,$Z_i = 0$,$P = -1$,反射脉冲为负,见图 6-15 所示。实际测试情况中,当出现线路接触不良,或者绝缘电阻下降时,则 P 介于 -1 和 $+1$ 之间。

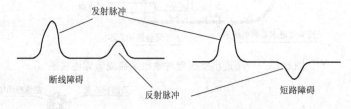

图 6-15　障碍点反射脉冲与发射脉冲的相位关系

如果从仪器发射脉冲开始计时,到接收到障碍点反射脉冲的时间为 Δt,对应脉冲在测量点与障碍点往返一次所需要的时间。设障碍距离为 L,脉冲在线路中的传播速度为 V,则:

$$L = V \cdot \Delta \frac{t}{2} \tag{6-3}$$

仪器通过其高速数据采集电路,离散采样记录线路脉冲反射波形,经过微处理机处理后,送到液晶显示器上显示。把零点光标移到波形的最左端,即发送脉冲的起始点,而把可移动光标移到反射脉冲的起始点,微处理机计算出两个光标之间的时间差 Δt,求出电缆的障碍距离,结果显示在液晶显示器上。

6.3.2　TC300 电缆智能障碍测试仪

1. 仪表的功能特点

TC300 适用于测量市话电缆的断线、混线、接地、绝缘不良、接触不良等障碍的精确位置;同时可用作工程验收、检查电气特性、查找错接等,是市话线路施工和维护的良好

工具, 其主要特点如下:

(1) 脉冲测试法和电桥测试法相结合, 可测试市话电缆的各种类型的障碍。

(2) 具有兆欧表、欧姆表功能, 可测试线路的绝缘电阻和环阻。

(3) 波形存储功能: 可以存储多达 10 个测试波形, 关机不丢失。

(4) 人机界面友好、直观, 易于学习和使用。

(5) 脉冲测试法具有手动测试与自动测试两种方式, 测试手段先进, 结果准确。

(6) 采用双极性脉冲发射技术, 提高了有效测试距离, 特别适合于测试大线对、细线径的全塑电缆。

(7) 采用大屏幕点阵式液晶显示器, 显示的图形、符号、数字清晰、具有背光功能, 能在不同光线条件下获得最佳显示效果。

(8) 仪器功能齐全, 有直接、比较、差分等功能, 以适应不同性质的障碍测试。

(9) 具有联机控制功能, 通过与计算机连接, 便于建立波形数据库及进行波形的自动识别等高级处理。

(10) 远程测试服务功能: 通过调制解调器(Modem)和电话线路与远程计算机相连, 实现异地测试功能, 使测试服务功能更加完善。

(11) 外形美观、体积小、重量轻, 便于携带。

2. 仪表结构

1) 实物结构

TC300 由主机、测试导引线、充电器、培训及联机软件、背包以及作为可选件的微型打印机和调制解调器(Modem)等几部分组成, 其实物图如图 6-16 所示。

这里要给大家特别说明的一点是, 关于它的测试引线和"平衡"、"差分"两种工作方式的基本原理。

仪器提供了"平衡"、"差分"和"电桥"三种工作方式, 测试导引线上有一个控制盒, 如图 6-17 所示, 盒上有一个控挡开关, 分别对应"平衡"、"差分"和"电桥"三种工作方式。控制盒上引出三组带鳄鱼夹式的测试线, 也与三种工作方式相对应。当需要工作在平衡方式时, 将开关打到"平衡"位置, 并使用对应的两条测试线; 当需要

图 6-16　TC300 实物图

用电桥工作方式时, 将开关打到"电桥"位置, 使用对应的三条测试线; 当需要差分工作方式时, 开关则打在中间位置, 指向"差分", 对应的两条测试线接良好线对, 这时"平衡"对应的两条测试线接障碍线对。

仪器能够自动检测开关位置, 转换工作方式。

在"差分"工作方式下, 仪器同时向障碍线对与良好线对发射脉冲, 如图 6-18 所示。两个电缆线对上信号相减后, 送入接收电路。假定障碍点以前两线对完全相同, 则接收到的波形只反应障碍点反射脉冲。该工作方式测得的波形非常直观, 易于判断。

在"平衡"工作方式下, 仪器在向被测电缆线路发射脉冲的同时, 也向内部平衡电路发射相同的脉冲, 如图 6-19 所示。调整内部平衡参数, 使其输入阻抗与被测电缆特性阻抗

相匹配，仪器发出的脉冲在被测电缆与内部平衡电路上产生的信号相同，二者之差为 0，接收电路上没有发生脉冲反应，而当障碍点反射脉冲到来时，内部平衡电路不起作用，信号全部加到接收电路上去，仪器接收到的波形只反应障碍点的反射脉冲。

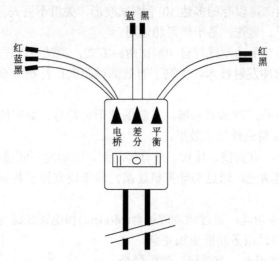

图 6-17　TC300 的测试引线

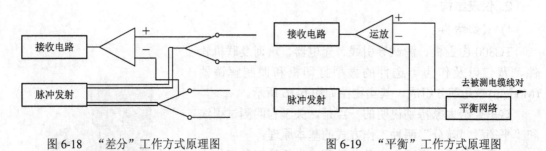

图 6-18　"差分"工作方式原理图　　　　　　图 6-19　"平衡"工作方式原理图

2) 面板结构

TC300 仪器的所有操作按键及接口都位于其面板上，面板结构如图 6-20 所示。

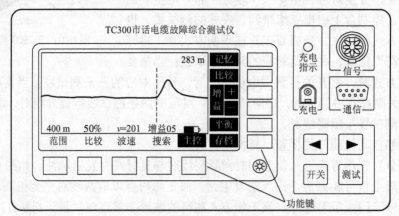

图 6-20　TC300 面板结构

(1) 液晶显示器，用来显示波形和各种操作信息，是人机对话的窗口。

(2) 功能软键，环绕液晶显示器的横排及竖排按键，用来配合液晶显示器上显示的菜单及选项功能，对仪器进行各种控制。

(3) "背光"键(液晶右下角正对黄色圆形键)，用来打开或关掉液晶显示器的背光系统。

(4) "开关"键，用来打开或关掉仪器电源。

(5) "测试"键，此键有两个功能，均用于测试。当需要单次测试时，按一下该键，仪器便完成一次测试，若连续按下该键一秒钟以上，仪器将进入自动测试工作方式。

(6) "◀"和"▶"为光标移动键，用来手动左右移动光标，对障碍点进行精确定位。

(7) "信号"插口，用来接测试导引线。

(8) "通信"插口，该口为串行口，可以接打印机进行屏幕拷贝，也可接计算机进行联机控制，或连接调制解调器(Modem)进行远程测试。

(9) "充电"插口，用来连接充电器，对仪器内可用充电池充电。

(10) "充电指示"，用来指示充电状态，指示灯持续亮表示正在充电，指示灯闪烁表示充电完成。

3. 技术指标

TC300 的主要技术指标如表 6-3 所示。

表 6-3　TC300 主要技术指标

脉冲测试法	最大测量范围	8 km	
	发送脉冲宽度	80 ns～10 μs 自动调节	
	测量精度	1 m	测量范围<2000 m
		8 m	测量范围>2000 m
	发送脉冲幅度及形状	30 V　单极性脉冲	测量范围<2000 m
		±30 V　双极性脉冲	测量范围>2000 m
	测量盲区	<1 m	
电桥测试法	可测故障电阻范围	0～30 MΩ	
	测试精度	±1%×电缆全长	
	测试电压	100 V	
	测量范围	9999 m	
其他参数	使用环境温度	−10℃～+40℃	
	体积	230×140×170 mm	
	质量	3 kg	

4. 测试使用方法

1) 脉冲测试法(对应"平衡"与"差分"两种方式)

Ⅰ. 操作界面

将测试导引线控制盒开关打到"平衡"或"差分"，仪器自动进入脉冲测试法界面。屏幕上的显示内容主要有波形、5 个菜单及相应的选择项。在范围、比例、波速菜单名的上方分别显示当前的范围、比例、波速度值以及光标距离、电池水平等。

下面分别说明 5 个菜单及相应的选择项。

(1) 范围菜单。用于选择测试范围(量程)。按"范围"键后,屏幕显示如图 6-21 所示。其选择项有 200 m、400 m、1 km、2 km、4 km、8 km。若要选择某一测试范围,只要按相应的选择键即可。

(2) 比例菜单。改变波形显示比例,对波形进行横向的放大和缩小。按"比例"键后,屏幕显示如图 6-22 所示。其选择项有:放大、缩小、复原。其功能为分别将以虚光标为中心的波形进行放大、缩小和恢复原状。

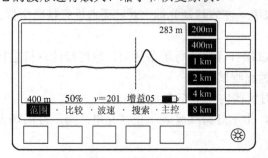

图 6-21　范围菜单　　　　　　　　　　图 6-22　比较菜单

(3) 波速菜单。选择电缆类型,确定测量时波速度。按"波速"键后,屏幕显示如图 6-23 所示。一般绝缘媒体——全塑、填充聚乙烯、充油、纸浆的波速分别为 201 m/μs、192 m/μs、160 m/μs 和 216 m/μs 等。

(4) 搜索菜单。自动测试完成后,用来从波形上自动查找可疑的故障点(以下称可疑点)位置。或者利用"搜索"菜单,在设定范围内进行波形测试,分析波形,找出可疑点位置,屏幕显示如图 6-24 所示。

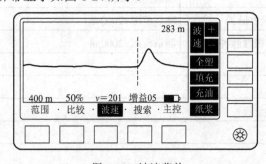

图 6-23　波速菜单　　　　　　　　　　图 6-24　搜索菜单

(5) 主控菜单。完成各种主要控制功能,主要用于手动测试。按"主控"键后,屏幕显示如图 6-25 所示。

Ⅱ. 连接电路图

首先使用平衡法,当得到的波形不好判断时,再用差分法。

将测试导引线控制盒上的开关打到右边"平衡"位置,用"平衡"二字相对应的两条测试线接故障电缆。线间故障(如自混)时,两测试线的夹子分别接故障线对的两条芯线,如

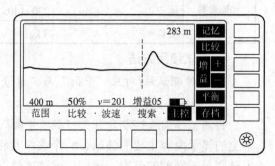

图 6-25　主控菜单

图 6-26 所示。地气障碍时, 分别接发生接地的芯线和地, 如图 6-27 所示。

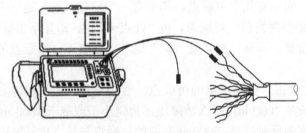

图 6-26　自混故障接线图

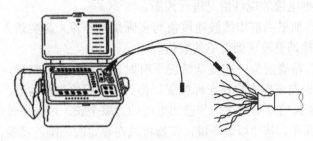

图 6-27　地气故障接线图

将控制盒开关打到中间"差分"位置, 将"差分"对应的蓝黑一组夹子接良好线对, "平衡"对应的红黑一组夹子接故障线对, 如图 6-28 所示。

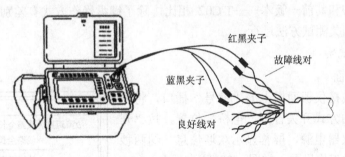

图 6-28　差分法接线图

Ⅲ. 自动测试

一般情况下可先进行自动测试, 因为自动测试也是最好作的测试, 此时机器自行测试。当情况比较复杂时, 再改用手动测试。自动测试结束后, 仪器给出几个可疑的故障点, 然后再根据电缆的具体情况(如电缆全长, 故障性质等)找到真正的故障点。

(1) 全自动测试。在任何情况下, 连续按下面板上的"测试"键一秒钟以上, 即可进入全自动测试状态。仪器将从小到大, 搜索每一个测量范围, 最后将距离最近的一个可疑点的波形、故障性质及故障距离显示出来, 如图 6-29 所示。

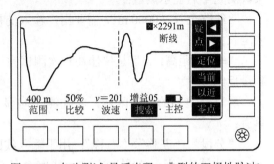

图 6-29　自动测试(最后出现一典型的双极性脉冲)

(2) 查看可疑点。全自动测试完毕后，仪器停在"搜索"菜单上，并在屏幕右上角显示一串"×"标记，表示有几个可疑点，其中有一个反显，表示这一个可疑点正在显示，如图 6-29 所示。如果要观察前一可疑点，按"疑点◀"键，即显示出前一个可疑点的波形、故障性质及距离等信息；同样，按"疑点▶"键可以观察下一可疑点的波形、故障性质及距离等信息。

(3) 排除虚假可疑点。仪器给出的可疑点，有些不是真正的故障点，需要人工排除。比如，已知电缆全长是 1000 m，那么故障距离肯定小于或等于 1000 m，1000 m 左右的可疑点可能是电缆的末端反射波形，2000 m 左右的可疑点是其二次反射波形，都不是故障点，需在实际测试中根据电缆的现场情况进行判断。

(4) 调整波速。如果当前电缆波速度值与实际情况不符，则要进入"波速"菜单，选择电缆类型，或直接调整波速到合适的数值。

(5) 微调光标，精确定位。在复杂情况下有时自动定位不够精确，可以通过面板上的左或右光标移动键向左或向右调整光标位置，得到更精确的测量结果。

(6) 已知电缆全长的自动测试。若已知电缆的大概全长，可以先设定仪器的测试范围，然后转到"搜索"菜单，按"以近"键，仪器将只在设定的范围内搜索，缩小可疑点范围，更易于判断。

Ⅳ. 手动测试

当线路情况比较复杂，自动测试不能找出正确的故障点时，需要进行手动测试。TC300 的手动测试方法和其前一版本——T-C02 相比，除了键盘操作方式有差别外，其余基本相同，请参照其相关测试方法进行。

2) 电桥测试法

Ⅰ. 操作界面

测试导引线接仪器面板上的"信号"插口，将导引线控制盒上的方式开关打到"电桥"位置，按"开关"键，打开仪器电源，屏幕显示欢迎信息，约两秒钟后，进入正常工作界面，如图 6-30 所示。

屏幕上显示如下：

"故障距离/线路全长：%"，是仪器的直接测量结果，测完毕后显示数值；

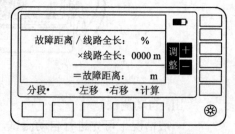

图 6-30　电桥方式操作界面

"线路全长 = 0000 m"，需要用户输入的被测电缆的全长；

"=故障距离：m"是仪器在一次测试完毕，用户输入线路长度以后，按"计算"键得到最后结果。

屏幕最上部的空白区域，将在测试时显示绝缘电阻值和环路电阻值。屏幕下部的菜单有：

"分段"、"左移"、"右移"：用于输入线路长度及分段情况。

"计算"：当一次测试完成、线路全长已经输入后，按"计算"键可以得到故障距离的值。

屏幕右部的两个"调整"键也用于输入线路全长。

Ⅱ．连接电路图

(1) 测量绝缘电阻。电桥测试附带有 100 V 兆欧表功能，可以测量线路的绝缘电阻，但不用作计量使用。导引线"电桥"的三条测试线中的黑色和红色(或蓝色)测试线可以用来进行兆欧表测试。例如要测试某一芯线对地绝缘电阻，将黑色夹子接地，红色或蓝色夹子接待测芯线，如图 6-31 所示。按"测试"键，片刻后，结果显示在屏幕最上部。以绝缘电阻为 1.2 MΩ 为例，如果是用红色和黑色夹子测试，那么显示为"红黑 1.2 M 蓝黑∞未环路"，如果用蓝色和黑色夹子测试，那么显示为"红黑∞蓝黑 1.2 M 未环路"。

此功能可以用来判断故障和完好线对。选绝缘电阻最低的一条故障线作为待测试故障线；选一条绝缘电阻尽量高的线作为辅助线，在对端和故障线环路。

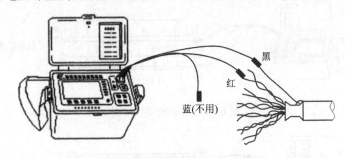

图 6-31　绝缘电阻测试连线图

(2) 测量线对环阻。红色和蓝色测试线可以用来进行环阻测试。例如要测试某一线对的环路电阻，将红色和蓝色夹子分别接两芯线，如图 6-32 所示。按"测试"键，测完后结果显示在屏幕最上部，假如环阻为 2300 Ω，则显示为"绝缘∞环阻 2300 Ω"。

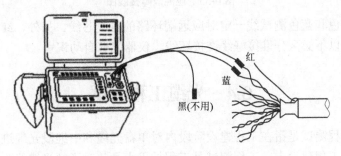

图 6-32　环路电阻测试

(3) 测试障碍连线方法。以最常见的地气障碍为例说明其步骤：

① 确定电缆故障区间。如确定故障在局和某交接箱之间或两交接箱之间，区间的两端分别叫做近端和远端，在近端接仪器测试，在远端做接线配合。

② 在所有故障线中找出一条对地绝缘电阻较小且故障电阻稳定的线作为待测故障线，在线路两端将故障线与其他线路(如局内设备、用户线)断开。

③ 找出一条对地绝缘良好的芯线作为辅助线，在两端将与其连接的其他线路断开。好线对地电阻要高于故障线对地电阻 100～1000 倍以上。

④ 在远端将好线与故障线短接，确保接触良好。

⑤ 将测试导引线控制盒开关打到"电桥"挡，对应的三条测试线中，红、蓝色测试线

分别接故障线和好线，黑色线接地。接线如图 6-33 所示。

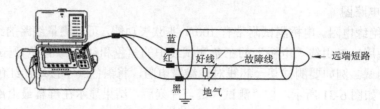

图 6-33　地气故障接线图

此外，对于自混和他混障碍的测试接线除了黑色夹子接线不同外，其他和接地接线一致。如图 6-34 和图 6-35 所示。

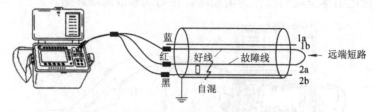

图 6-34　自混故障接线图

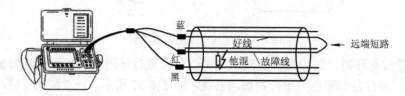

图 6-35　他混故障接线图

要注意：红色和蓝色测试线一定对应远端环路的电缆芯线。另外，红色和蓝色两条测试线在测试时可以不必区分谁接好线谁接坏线，仪器能够自动识别。

6.4　光缆工程测试

光缆线路工程测试是指在工程建设阶段内对单盘光缆和中继段光缆进行的性能指标检测。在光纤通信工程建设中，工程测试是工程技术人员随时了解光缆线路技术特性的唯一手段。工程测试同时也是施工单位向建设单位交付(通信)工程使用的技术凭证。工程测试一般包括单盘测试、竣工测试以及系统光性能参数测试等三部分，而单盘测试的内容在本书的 4.1 节中已有表述，在此只介绍后两部分的相关内容。

6.4.1　中继段测试(竣工测试)

1. 光缆线路衰减测试

1) 光缆线路衰减定义

中继段光纤传输特性测量，主要是进行光缆线路光纤衰减的测量。这里首先应弄清光缆线路衰减的含义，明确光缆线路衰减的构成情况。通常，可将一个单元光缆段中的总衰减定义为：

$$A = \sum_{n=1}^{m} \alpha_n L_n + \alpha_s X + \alpha_c Y \quad (\text{dB}) \tag{6-4}$$

式中，α_n 为中继段中第 n 根光纤的衰减系数(dB/km)；L_n 为中继段中第 n 根光纤的长度(km)；α_s 为固定接头的平均损耗(dB)；X 为中继段中固定接头的数量；α_c 为连接器的平均插入损耗(dB)；Y 为中继段中连接器的数量(光发送机至光接收机间数字配线架(ODF)间的活接头)。

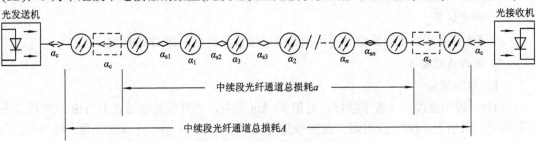

S：紧靠在光发送机TX或中继段REc的光连接器后面的光纤点；
C：紧靠在光发送机RX或中继段REc的光连接器后面的光纤点

图 6-36　中继段光纤线路损耗构成示意图

上述的一个单元光缆段中的总损耗 A，即如图 6-36 中继段光纤通道总损耗所示。中继段光纤线路衰减是指中继段两端由ODF架外侧连接插件之间，包括光纤的衰减和固定接头损耗。

2) 测量方法

鉴于当今光纤衰减测量仪表精度高的技术状况，中继段光缆线路的衰减测量方法同单盘光缆衰减测量方法相同，有插入法和后向散射法两种。

Ⅰ. 插入法

插入法可以采用光纤衰减测试仪，也可以用光源和功率计进行测量。插入法的测量偏差，主要来自仪表本身以及被测线路连接器插件的质量，如某个长途光缆工程，据 3 个中继段光缆线路的衰减测量统计，平均偏差为 0.3 dB。

Ⅱ. 后向散射法

后向散射法虽然也可以测量带连接插件的光缆线路衰减，但由于一般的 OTDR 仪都有盲区，使近端光纤连接器插入损耗、成端连接点接头损耗无法反映在测量值中；同样对成端的连接器尾纤的连接损耗由于离尾部太近也无法定量显示。因此用 OTDR 仪所得到的测量值实际上是未包括连接器在内的光缆线路损耗。为了按光缆线路衰减的定义测量，可以通过假纤测量或采用对比性方法来检查局内成端质量。

3) 测量方法的选择

核心网光缆线路，应采用插入法测量；若偏差较大，则可用后向散射法作辅助测量。本地网内局间中继线路，视条件决定。一般可以采用插入法，也可以采用后向散射法，采用 OTDR 仪测量时，应采用"成端连接"检测方法确认局内成端良好。

2. 光缆线路衰减曲线测量

1) 目的

光缆线路衰减曲线测量指的是对光缆中光纤后向散射曲线的测量。对于核心网光缆线路，衰减曲线波形的观察、分析也是十分必要的。

光缆线路采用插入法，可以从衰减特性反映线路的质量，它反映的是链路或通道的总特性，而不是像曲线一样地连续反映链路或通道特性，也就是说，它不能从光纤波导特性，从任何一部位、任一长度上观察光纤的传输特性，只有通过对光纤后向散射衰减曲线的检测，才能发现光纤连接部位是否可靠，有无异常、光纤衰减沿长度方向分布是否均匀、光纤全长上有无微裂伤部位、非接头部位有无"台阶"等异常现象。

对于一般光缆线路工程来说，后向散射法测量光纤线路衰减，可以代替插入法测量。

2) 测量仪器

光缆线路衰减曲线测量仪器采用的是光时域反向射仪，即 OTDR 仪。

3) 衰减曲线要求

Ⅰ. 双向测量

(1) 一般中继段。一般中继段，是指 50 km 左右，光纤线路衰减在 OTDR 仪单程动态范围(背向散射光)内时，应对每一条光纤进行 A→B 和 B→A 两个方向的测量，每一个方向的衰减曲线波形应包括光纤全长上的完整曲线。

(2) "超长"中继段。"超长"中继段，是指光缆线路长度超出 OTDR 仪衰减测量的动态范围。线路衰减超出一般 OTDR 仪的动态范围时，可从两个方向测至中间(中间汇合点，不应落在接头位置；两个方向测量距离为全程 1/2 左右)。记录曲线时，移动光标标线置于"合拢处"的汇合点，以使显示数据的长度相加值为中继段全长，衰减值相加为中继段线路损耗。这种两个方向各测一半的方法，虽然未全部双向测量，但根据实践统计分析表明，由于中继段是由很多光缆连接而成，方向误差呈自然状态，中继段 A→B、B→A 各测 1/2，其结果与由中间分两段双向测量的统计值基本一致，因此竣工时可以按此方法进行。

Ⅱ. 测量记录

检测结果包括测量数据、测量条件等均应记入竣工测试记录的"中继段光纤后向散射曲线检测记录"。

光纤后向散射曲线应由机上绘图记录下曲线波形。一般要求记录中继段一个方向的完整曲线，即一般中继段记录 A→B 或 B→A 任一方向的衰减曲线(维护测量较为方便的一个站的测量记录)；超长中继段记录 A→B、B→A 至中间汇合点的衰减曲线。

Ⅲ. 光缆线路衰减的计算方法

(1) 单向测量衰减的计算。OTDR 仪显示沿光缆线路长度的衰减，未包括盲区光纤的衰减和成端固定连接点的损耗，对于多模光纤应加上这一部分损耗；对于单模光纤可以忽略。这是由于盲区较少，连接损耗很低，故可忽略，这样可能有 ±0.1 dB 的偏差。

(2) 双向平均衰减计算。在算出单方向线路衰减的基础上，按下式计算出光纤双向平均衰减值：

$$\alpha = \frac{\alpha_{(A-B)} + \alpha_{(B-A)}}{2} \quad (\text{dB}) \tag{6-5}$$

对于"超长中继段"，从两个方向各测一半的线路，可按下式计算：

$$\alpha = \alpha_{(A-B)} + \alpha_{(B-A)} \quad (\text{dB}) \tag{6-6}$$

6.4.2　系统光性能参数测试

系统光性能参数主要是指光缆线路的衰减、色散、系统发送光功率、系统接收灵敏度、动态范围及系统富裕度等。

1. 中继段衰减与色散的测试

光缆线路的衰减与色散测试一般都是按中继段进行的。其中衰减测试在 6.4.1 节中已讲过了，在此只就色散及偏振模色数测试作一些简单介绍。

1) 色散的定义

在光纤数字通信系统中，由于信号的各频率成分或各模式成分的传输速度不同，信号在光纤中传输一段距离后，将互相散开，脉冲展宽(这完全与雨后的彩虹是一个道理)，严重时，前后脉冲将互相重叠，形成码间干扰，增加误码率，影响了光纤的带宽，限制了光纤的传输容量和传输距离。

2) 色散的测量方法 —— 脉冲时延法

Ⅰ. 测量原理

脉冲时延法是单模光纤色散测量的第二替代试验法。这种试验方法的测量原理是，使不同波长的窄光脉冲分别通过已知长度的受试光纤时，测量不同波长下产生的相对群时延，再由群时延差计算出被测光纤的色散系数。群时延的测量采用时域法，即通过探测、记录、处理不同波长下脉冲的时延。

脉冲时延法的关键问题在于极窄光脉冲的产生、探测和测量。因此，脉冲时延法对测量系统各组成部分(如电脉冲发生器产生极窄光脉冲、光探测器高速响应和示波器高速取样)的技术指标要求都非常高。例如，光纤长度为 10 km，色散系数大约是 2 ps/(nm.km)，如果选用中心波长相差 10 nm 的两个波长进行测量，这样可估算出示波器上的时延差为：$\Delta t = 10 \text{ km} \times 10 \text{ nm} \times 2 \text{ ps/(nm.km)} = 200 \text{ ps}$。在如此短的时间间隔要得到精确的测量，光脉冲宽度应小于 100 ps，而光探测器的响应小于 50 ps，相应的取样示波器的带宽应在 10 GHz 以上。

因此，脉冲时延法测试系统一般用于长距离(如光纤链路和光缆中继段)总色散的测量。

Ⅱ. 测试装置

脉冲时延法试验装置的主要组成部分包括：光源、波长选择器、光探测器、参考信道、时延探测器、信号处理器等。有关试验装置具体组合方案，如图 6-37 所示。

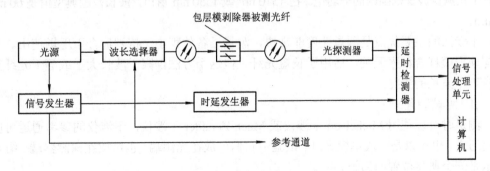

图 6-37　相移法测量单模光纤色散的测试装置

Ⅲ. 测试步骤

(1) 参考光纤的测量。将参考光纤放入试验装置，并将光源波长调至第一个测量波长。调节时延发生器，以便在已知的经校准的示波器时间刻度上显示出输入光脉冲。脉冲位置由其波峰或中心点确定。将该波长作为基准波长，记录该基准波长脉冲相对于校准的准标(例如显示标线)时间位置。

将光源调至下一个测量波长，不改变时延发生器，记录该波长脉冲和基准波长脉冲(由参考光纤测量中确定)之间的时间差 $\tau_{in}(\lambda_i)$。在所要求的各波长 λ_i 上重复本程序。

(2) 被测光纤的测量。将被测光纤放入试验装置，并将光源调至第一个测量波长，调节时延发生器，以便在已知的经校准的示波器时间刻度上显示出输入脉冲。

按参考光纤测量中由脉冲波峰或中心步骤确定基准波长，记录基准波长脉冲的时间位置。将光源调至下一个测量波长，不改变时延发生器，记录该波长脉冲和基准波长脉冲(由参考光纤测量中确定)之间的时间差 $T_{out}(\lambda_i)$。在所要求的各波长 λ 上重复本程序。

从每个波长的输出脉冲时间差中减去在该波长上测得的输入脉冲时间差。单位长度的群时延为

$$\tau(\lambda) = [T_{out}(\lambda_i) - T_{in}(\lambda_i)]/L \quad (ps/km) \tag{6-7}$$

式中，$T_{out}(\lambda_i)$ 为输出脉冲时间差(ps)；

$T_{in}(\lambda_i)$ 为输入脉冲时间差(ps)；

L 为减去参考光纤长度后的被测光纤长度(km)。

对于各类光纤，群时延曲线 $T(\lambda)$ 的拟合和色散系数 $D(\lambda)$ 的计算按相移法中规定的方法进行。

3) 偏振模色散的定义

偏振模色散(Polarization Mode Dispersion，PMD)是指单模光纤中的两个正交偏振模之间的差分群时延，它在数字系统中使脉冲展宽产生误码(尤其在 WDM 和 DWDM 系统中)。

4) PMD 的测试方法——干涉法

Ⅰ. 测量原理

干涉法是测量单模光纤 PMD 的第二替代试验方法。干涉法可以作为基准试验方法。干涉法介绍的是一种测量单模光纤和光缆的平均偏振模色散的方法。干涉法的测量原理是，当光纤一端用宽带光源照明时，在输出端测量电磁场的自相关函数或互相关函数，从而确定 PMD。在自相关型干涉仪表中，干涉图具有一个相应于光源自相关的中心相干峰。测量值代表了在测量波长范围内的平均值。在 1310 nm 或 1550 nm 窗口，波长范围典型值是 60 nm～80 nm。

干涉法的主要优点是测量速度非常快，测量设备体积小，特别适合于现场使用。干涉法与偏振模耦合程序无关，适用于长短光纤。但这个方法仅限于波长大于或等于光纤有效单模工作波长的情况。

Ⅱ. 测试装置

测量时可以使用 Michelson 干涉仪或 Mach-Zehnder 干涉仪，干涉仪的参考通道可以是空气通道，也可以是一段单模光纤。试验中它们可放在光源端，也可放在探测器端。图 6-38 所示是一个典型位置的例子。

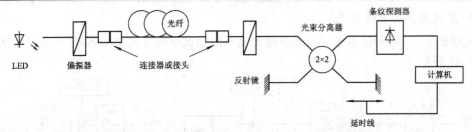

图 6-38　光纤参考通道的 Michelson 干涉法的测试装置

III. 测试步骤

被测试样应为一段已知长度的成缆单模光纤。在整个测量期间，被测试样和尾纤的位置及所处环境温度均应保持稳定。对已安装的光纤光缆，可采用实际应用的条件。测量程序为：将光源通过偏振器耦合至光纤输入端，光纤输出端耦合至干涉仪输入端(如图 6-38 所示)。将光源输出功率调节到与探测器特性相适应的一个合适参考值。为得到足够的干涉条纹对比度，应使干涉仪两臂中的功率基本相同。通过移动干涉仪两臂中的反射镜，记录光强度来得到第一个测量结果。对于一选定的偏振态，从得到的干涉条纹图，按下述的方法计算 PMD 时延。弱偏振模耦合情况下，干涉条纹是分离的峰，两个伴峰相对中心主峰的延迟都是对应于被测器件的差分群时延。对于这种情况，差分群时延等效于 PMD 群时延。

$$\Delta\tau = 2\Delta\frac{L}{c} \tag{6-8}$$

式中，ΔL 为光延迟线移动的距离；c 为真空中光速。

强偏振模耦合情况下，根据干涉图中干涉图形的宽度来确定 PMD 群时延。这时干涉条纹很接近。PMD 时延 $\Delta\tau$ 从干涉图高斯拟合曲线参数 δ 得到：

$$\Delta\tau = \sqrt{\frac{3}{4}}\delta \tag{6-9}$$

式中，δ 为高斯曲线标准偏差。

图 6-39 所示是对弱偏振模耦合(上方)和强偏振模耦合(下方)光纤，分别用自相关型仪器(a、b)和互相关型仪器(c、d)测得的干涉条纹图。

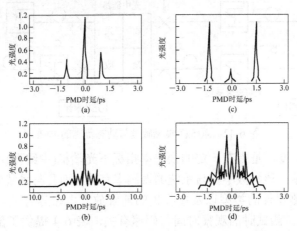

图 6-39　自相关型仪器(a、b)和互相关型仪器(c、d)测得的干涉条纹图

2. 系统发送功率的测试

光端机(或中继器)接入系统后的发送光功率的测试连接方式如图 6-40 所示，测试方法如图 6-41 所示。

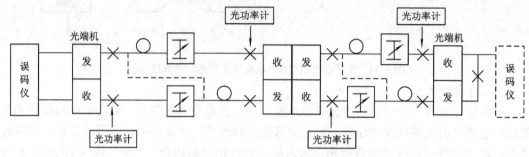

图 6-40　系统发送光功率的测试连接图

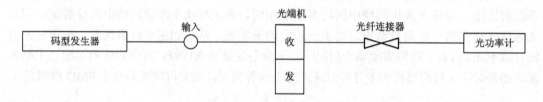

图 6-41　发送光功率测试方法

测试时，先使码型发生器(误码仪)送出伪随机二进制序列(PRBS)作为测试信号，之后将光端机(中继器)光发送端的光纤活动连接器拉开，再接上光功率计即可测得平均发送光功率。需说明的是，测试时要注意光功率计的选择。长波长的光纤通信系统应该选用长波长的光功率计或采用长波长的探头(检测器)；短波长的系统则必须选用短波长的光功率计或换用短波长的探头。

3. 系统接收灵敏度与动态范围的测试

系统接收灵敏度与动态范围的测试的连接方式如图 6-42 所示，测试方法如图 6-43 所示。

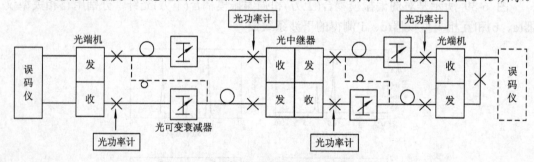

图 6-42　系统接收灵敏度与动态范围的测试

所谓光接收灵敏度，是指在一定的误码率指标下光端机(中继器)可接收到的最小光功率，通常用 P_{min} 表示。该参数不仅与系统的误码率有关，而且与系统的码速率、发送部分的消光比、接收检测器件的类型以及接收机的前置放大电路等有关。该参数的测试连接方式如图 6-43 所示。测试时的观察时间与码速有关，表 6-4 提供了部分速率下的观察时间指标。

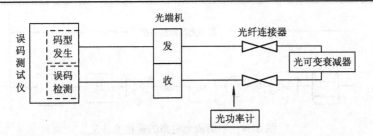

图 6-43　光接收灵敏度(动态范围)测试

表 6-4　观察到一个误码所需的最小单元观察时间

观察时间/mm ＼ 误码率/% ＼ 码速	2 M	8 M	34 M	140 M
$<10^{-9}$	8	2	0.5	0.12
$<10^{-10}$			5	1.2
$<10^{-11}$				12

测试时，先加大光可变衰减器的衰减值(以减小接收光功率)，使系统处于误码状态，而后慢慢减小衰减(增大接收光功率)，相应的误码率也逐渐减小，直至误码仪上显示的误码率为指定的界限值为止，此时，对应的接收光功率即为光接收灵敏度(P_{min})。

需注意的是，误码率的观测是需一定时间的。根据误码率的定义有

$$误码率 = \frac{误码个数}{一定时间内的码元总数} = \frac{误码个数}{码速率 \times 观察时间}$$

由此可计算出观察到一个误码所需的最小观察时间。

所谓动态范围，是指在一定的误码率指标下，光端机(中继器)所能接收的最大光功率 P_{max} 与最小功率 P_{min} 之比的对数。通常用 D 表示，即

$$D = 10 \lg \frac{P_{max}}{P_{min}} \quad (dB)$$

该参数用以衡量光端机(中继器)接收部分对所接收到的光信号因功率变化的适应程度。由于该参数定义式中的 P_{min} 即为灵敏度，因此，对于该参数的测试，只需在测得灵敏度 P_{min} 的基础上再测得最大接收功率 P_{max} 即可。

P_{max} 的测试方法与测 P_{min} 一样(如图 6-43 所示)。测试时，先增大光衰减器的衰减量，使系统处于较高的误码状态，然后，逐渐调节光衰减器(减小衰减量)，使系统误码率下降到指定的要求值为止，此时测出相应的接收光功率即为 P_{max}。

指标要求：通过测试，求得的动态范围值至少应优于 18 dB，即 $D \geqslant 18$ dB。

4．系统富裕度

在数字光缆线路系统中，光功率的分配须有一定的富裕量，通常称其为系统富裕度，用 M 表示。系统富裕度都按中继段来考虑，对于每个中继段来说，其富裕度都包括光缆线路富裕度 M_c 和设备富裕度 M_e 两部分，如图 6-44 所示。

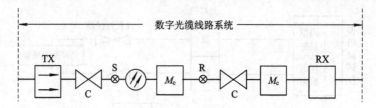

图 6-44　中继段光链路的富裕度分配

图中：C 表示光纤连接器；S 表示紧靠在发送机的光连接器后面的一点；R 表示紧靠在接收机的光连接器前面的一点。

其中，光缆富裕度 M_c 取决于：

① 光缆性能的变化，如因温度等环境因素及老化引起；

② 光缆的配置与路由可能修改，如增加了光缆长度、附加接头等；

③ S 点、R 点的光纤连接器性能劣化，如因插拔、环境因素等引起。

而设备富裕度 M_e 则视设备性能因环境因素变化及随时间老化等确定。

对系统富裕度的测试在施工时是不可缺少的，其相应的测试连接方式同图 6-42，但不需光可变衰减器。测试时，只需测出系统正常工作时的接收光功率 P_r，然后再根据以上已测得的灵敏度 P_{min} 便可求得某中继段的富裕度 M：

$$M = P_r - P_{min} (dB)$$

系统富裕度 M 的取值，一般都将 M_c 和 M_e 合起来考虑，取值为 5 dB～9 dB。

6.5　接地电阻的测试

为了保证电气设备在使用和维护过程中以及维修障碍时人身与设备的安全，必须使金属不带电的部分妥善地接地。凡接地设备都有电阻存在，如接地导线、地气棒(接地极)和大地对于所通过的电流均有阻抗。在通信线路的接地电阻中，一般地气棒和接地导线的电阻可略去不计，可认为接地电阻即等于散流电阻。接地电阻的标准值如下。

(1) 分线箱接地电阻如表 6-5 所示。

表 6-5　分线箱接地电阻标准

土　质	土壤电阻率 $\rho/\Omega \cdot m$	分线箱对数		
		10 以下	11～20	21 以上
普通土	100 以下	30	16	13
夹砂土	101～300	40	20	17
砂土	301～500	50	30	24
石质	501 以上	60	37	30

(2) 交接箱地线接地电阻不得大于 10 Ω。

(3) 用户话机保安器地线接地电阻不得大于 50 Ω。

(4) 架空电缆地线的接地电阻不得大于表 6-6 所示的标准。

表 6-6 架空电缆地线的接地电阻标准

土壤电阻率 $\rho/(\Omega \cdot m)$	100 以下	101～300	301～500	501 以上
接地电阻/Ω	20	30	35	45

(5) 电杆避雷线接地电阻标准如表 6-7 所示。

表 6-7 电杆避雷线接地电阻标准

土壤电阻率 $\rho/(\Omega \cdot m)$	100 以下	101～300	301～500	501 以上
避雷线接地电阻/Ω	20	30	35	45

注：与 3000 V 以上电力线交叉的杆路，交叉处两边电杆上的保护地线的接地电阻不大于 25 Ω。

(6) 全塑电缆金属屏蔽层单独做地线时，接地电阻标准如表 6-8 所示。

表 6-8 全塑电缆金属屏蔽层单独做地线时的接地电阻标准

土壤电阻率 $\rho/(\Omega \cdot m)$	土 质	接地电阻/Ω
100 以下	黑土地、泥炭黄土地、砂质粘土地	20
201～300	夹砂土地	30
301～500	砂土地	35
500 以上	石地	45 *

注：*土壤电阻率大于 500 Ω·m 的地区，经采取措施后仍不能达到表中规定值时，可适当放宽。

(7) 全塑电缆防雷保护接地装置的接地电阻要求如表 6-9 所示。

表 6-9 全塑电缆防雷保护接地装置的接地电阻标准

土壤电阻率 $\rho/(\Omega \cdot m)$	接地电阻/Ω
100 以下	≤5
100～300	≤10
301～1000	≤20
1000 以上	适当放宽

6.5.1 接地电阻测试方法

接地电阻不同于普通的电阻，有其组成和结构上的特殊性。接地电阻由三部分构成：接地引线电阻、接地体电阻、接地体与土壤的接触电阻(散流电阻)。

1. 测试仪表

接地电阻测试仪表一般均采用地阻仪，地阻仪的实物图形如图 6-45 所示。

(a) 29B-2　　　　(b) BY-2571　　　　(c) GY-318双钳口　　　　(d) GYDW-II

图 6-45 各种类型的接地电阻测试仪实物图

接地电阻测试仪一般由手摇发电机、电流互感器、检流计等组成,其面板如图 6-46 所示。

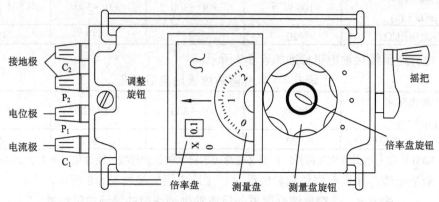

图 6-46　ZC-8 型接地电阻测试仪面板结构

2. 测试方法

(1) 按图 6-47 所示连接好测试电路。

(2) 沿被测接地体(棒或板)按表 6-10 所示的距离,依直线方式埋设辅助电极。

表 6-10　辅助电极埋设距离

接地体形状		Y/m	Z/m
棒 与 板	$L \leq 4$ m	≥ 20	≥ 20
	$L > 4$ m	≥ 5 倍 L	≥ 40
沿地面成带状或网状	$L > 4$ m	≥ 6 倍 L	≥ 40

如所测地气棒埋深 2 m,则按表中小于 4 m 规定作,依直线丈量 20 m 处,埋设一根地气棒为电位极(P_1 或 P),再续量 20 m,埋设第 2 根地气棒为电流极(C_1 或 C),如图 6-47 所示。

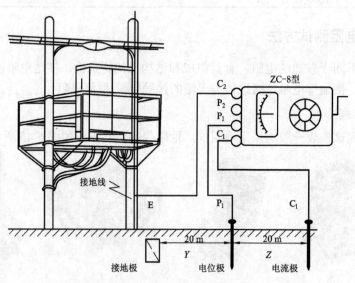

图 6-47　测接地电阻连接电路

(3) 连接测试导线。用 5 m 导线连接 E(P_2)端子与接地体，电位极用 20 m 导线接至 P_1 端子上，电流极用 40 m 导线接 C_1 端子上。

(4) 将表放平，检查表针是否指零位，否则应调节到"0"位。

(5) 调节倍率盘到某数位置，如 ×0.1、×1、×10。

(6) 右手以 120 r/min 的速度摇动发电机，同时左手转动测量盘使表针稳定在"零"位上不动为止，此时，测量盘所指的刻度读数，乘以倍率读数，即为

$$被测电阻值(\Omega) = 测量盘所指数值 \times 倍率盘所指数值数$$

注意：

① 当检流表的灵敏度过高时，可将 P(电位极)地气棒插入土壤中浅一些。当检流表的灵敏度过低时，可在 P 棒周围浇上一点水，使土壤湿润。但应注意，不能浇水太多，使土壤湿度过大，这样会造成测量误差。

② 当有雷电的时候或被测物带电时，应严格禁止进行测量工作。

6.5.2　土壤电阻率的测试方法

大地与各种各样的金属导体一样，具有各种不同的导电性能。这种性能的不同就是通过土壤电阻率来表示的。

1. 连接电路

具有四个端子的接地电阻测量仪(如 ZC-8)可以测量大地电阻率。在被测地段将四个极棒以等距离排列在一条直线上打入地中，极棒的埋深为极棒间距的 1/20，将极棒按顺序连至仪表的相应端子上，并打开 C_2P_2 之间的联结片，即可测量。其操作方法与上述相同，如图 6-48 所示。

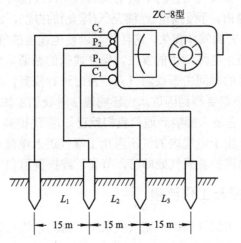

图 6-48　用 ZC-8 型接地电阻测试仪测量大地电阻系数

2. 土壤电阻率的计算

$$\rho = 2\pi AR(\Omega \cdot m) \tag{6-10}$$

式中，A——相邻极棒间的距离，如图 6-48 中的 L_1、L_2、L_3，单位为 m。

R——仪表读数，单位为 Ω。

请大家思考：土壤电阻率的单位与导体电阻率的单位相比有什么不同？为什么？请结

合中学物理中所学的电阻定律来解释，并利用网络查找土壤电阻率的准确定义。

3．注意事项

(1) 当检流计的灵敏度过高时，可将电位探测棒插入土壤中浅一些。当检流计灵敏度不够时，可沿电位探测棒和电流探测棒注水使其湿润。

(2) 当接地电极 E 和电流探测棒 C_1 之间的距离大于 20 m 时，电位探测棒 P_1 的位置插在离开 E、C_1 之间的直线几米以外时，其测量时误差可以不计；但 E 和 C_1 间的距离小于 20 m 时，则应将电位探测棒 P_1 正确地插在 E 和 C_1 的直线中间。

6.6　通信线路的充气维护

6.6.1　充气维护的概念及作用

1．充气维护的概念

在非填充型电缆线路中，如果其护套有了裂缝和穿孔，就会受潮或进水，这样会使缆内芯线间、芯线与地(屏蔽层)之间的绝缘电阻减小、耐压降低或串音衰减减小，因而影响通信设备的正常运行。我们把高于环境大气压力的干燥空气(或 N_2)预先充入电缆里，可以阻止潮气或水汽进入电缆，同时采用遥测气压的手段，经常来监视电缆线路的气压和护套的气闭情况，这个过程就叫气压维护或充气维护。

2．充气维护的作用

当缆中充入了大于环境大气压力的干燥空气或 N_2 后，如果护套有裂缝或穿孔，干燥气体就会从裂缝或穿孔中溢出，我们采取连续充气(浮充)的办法，源源不断地把干燥气体充入电缆内，可以弥补溢出去的气体损失，这样就可以使电缆里的气压和干燥程度保持不变，芯线绝缘仍然良好，以防止电缆障碍的发生，保证通信的畅通。即使护套不密闭但并不影响通信，可使我们有足够的时间去查找漏气点，及时进行修复，从而使维护工作由被动变成主动(若不进行充气维护则要等到因进水而影响通信时我们才知道发生了进水障碍，进行充气维护后，一旦漏气，它还未影响到通信我们就已知道了)提高了维护质量，减少了维护人员的劳动强度。另外，由于电缆内的气压阻止了潮气进入电缆，避免了障碍的发生和扩大，在修理时只要修补电缆护套漏气处即可，节省了维护费用和劳动力。

6.6.2　充气系统的组成及工作流程

通信线路的充气系统由供气系统、充气段系统、监测系统三个部分组成。

1．供气系统

向电缆内提供符合标准的干燥气体的系统，称为供气系统。根据不同的制式有不同的构成形式，充气的制式有两种：一种叫定期充气制；一种叫自动充气制。前者一般采用高压储气罐供气，后者采用分子筛自动供气系统。

1) 定期充气制

定期充气制一般均采用高压储气罐(瓶)。高压储气瓶又叫氮气瓶，形状如图 6-49 所示。

它可以作为局(站)内对电缆进行充气，也可作为流动性充气或查找电缆漏气之用。

高压储气瓶上装有调压器，它是用金属铸成的阀体，内部有风门顶头和气堵把阀室隔开，分成高低压气室。当调压器的高压进气接头管接上瓶体出气接头后，高压气体能够自由地输入高压室内，如旋动丝杆向上，压缩弹簧传力到薄膜、风门顶头，顶头就可顶开风门口的气堵，使风门咀(气堵)启开一个小的低压室，体积扩大，气压减小，然后通过低压出气接头，把低压气体充入电缆。为了便于直接观测气压，高、低压室分别装有高压表(0～300 kg/cm^2)和低压表(0～30 kg/cm^2)，如图 6-50 所示。

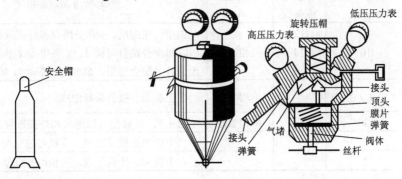

图 6-49　高压储气瓶形状　　　　　图 6-50　　调压器结构

高压储气瓶的外表面均涂有标志：如瓶内储存的气体是干燥空气，则涂为白色；氮气则涂为黄色。

瓶内气体压力最高为 150 kg/cm^2。由于压力过大，使用时必须注意安全，严格按操作规程办事。高压储气瓶使用方法和注意事项如下：

(1) 使用时要把高压储气瓶的保护盖(安全帽)旋开取下，将调压器安装在储气瓶上，再打开储气瓶上的高压阀门，此时高压表即可指示出瓶里的气体压力。

(2) 慢慢旋紧调压螺杆，观察低压表达到所需要的输出压力后即可停止，接上胶皮管打开低压阀门，便可向电缆中充气。

(3) 充气过程中，应经常检查低压表读数有无变动。充气完毕后，应先关闭瓶上的高压阀门，再旋下调压器，然后检查储气瓶是否有漏气现象，如没有漏气，再旋下调压器，然后检查储气瓶是否有漏气现象，如没有漏气，再旋上保护盖。

(4) 调整低压时，要注意勿使压力超过低压表的安全读数。当不使用调压器时，要把调压丝杆旋松。

(5) 不准将储气瓶放置在烈日下和近火处，以免造成瓶内气体膨胀而发生爆炸。

(6) 储气瓶在运输和放置时，要避免强烈震动。

(7) 使用前和使用后，都应把高压表的读数分别记录下来，以便了解储气用气情况。使用时切记勿把瓶内气体全部用完，至少要保留 5 kg/cm^2 的气体。(请大家想一想，这是为什么？)

2) 自动充气制

自动充气制大多采用自动充气设备，自动充气设备的典型代表就是由北京电信设备生产厂生产的 FZC 系列分子筛自动充气设备。下面我们就以此为例来进行介绍。

Ⅰ. 设备基本概况

FZC 系列自动充气设备的特点是采用全无油空气压缩机配套，且设有干燥性能优越的分子筛干燥系统。其中大、中型充气设备具有湿度数字显示、超湿告警、单条电缆流量与低气压告警等多种自动控制与监视性能，并备有外接信号告警装置；小型充气设备具有遥控、遥信装置，并设有多种自动控制与信号告警装置。其基本概况如表 6-11 所示。

表 6-11　FZC 系列分子筛自动设备概况

设备型号	最大供气量 /(m³/h)	可接电缆条数	工作电源 /V	设备组成和结构形式
FZC-1	10	12 24 36	三相 380	由空气压缩机、主机分路盘和外接告警器四部分组成，每面分路盘可接 1、2 条电缆，主机一般可与三面分路盘配合使用，最多电缆条数为 36 条
FZC-2	1.2	6	单相 220	由主机和外接告警器组成
FZC-2A	2		单相 220	由主机、外接空气压缩机和外接告警器三部分组成
FZC-3	1.2	3		由主机和遥控盘组成，主机可独立使用
FZC-3A	2			由主机和遥控盘组成，主机可独立使用

Ⅱ. 设备组成

局内充气设备(FZC-1)的组成如图 6-51 所示，实物图形见图 6-52。

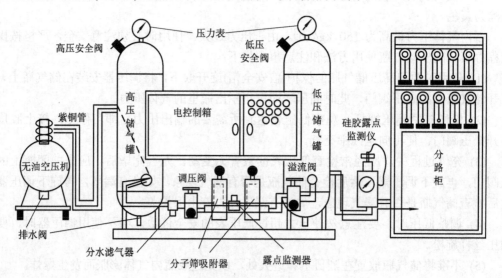

图 6-51　局内充气设备(FZC-1)的基本组成

图 6-52　分子筛自动充气设备实物

图 6-51 中带箭头的线表示空气的干燥路径，而分子筛吸附器是整个设备的核心部分。从图 6-51 可看出，它大致分为三大部分：

(1) 充气设备。充气设备分汽油和电动压缩机两种。局内电动空气压缩机大都采用 380 V 电源供电，局外尽量使用单相 220 V 空气压缩机。当电源缺乏时，可采用汽油充气机作流动充气使用。无论局内局外，均要使用无油润滑空气压缩机。

(2) 储气罐。储气罐是充气设备的重要组成部分。它可以减少压缩机的工作频率，延长充气机工作间息时间，压缩机器故障时，还可以降低压缩空气的温度，除去部分水份。储气罐一般最大压强为 1 MPa，罐上装有电接点压力表和安全阀，高压罐的压力表调在 0.4 MPa～0.6 MPa，低压干燥罐调在 0.2 MPa～0.3 MPa。在压缩机本身的高压罐上，也装有压力表和安全阀，同时装有压力开关，当压缩机工作失控气压超规定压力时将自动切断交流电源，起到安全保护的作用。

(3) 干燥设备。干燥的目的是为了把压缩空气中的水份，降低到保证充入电缆内的气体达到干燥标准。部标中规定的干燥标准为：温度为 20℃时露点在 –40℃以下，最高不应高于 –18±2℃，超出范围应停止供气。目前广泛采用的是分子筛吸附器。

分子筛吸附器是由两只盛装分子筛的干燥罐及两只三通电磁阀、回洗节流孔、单向阀及露点监视器等部件组成的。两只电磁阀受转换电路的控制，每 30 秒转换一次，使两只干燥罐交替进行吸附和脱附。作为滤气物质的分子筛，具有自动再生能力，如果维护合理，可连续使用 5 年以上。

分子筛自动再生方式是采用压力转换循环办法，对水分进行吸附和脱附，即在加压的情况下使分子筛对水分进行吸附，然后减压时使分子筛所吸附的水分再释放出来，再通过少量干燥气体回洗，使之更加干燥，所以通过加压、减压、回洗等过程，使分子筛实现自动再生。

充气维护常用的干燥剂有氯化钙、硅胶和分子筛三种，其中分子筛最好。

III. 工作流程

(1) 气路部分的工作流程。

FZC 系列充气设备气路工作流程如图 6-53 所示，当高压储气罐气压达到规定低压值时 (0.4 MPa)，空气压缩机开始工作。气体由压缩机通过散热器降温存入高压储气罐。高压储气罐的工作压力在 0.4 MPa～0.6 MPa 即气压到 0.6 MPa 时压缩机停止工作。当低压储气罐气达到规定低值时间 (0.3 MPa)，分子筛吸附器开始工作。此时高压储气罐的气体经气水分离器可滤掉一部分水，经调压阀 1 进入干燥罐 1，这时高压湿空气中的水分子被干燥罐中的分子筛所吸附而成为干燥空气。从干燥罐 1 出来的干燥空气，大部分经单向阀和溢流阀进入低压储气罐中。与此同时，从干燥罐 1 出来的少量干燥空气，经回洗节流孔减压，从而使气体的干燥度增高然后进入干燥罐 2，对干燥罐 2 中在前一个吸附过程中已吸附了水分的分子筛进行吹洗脱附。从干燥罐 2 出来湿空气经转换电磁阀 DF2 的排湿气孔排入大气。当干燥罐 1 中的分子筛还未完全达到吸附饱和之前，通过电磁阀的自动转换，使干燥罐 2 中的分子筛进入吸附状态，而对干燥罐 1 中的分子筛进行吹洗脱附。如此循环，使潮湿空气转变成干燥空气，直至低压储气罐中的压力升高到额定值为止。干燥后的空气经过露点监视器 (由变色硅胶颜色可直接观察判断吸附器工作的好坏)，干燥气体在低压储气罐储存，当低压罐内气压达到规定高值时，吸附器停止工作 (0.3 MPa 时)，同时启动气水分离器的电磁阀自动排出积水。

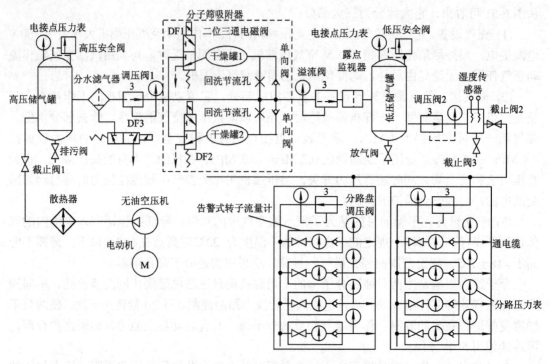

图 6-53 FZC 系列充气设备气路工作流程

(2) 电路部分的工作流程。

因各种不同型号的充气设备，其电路部分各不相同，故此处从略，请大家在工作中参阅设备的具体说明书。

2．充气段系统

充气段是由一个或多个气闭段构成的，气闭段是充气段系统中的最小充气单元。在一个充气段里，各气闭段之间用气塞隔开，再通过两边气门用连通管连通气路。

一般来讲，充气段划分长度不宜过短，也不宜过长。过短将耗费工料，增加人为障碍机会，而且发生障碍后，所充入的气体将会迅速下降，失去充气维护的意义；但充气段划分得过长，又难以查找漏气点，同时充气时间也较长，远端气压往往较低。

本地网电缆线路划分充气段比较复杂，因为在一个分局的整个电缆网中，电缆线路由局沿各条街道向外敷设，既有地下电缆、水底电缆，又有架空电缆；既有主干电缆，又有配线电缆；既有分支电缆，又有大小对数不同的电缆；既有长距离电缆又有短距离电缆；等等。

《全塑市内通信线路工程设计规范》中规定："非填充型地下电缆和架空主干电缆均采用充气维护，非填充型架空配线电缆在气候比较干燥的地区可不采用充气维护方式"。根据这一点，市话电缆充气段的划分原则如下：

(1) 以一条电缆编号组成一个气闭段。

(2) 以一条用户地下电缆包括全部分支电缆及所有引上电缆，划分成一个气闭段。

(3) 以一条架空主干电缆组成一个气闭段。

(4) 一条局间中继电缆划分为一个气闭段。

(5) 长度不足 300 米的电缆应并入其他充气段内。

(6) 一条专线电缆、水底电缆，应根据实际情况，划分成一个单独的充气段或气闭段。

图 6-54、图 6-55 是本地网中电缆线路一个充气段的划分和组成情况。

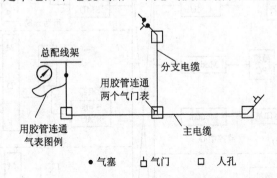

图 6-54　本地网电缆线路充气段示意图

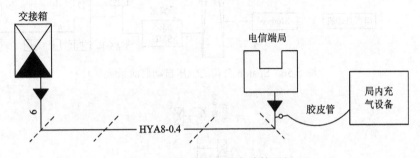

图 6-55　充气段与设备连接示例

按照通常的要求，本地线路网中每个充气段总长度为：地下电缆为 5 km～15 km；架空电缆为 3 km～8 km。

3. 监测系统

监测系统通过在缆内安装带有编码的传感器，采集各点气压值，送至覆盖全网的气压监控中心，经计算机处理后，绘出 $P—L$ 曲线，从而为充气维护定段落、定点确定依据。如 Spaton(司巴吨)公司的自动气压监测系统，如图 6-56 所示。

1) 气压传感器的编码与安装

Ⅰ. 气压传感器的编码

编号：电缆名称+传感器编号。如：6501-06；6501-电缆编号；06-第 6 号传感器，如图 6-57 所示。

地址码：地址码由终端设备的输入端接口号和流水号组成。前者由局名代号加流水号组成，后者从 001 开始。如：6502-078，表示 65 局采集器的 02 输入端子，其传感器地址码为 078，传感器的标志粘贴如图 6-58 所示。

每一个气压传感器都应按工程设计要求设置地址码。734SSA(SPATON 产品)气压传感器的 8 位地址码设置开关如图 6-59 所示。工作程序：打开传感器外壳，暴露出 8 位地址开关，按统一排序进行设置。

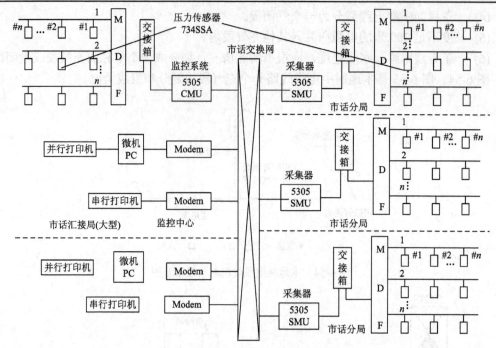

图 6-56　Spaton 公司的气压自动监测系统

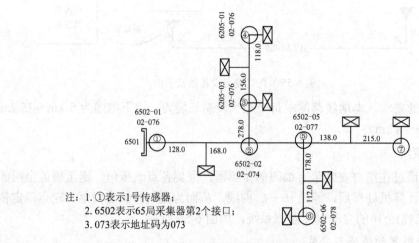

注：1. ①表示1号传感器；
　　2. 6502表示65局采集器第2个接口；
　　3. 073表示地址码为073

图 6-57　用户电缆传感器编号

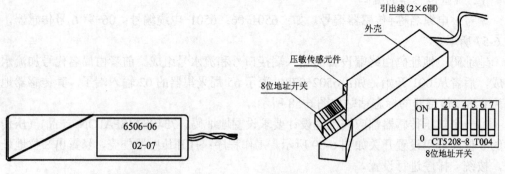

图 6-58　传感器标志粘贴　　　　图 6-59　734SSA 气压传感器外形及地址开关

Ⅱ. 气压传感器的安装

气压传感器的安装大多采用外置方式。它是用一根专用塑料管，一半封合在热缩管内部，一半露在热缩管外部，选好安装传感器的两对专用线(一对备用)穿放在安放传感器的套管内，电缆竣工后，安装人员打开塑料管帽，将传感器与专用线接上，旋紧螺帽，进行调试。如图 6-60 所示。气压传感器安装专线电性能要求：平衡式线对；线—线间、线—地间绝缘电阻大于 10 MΩ；直流电阻不大于 10 kΩ。

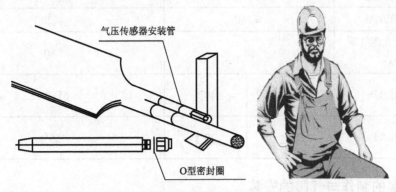

图 6-60　采用外置方式安装气压传感器

2) Spaton 气压监测系统工作过程

图 6-56 所示的 Spaton 公司的气压自动监测系统由全固态可选址气压传感器 734SSA、采集器 5315SMU、监控主机 5305CMU、Modem、PC、打印机等组成，其工作过程如下。

5305 或 5315 向传感器发出用于寻址的 8 比特二进制电压脉宽调制信号，地址码为 0 时电压为 21 V，为 1 时电压为 50 V，每个比特的长度为 190 μs。传感器验证地址码符合时门电路导通，向传感器供电，传感器中所用的全固态子线路产生一个来自晶振的数字式合成音频信号回送给 5315 或 5305 进行存储。监控主机在设置时，通过各自设定的电话号码，经过公用通信网自动呼叫 5315，5315 回答并向 5305 回送它存储的各点气压值；5305 将这些数据与所存储的门限值进行比较，当该点的气压值低于原设定的阈值时，5305 即通过线路维护中心或气压监测站指定的串行打印机打印出相关数据。值班人员看到数据后打开计算机，启动设置的专用电话号码，由通信网连通 5305，提取漏气电缆上各点气压值，显示 $P—L$ 曲线，判断大致漏气故障段落，并派员进行查漏修复。

4. 部标规定的标准保持气压值

1) 全塑电缆线路

(1) 正常保持气压值(20℃)。

① 地下主干电缆 40 kPa～50 kPa；

② 架空主干电缆 30 kPa～50 kPa。

配线电缆参照架空主干电缆执行。

(2) 充气时的强充气压不大于 70 kPa。

(3) 告警气压值。

架空电缆为 20 kPa，地下电缆为 30 kPa，水底电缆为 40 kPa。

2) 长途光缆线路

长途光缆线路充气维护的气压标准表见表 6-12 所示。

表 6-12　长途光缆线路充气维护的气压标准表

项　　目	气压标准(kPa,20℃)		
	钢带铠装直埋和管道光缆线路		设置单独气闭段的钢丝铠装水底光缆线路
维护气压/kPa	60～70		100～120
充气气压/kPa	≤150		≤200
需补气时的光缆气压/kPa	50		80
告警气压/kPa	35±2	40^{+2}_{-3}	65±0.02
解警气压/kPa	27^{+2}_{-4}	30^{+2}_{-4}	55^{+2}_{-4}

6.6.3　气塞的制作与气门的安装

1. 气塞的制作

电缆气塞大多采用热缩管式、注塑式等形式,这里主要为大家介绍热缩管式。热缩管式又分为平放式和竖立式。

1) 平放式电缆气塞

平放式电缆气塞适用于直接接头或主干电缆的分支线上,将电缆分成几个气闭段。其制作流程如下。

(1) 剥除外护层,如图 6-61 所示。

图 6-61　剥除电缆外护层

(2) 剥除电缆塑料包带,剪掉电缆芯线所有单位扎带,并将芯线拉松成灯笼形状,如图 6-62 所示。

图 6-62　拉松电缆芯线

(3) 用屏蔽层连接线连接电缆两端,并将屏蔽层连接线绝缘层剥除 10 mm～20 mm,以防通过屏蔽连接线绝缘层形成气路而漏气,如图 6-63 所示。

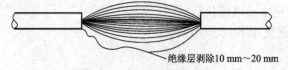

绝缘层剥除10 mm～20 mm

图 6-63　连接电缆屏蔽线

(4) 在电缆开口两端，离切口处 15 mm 处，包扎两圈密封带，如图 6-64 所示。

(5) 包上网状塑料内皮，用 PVC 胶带固定在密封带 1/2 处，PVC 胶带包扎 3～5 圈，如图 6-65 所示。

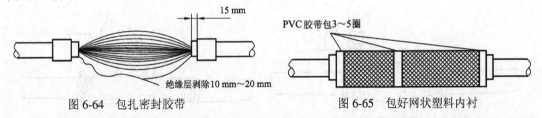

图 6-64　包扎密封胶带　　　　　　　　图 6-65　包好网状塑料内衬

(6) 用专用塑料薄膜，在塑料内衬外面做一只盛料袋，在塑料薄膜两端同一方向把塑料薄膜根部卷紧收口，紧紧地压在密封带上，并用 PVC 胶带包扎 4～6 圈，如图 6-66 所示。

(7) 将两部分气塞剂(乙组份倒入甲组份)混合一起，进行搅伴(约 5 min 左右)后，把气塞剂料倒入盛料袋内，直至高出塑料内衬 20 mm 左右，如图 6-67 所示。

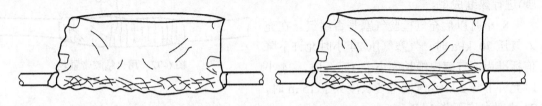

图 6-66　制作盛料袋　　　　　　图 6-67　倒入环氧树脂气塞剂

(8) 用双手将倒入袋内堵塞剂料进行挤压，使堵塞剂料充满电缆芯线四周，如图 6-68 所示。

图 6-68　挤出袋内空气

(9) 用双手将袋内空气排除，把袋口向下卷紧，与塑料内衬平行，再用 PVC 胶带把卷口两端进行固定，防止卷口松脱，如图 6-69 所示。

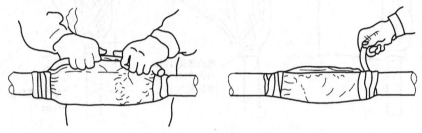

图 6-69　固定盛料袋两端

(10) 用尼龙扎带，把气塞两端收紧，然后把多余胶带头剪掉，再用 PVC 胶带在尼龙带上包扎 3～5 圈，如图 6-70 所示。

(11) 用电缆芯线刺破塑料袋，将袋内没有排除掉的空气，从刺破的小眼儿挤出，再用薄膜带对整个气塞头松包三层，使气塞头外形圆整，如图 6-71 所示。

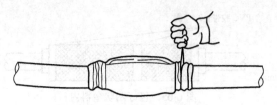

图 6-70　两端收紧尼龙扎带　　　　图 6-71　用薄膜带松包三层

(12) 用自粘胶带，从气塞头中间向两端紧包 3～4 层，用力要均匀，如图 6-72 所示。

(13) 上热缩套管(按封焊热缩套管操作步骤)进行热缩成型。

8 小时以后充气检验气塞是否漏气。在充入气压 70 kPa 时，气塞气压 24 小时允许下降值标准为：气塞电缆长度小于 15 m 时，24 小时允许下降 2 kPa；气塞电缆长度大于 15 m 时，24 小时允许下降 1 kPa。

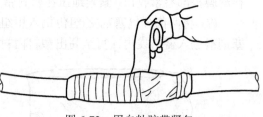

图 6-72　用自粘胶带紧包

2) 竖立式电缆气塞

竖立式电缆气塞的制作方法与平放式基本相同，只是气塞上部的电缆不用卡箍，套管上不用安装管嘴，其制作流程如下。

(1) 竖式气塞制作前五个步骤与横式气塞制作步骤相同。

(2) 做盛料袋，如图 6-73 所示。

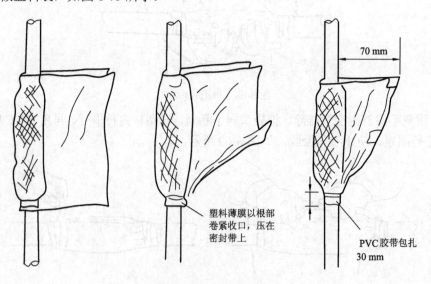

70 mm

塑料薄膜以根部
卷紧收口，压在
密封带上

PVC胶带包扎
30 mm

图 6-73　制作盛料袋

(3) 将乙组堵塞剂料倒入甲组堵塞剂料内，搅拌(约 5 min)均匀，然后将搅拌好的剂料倒入漏斗型袋内，如图 6-74 所示。

(4) 用手将倒入袋内剂料进行挤压，使其充满电缆芯线四周。

(5) 用手把袋口卷紧与电缆平行，然后用 PVC 胶带固定卷口，使袋口紧紧地粘在密封带上，如图 6-75 所示。

(6) 用尼龙扎带将气塞袋两端收紧扎牢，再把多余部分剪掉，然后用 PVC 胶带在尼龙扎带上绕 3～5 圈，如图 6-76 所示。

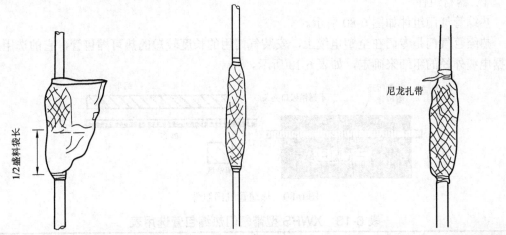

图 6-74　倒入气塞剂　　　　图 6-75　挤压堵塞剂并扎紧袋口　　　　图 6-76　用 PVC 胶带扎紧端口

(7) 用塑料薄膜带从气塞下部开始向上绕包 4 层，然后再从中间开始绕包 4～5 层，使气塞造型匀称均匀，如图 6-77 所示。

(8) 用自粘橡胶带，从气塞中间开始向下用力均匀绕包，然后再向上进行绕包，如图 6-78 所示。

(9) 安放热缩包管，夹条面向操作人员，从中间开始，向两端圆周方向加温，使热缩包管收缩成型，如图 6-79 所示。

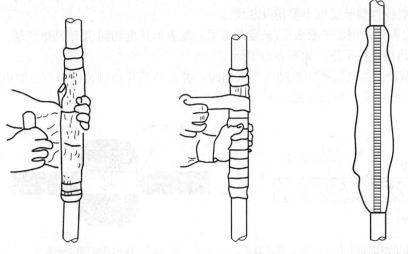

图 6-77　饶包塑料薄膜带　　　　图 6-78　用自粘胶带紧包　　　　图 6-79　用热缩包管封包

注意事项：气塞用热缩包管一定要保持清洁，特别是包管热溶胶层，如果有油指、沙土等污染将影响其密封效果。它适应的环境温度高于 18℃。施工安装热缩管时，如果气温低于−5℃，应把包管升温和保温后再使用。

2．气门的安装

电缆充气段(或气闭段)一定要装上气门，以便于充气、放气、串(通)气和测量气压。

1) 热缩管气门

Ⅰ．器材组件

热缩管气门组件如图 6-80 所示。

热缩管气门是专门在全塑电缆上，安装气门用的长度较短的热可缩包管，它的选用应根据电缆外径的粗细来确定，如表 6-13 所示。

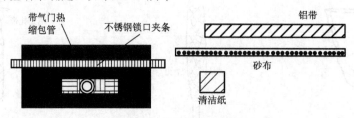

图 6-80　热缩管气门组件

表 6-13　XWPS 型带气门热缩包管选用表

型　号	长度 /mm	适用电缆外径/mm	
		最小	最大
XWPS40/16-250		16	40
XWPS60/38-250	250	38	60
XWPS90/55-250		55	60

Ⅱ．操作方法

(1) 在电缆装气门处的护套处，用打眼工具钻出一个内径为 18 mm 的气门眼，以便装设气门，注意要挖掉屏蔽层但不要伤及芯线。

(2) 电缆打眼处周围的护套表面(长度与热缩管覆盖的长度相同)用清洁纸清洁，并用砂布打毛去污，用擦布擦干净，如图 6-81 所示。

(3) 把热缩管上的气门嘴座对准电缆气门眼，并在热缩管两侧边缘对应点的电缆护套上各做第一个(外)标志，如图 6-82 所示。

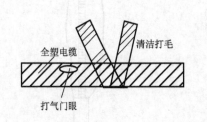

图 6-81　在电缆护套上打气门眼并清洁打毛

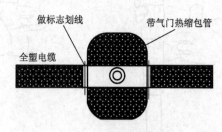

图 6-82　在电缆护套上做标志

(4) 在上述两个标志往内 25 mm 处，分别做第二个(内)标志，然后从第二标志往外另缠一层铝带，如图 6-83 所示，并用钝的工具将铝带打平贴实。

(5) 在热缩包管将要覆盖的电缆气门眼的周围护套表面上，用微火加热约 10 s，注意火焰不要直接烧烤气门眼中心，以免损伤芯线绝缘层。如选用 XWPS40/16-250 热缩管，必须另粘附一软垫圈，如图 6-84 所示。

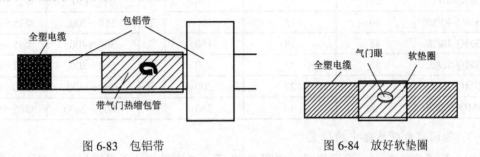

图 6-83 包铝带   图 6-84 放好软垫圈

(6) 装上 XWPS 热缩包管，上好锁口夹，让其气门座对准护套上的气门眼，拔下气门芯，并用改锥插入气门咀口内，按住气门暂时固定不动，然后加热气门和锁口夹之间的热缩管(占 3/4)表面，加热时自气门周围起慢慢移向锁口夹，直到热管表面完全变黑为止。之后再加热锁口夹处及热缩管两端，直到表面变黑，两端有热熔胶流出为止，如图 6-85 所示。

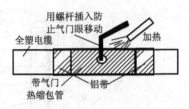

图 6-85 加热热缩管使之封合

2) 帽式热缩管气门

电缆在运输、保管或施工过程中都需要保持气压，也需要在电缆头上加装临时气门。这种临时气门大都采用帽式热缩管临时气门，其外形如图 6-86 所示。

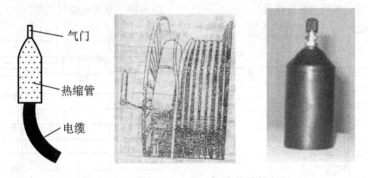

图 6-86 102 K、ConCap 帽式热缩管气门

我国各热管厂家生产的套管不完全相同，采用最多的是成都电缆厂双流热缩制品分厂生产的端帽式热缩管气门，其规格如表 6-14 所示。

表 6-14　　端帽式热缩气门

规格	收缩前内径 mim/mm	自由收缩后内径 max/mm	热缩管长度 /mm	用途	适应电缆对数 (0.5 线径)	适应电缆外径/mm
RSQ-23/9	23	7	100	用于充气型电缆	≤50	Φ20～Φ7
RSMQ-27/12	27	12	150		50～150	Φ25～Φ12
RSMQ-40/15	40	15	150		150～300	Φ35～Φ15
RSMQ-48/18	48	18	150		300～400	Φ45～Φ18
RSMQ-56/22	56	22	200		500～800	Φ53～Φ22
RSMQ-76/27	76	27	200		800～1400	Φ70～Φ27
RSMQ-100/30	100	30	250		1600～2400	Φ85～Φ30

3) 气门在电缆线路中的位置

(1) 管道电缆的气门装设位置,如图 6-87 所示,应做到便于量测气压,又不妨碍在人孔内进行其他工作。

(2) 直埋电缆的气门安装要求如图 6-88 所示。

(3) 架空电缆上的气门装设要求如图 6-89 所示。

(4) 墙壁电缆上的气门装设要求如图 6-90 所示。

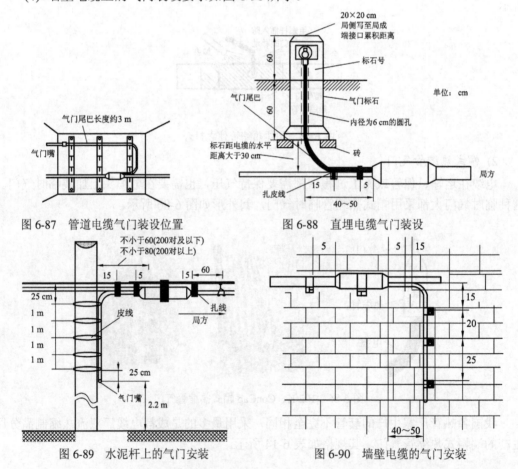

图 6-87　管道电缆气门装设位置　　　　图 6-88　直埋电缆气门装设

图 6-89　水泥杆上的气门安装　　　　图 6-90　墙壁电缆的气门安装

本 章 小 结

1. 通信线路电气测试的目的是使芯线始终处于良好的工作状态,保证通信的畅通。按测试时所加信号不同,电气测试分为直流电气特性测试、交流电气特性测试和障碍测试三大类。直流电气特性测试使用的仪表主要为万用表、QJ45 电桥和兆欧表,主要测试环阻、屏蔽层电阻、绝缘电阻及障碍定性等。障碍测试使用的仪表主要有 T-C300 市话电缆智能障碍测试仪,用它来进行继线、地气、混线、绝缘不良等各种障碍的探测和定点等。

2. QJ45 电桥是一种用途十分广泛的测试仪表,它有三种工作状态:普通电阻法(R)、固定比例臂法(又称伐莱法、用 V 表示)、可变比例臂法(又称茂莱法,用 M 表示)。用于直流测试时可测环阻、屏蔽层电阻等,测试精度比万用表要高。

3. 兆欧表一般用于测试电站线路的绝缘电阻,同时也用来判断线路障碍的性质,它有许多不同于普通仪表的地方,请大家注意。

4. 电站线路常见障碍有地气、混线、断线、错接(产生串音)及绝缘不良等,一般使用仪器直接测量(先须判断障碍性质)在各种仪表中,T-C300 智能障碍测试仪智能化程度较高,使用也较方便,它可直接显示障碍点离测试点的距离。它有脉冲测试法和电桥测试法两种状态,大家要掌握每种方法的连接电路、步骤与特点,以完成对障碍的准确定性与定点。

5. 光缆线路的测试分为单盘测试、竣工测试与系统光性能参数测试等三类,其中竣工测试主要测试线路衰减和 $P-L$ 曲线;系统性能参数测试主要是衰减与色散、发送功率电平、接收机灵敏度与动态范围、系统富裕度等,重点是 $P-L$ 曲线测试及各参数的工程意义。

6. 不同的土壤具有不同的导电性能,我们用土壤电阻率来描述;为保证通信线路设备的良好接地性能,必须使接地电阻符合规定要求。这两者的测试均可采用接地电阻测试仪(如 ZC-8)来完成,并且都采用等距布极法。

7. 把具有一定压力的干燥空气充入缆线内,通过监测缆线内部各点的气压值来及时了解电缆、光缆外护套的密闭情况,从而采取相应措施的维护方法叫充气维护。完整的充气维护系统由供气系统、充气段系统和监测系统组成。供气系统的典型代表是 FZC 系列分子筛自动供气系统;充气段系统的划分要长短适当,气塞和气门是构成充气段的重要部件,大家要掌握它的基本操作流程与制作方法;监测系统的典型代表是 SPATON 气压自动监测系统,大家要熟悉它的基本工作过程。

本 章 习 题

一、填空

1. 断线、地气和自混三种障碍对电话通信的影响分别是(　　　　　　)、
(　　　　　　)和(　　　　　　)。

2. 部标规定的电缆线路的标准保持气压值(20℃)为:地下主干电缆(　　　　　　)kPa,

架空主干电缆(　　　　　　　　)kPa，架空配线电缆(　　　　　　　　)kPa。

3. 完整的充气维护系统是由(　　　　)、(　　　　)和(　　　　)组成的，其中气塞属于(　　　　　　　　)。

4. 用户线环阻是指(　　　　　　　　　　　　　　　　　　　　　　)。

5. 兆欧表上的三个接线柱的名称是(　　　)、(　　　)和(　　　)，测线地绝缘电阻时与芯线绝缘层相连的是(　　　　)。

6. 混线分为(　　　　　　)和(　　　　　　)两种，它们对电话通信的影响分别是(　　　　　　)和(　　　　　　)。

7. 所谓充气维护是指(　　　　　　　　　　　　　　　　　　　　　)，其主要作用是(　　　　　　　　)和(　　　　　　　　)。

8. 请写出通信光缆工程测试中任意三个仪表的名称：(　　　　　　)、(　　　　　　)和(　　　　　　)。

9. 接地电阻由(　　　　)、(　　　　)和(　　　　)三部分构成，其中起主要作用的是(　　　　　　　　)。

10. 土壤电阻率所定义的土壤体积是(　　　　)m^3，其单位是(　　　)，而金属导体电阻率的单位是(　　　　)。

二、单项选择题

1. 大地电阻率的单位是(　　)。
① Ω　　　　　② Ω/m　　　　　③ Ω/m^2　　　　　④ $\Omega \cdot m$

2. 下列仪表中，能对电缆障碍进行定性的是(　　)。
① 地阻仪　　　　② OTDR　　　　③ 万用表　　　　④ 兆欧表

3. 下列气体中，可在电缆的查漏定点中使用的是(　　)。
① 氢气　　　　② 二氧化碳　　　　③ 空气　　　　④ 一氧化碳

4. 国标规定，在下列电缆线路中，必须进行充气维护的是(　　)。
① 架空电缆　　　② 墙壁电缆　　　③ 主干电缆　　　④ 尾巴电缆

5. 下列仪表中，能对光缆障碍进行定点的是(　　)。
① 地阻仪　　　　② OTDR　　　　③ 万用表　　　　④ 兆欧表

6. 设测得某光纤由 A→B 和由 B→A 的损耗值分别为 0.1 dB 和 0.15 dB，则这根光纤的损耗值为(　　)dB。
① 0.25　　　　② 0.1　　　　③ 0.15　　　　④ 0.125

7. 全塑主干电缆屏蔽层电阻的平均值应不大于(　　)。
① 5 Ω/km　　② 2.6 Ω/km　　③ 148 Ω/km　　④ 20 Ω/km

8. 在本地网线路工程中，落地式交接箱的接地电阻应不大于(　　)Ω。
① 0.1　　　　② 1.0　　　　③ 10.0　　　　④ 15.0

9. 在充气维护系统中，生产出符合要求气体的设备是(　　)。
① 充气段系统　　② 气闭段　　③ 供气系统　　④ 网管系统

10. 长途光通信中，接收端常用的光电检测器是(　　)。
① LD　　　　② LED　　　　③ APD　　　　④ PIN

三、综合题

1．画图说明屏蔽层电阻如何测试？主干电缆和配线电缆屏蔽层电阻的标准值各为多少？

2．请画出 QJ45 型携带式线路故障测试器的面板图，并说明各键的作用。

3．一条电缆全部阻断，测试发现芯线大部分断线，可能是什么原因？这条电缆采用气压维护，如何判断障碍地点？

4．已知一条长为 800 m，芯线扭绞系数为 1.02 的全塑市话电缆中某对芯线的线间绝缘电压测试值为 7400 MΩ，而该电缆线间标准绝缘电阻为 6000 MΩ·km，试问该对芯线间的绝缘电阻是否符合标准？

5．在测试全塑电缆中已上分线箱或配线架的线间或线地绝缘电阻时，分线箱或配线架处为什么必须断开？测试完了以后为什么必须放电？若不放电会有什么不良后果？

6．可以用兆欧表来判断哪些性质的障碍？分别画图说明判断方法。能否用万用表取代兆欧表来进行上述障碍的判断？为什么？

7．画图说明用"等距布极法"测试接地电阻大小的原理及测试步骤。

8．机房工作地线(如局内 MDF 地线)、避雷线及分线设备地线的接地电阻值的标准各是多少？请例表说明。

9．画图说明用"四极法"测大地电阻率的方法并写出计算公式。

10．用 T-C300 测试仪进行障碍测试时，若某对芯线既有短路故障又有开路帮障，请问，此时的曲线会是什么形状？画图说明理由(短路时线间接触电阻设为 0)。

11．请回答有关光缆工程竣工测试的下列问题：

(1) 什么是竣工测试？

(2) 竣工测试中"光纤特性测量"的内容是什么？

(3) 竣工测试中对测量仪表有何要求？

(4) 什么是 PMD？测量 PMD 的目的是什么？

12．请回答有关 OTDR 的下列问题：

(1) 画出 OTDR 的原理框图，并说明其工作原理。

(2) 说明 OTDR 能测试的参数及其在工程中的主要用途。

13．图 6-91 为 ADSL 宽带接入连接电路图，如果要用 ADSL 测试仪分别进行 LAN 口 PPPOE 和 WAN 口 PPPOE 拨号和 Ping 测试，请问，ADSL 测试仪应如何连接？

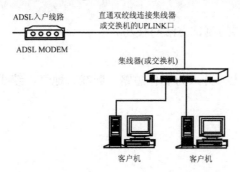

图 6-91　ADSL 宽带接入连接电路图

实 训 内 容

一、通信电缆屏蔽层电阻测试

1. 实训目的

掌握电缆屏蔽层电阻测试的方法与技巧。

2. 实训器材

(1) 全塑电缆 50 m 以上；

(2) QJ45 电桥或普通数字万用表；

(3) 尖嘴钳、电缆屏蔽连通线、PVC 胶带。

3. 步骤

参见本书 6.1.2 节。

二、通信光缆屏蔽层对地电阻测试

1. 实训目的

掌握通信光缆屏蔽层对地电阻的方法与技巧。

2. 实训器材

(1) 以校园网管道光缆为测试对象；

(2) 兆欧表；

(3) 尖嘴钳、电缆屏蔽连通线、PVC 胶带。

3. 步骤

参见本书 6.2.2 节。

三、电缆线路障碍测试(TC300 的使用)

1. 实训目的

掌握电缆线路常见障碍的测试方法与技巧。

2. 实训器材

(1) 全塑电缆 50 m 以上，并人为制作短路、断线、地气、绞线等障碍若干；

(2) 电缆开剥工具；

(3) TC300 测试仪。

3. 步骤

参见本书 6.3.2 节。

四、通信光缆 $P—L$ 曲线的测量(OTDR 的使用)

1．实训目的

掌握 OTDR 使用的方法与技巧。

2．实训器材

(1) 4 芯以上光缆 2000 m 以上；

(2) 光缆开剥工具；

(3) 光纤端面制备工具；

(4) 单芯光纤熔接机；

(5) OTDR 测试仪。

3．步骤

参见本书 6.4.1 节。

五、大地电阻率测试

1．实训目的

掌握大地电阻率测试的方法与技巧。

2．实训器材

(1) 以校园空地为测试对象；

(2) 地阻仪；

(3) 连接线、锤子、地气棒等。

3．步骤

参见本书 6.5.2 节。

第7章 PON 网络

PON 即无源光网络。在 PON 系统中，下行数据流采用广播技术，上行数据流采用 TDMA 技术，以解决多用户每个方向信号的复用问题；同时采用 WDM 技术，在光纤上实现单纤双向传输，解决两个方向信号的复用传输问题。PON 一般由光线路终端(OLT)、光分配网络(ODN)及用户终端(ONU)3 个部分构成。目前在现网中广泛应用的 PON 技术包括 EPON 和 GPON 两种主流技术，EPON 上下行速率均为 1.25 Gb/s，GPON 下行速率为 2.5 Gb/s，上行速率为 1.25 Gb/s。本章主要介绍 PON 网络基础、常见网络设备、入户线路施工、业务开通及常见故障处理等内容。

7.1 网 络 基 础

7.1.1 整体网络结构

PON 网络整体架构如图 7-1 所示。由图可见，网络由骨干网和城域网两大部分组成，而城域网又分为城域骨干网及宽带接入网两部分，城域骨干网中又分为核心层(由核心路由器组成)和业务层(由 MANSR、BRAS、CN2SR、ITV 系统、软交换系统等组成)，宽带接入网又分为汇聚层(由汇聚交换机组成)和接入层两层。

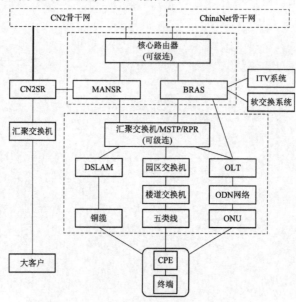

图 7-1 PON 网络整体架构

7.1.2　城域网网络结构

城域网网络结构如图 7-2 所示。图中的上半部分主要是城域骨干网的业务层(核心路由器未画出)，如 MBOSS 主要是网络管理、CN2 中的 BARS 和 SR 主要对业务进行处理；下半部分主要是宽带接入部分，其中如 EPON 的 OLT、汇聚交换机/MSTP/RPR、DSLAM、园区交换机等是宽带接入网的汇聚层，而分配点(如分光器)、ONU、楼道交换机、LANSwitch 及各类终端等是其接入层。这里要说明的一点是，网络层次的划分不是绝对的，随着设备功能的越来越强，越来越集中，其分界将越来越模糊。

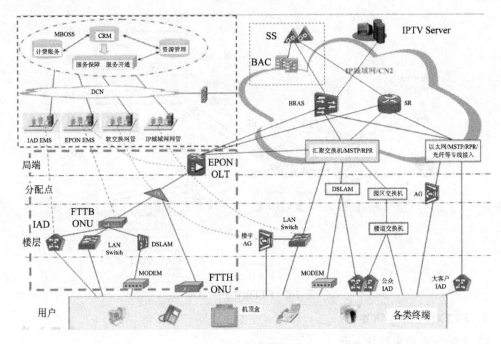

图 7-2　城域网网络结构

7.1.3　宽带接入方式

1. 宽带接入的基本概念与分类

宽带接入是指利用一定的接入技术，通过某种传输介质将客户端接入通信网络的方式，它分为有线宽带接入、无线宽带接入两大类。有线宽带接入一般分为 xDSL(主流为 ADSL)、LAN 及光纤接入等，而无线宽带接入一般分为 3G、Wi-Fi、WiMAX 等。如图 7-3 所示。

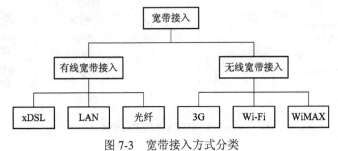

图 7-3　宽带接入方式分类

2. ADSL

ADSL 是指在普通电话铜线上开通宽带的非对称数字用户环路技术，是一种传统技术，目前已逐步退出，此处不再介绍。

3. FTTB(P2P)+LAN

FTTB(P2P)+LAN 即光纤到楼+局域网，是指利用以太网技术，采用光纤到大楼，再通过 5 类线入户的方式对社区进行综合布线，从而实现宽带接入的方式，如图 7-4 所示。图中的园区交换机上下联均为光口，楼道交换机上行通过光纤收发器和 1 对光纤上联至园区交换机。

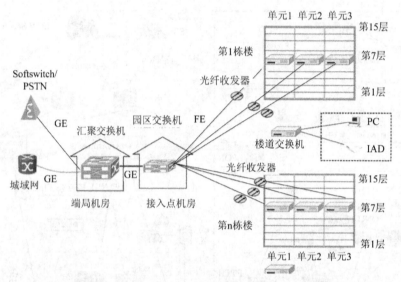

图 7-4　FTTB(P2P)+LAN

4. FTTX(P2MP)-PON

1) 点到多点的光纤接入网

点到多点的光纤接入网可分成有源光网络(AON)和无源光网络(PON)两大类，目前大多采用 PON 方式。PON 的主要技术有 EPON(这里的 E 指以太网)技术和 GPON(这里的 G 指吉比特以太网)技术，其网络结构如图 7-5 所示。

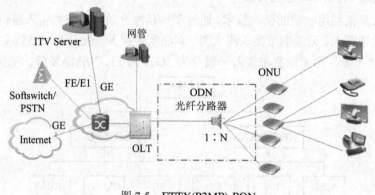

图 7-5　FTTX(P2MP)-PON

PON 系统由光线路终端(OLT，局端设备)、光分配网(ODN，光纤环路系统，光网络单元(ONU，用户端设备)组成，在光分配网中还包含光分路器、光纤光缆、分纤箱和光缆交接箱等一系列无源器件)。OLT 与 ONU 之间通过 ODN 连接。ONU 可以用多种方式连接用户，一个 ONU 可以连接多个用户。FTTX 根据 ONU 与用户的距离分为光纤到路边(FTTC)、光纤到大楼(FTTB)、光纤到家(FTTH)等多种形式。

2) OLT、ONU 的功能模块

从大方面来讲，二者的功能模块均由 PON 的核心功能模块及与 L2 交换机类似的功能模块组成。如图 7-6、图 7-7 所示。

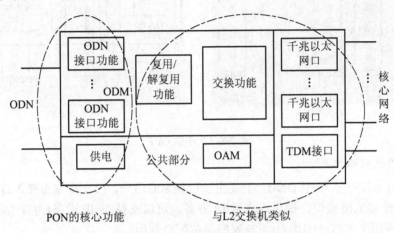

图 7-6　OLT 的功能模块

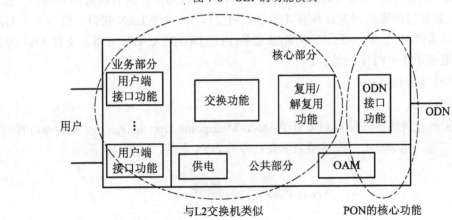

图 7-7　ONU 的功能模块

机架式 OLT(大型)采用插板式结构，包括接口板(或者称为线卡)、主交换板、主控板(主控板和主交换板可能合在一个板卡)及上联板(GE/10GE)等，其功能复杂、容量大，实现难度高。盒式 OLT(小型) 的核心是 PON 接口模块，其次是语音处理模块(以 VoIP 的方式提供语音业务)及 CPU(负责整个 ONU 的控制和管理，包括与 OLT 及网管的通信)，一般有 2~4 个 PON 口，1~2 个上联 GE 口，功能简单，容量小，实现容易。两种 OLT 如图 7-8 所示。

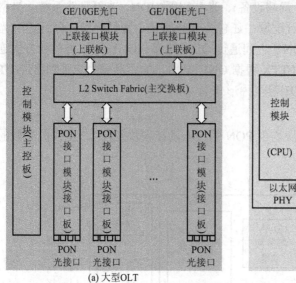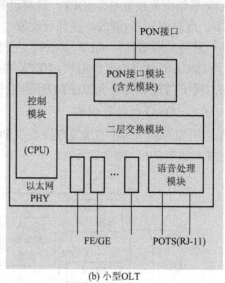

(a) 大型OLT　　　　　　　　(b) 小型OLT

图 7-8　大小型 OLT

3) ONU(光网络单元)

(1) SFU(单住户单元)型 ONU，主要用于单独家庭用户，仅支持宽带接入终端功能，具有 1 个或 4 个以太网接口，提供以太网/IP 业务，可以支持 VoIP 业务(内置 IAD)或 CATV 业务，主要应用于 FTTH 的场合(可与家庭网关配合使用)。

(2) HGU(家庭网关单元)型 ONU，主要用于单独家庭用户，具有家庭网关功能，相当于带 PON 上联接口的家庭网关，具有 4 个以太网接口，1 个 WLAN 接口，至少 1 个 USB 接口，提供以太网/IP 业务，可以支持 VoIP 业务(内置 IAD)或 CATV 业务，支持 TR-069 远程管理，主要应用于 FTTH 的场合。

4) PON 信息传输过程

(1) EPON。

EPON 无源光网络是一种点到多点(Point-to-Multipoint Optical Access Network)的光接入网络，是二层采用 802.3 以太网帧来承载业务的 PON 系统，如图 7-9 所示。

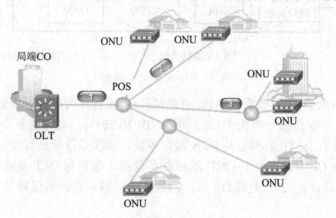

图 7-9　EPON 的基本组成

① 上行信息传输。EPON 上行信息传输如图 7-10 所示，其采用 TDMA(时分多址)方式，各 ONU 定时上报各自流量，OLT 根据各 ONU 业务流量进行动态(为什么要动态而不是固态？请大家思考)带宽分配授权时隙，ONU 在授权时隙内突发(为什么是突发而不采用长发？对设备有什么要求？请大家思考)传送数据，采用 1310 nm 波长。

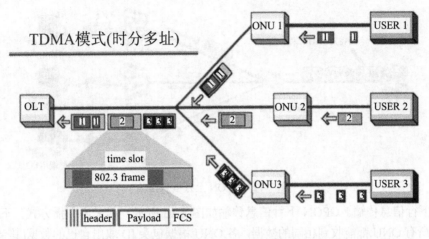

图 7-10　EPON 上行信息传输

② 下行信息传输。EPON 下行信息传输如图 7-11 所示，其采用广播方式，各 ONU 根据包头 ID 取出自己的数据(其余包丢弃)，可高效支持组播或广播业务，采用 1490 nm 波长。

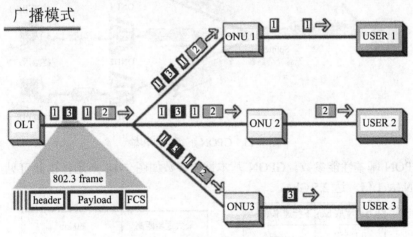

图 7-11　EPON 下行信息传输

③ CATV 信息传输。采用 1550 nm 波长，在 ONU 上设有单独的输出口。

由以上分析可知，EPON 采用 WDM 技术，实现了单纤双向传输，上行数据流采用 TDMA 技术、1310 nm 波长，下行采用广播方式、1490 nm 波长，CATV 采用 1550 nm 波长。EPON 速率为 1.25 Gb/s，实际净荷为 1 Gb/s。

(2) GPON。

GPON 系统采用 WDM 技术，实现单纤双向传输，为了分离同一根光纤上多个用户的来去方向的信号，采用以下两种复用技术：下行数据流采用广播技术和上行数据流采用 TDMA 技术。显然，这和 EPON 是完全一样的。

① 上行信息传输。EPON 上行信息传输如图 7-12 所示,其采用 TDMA(时分多址)方式,链路被分成不同的时隙,根据上行帧的 upstream bandwith map 字段来给每个 ONU 分配上行时隙。

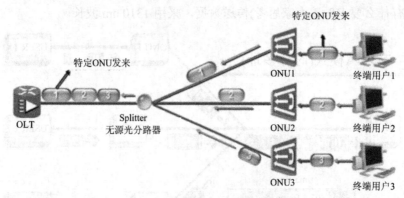

图 7-12　GPON 上行信息传输

② 下行信息传输。GPON 下行信息传输如图 7-13 所示,其采用广播方式,下行帧长为 125 μs,所有 ONU 都能收到相同的数据,各 ONU 根据包头 ID 取出自己的数据(其余包丢弃)。

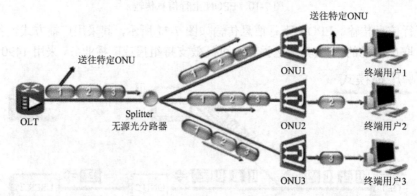

图 7-13　GPON 下行信息传输

③ GPON 基本性能参数。GPON 基本性能参数如图 7-14 所示,由此可见,其常用速率比 EPON 大 1 倍,达 2.5 Gb/s。

上行速率/(Gb/s)	下行速率/(Gb/s)
0.15552	1.24416
0.62208	1.24416
1.24416	1.24416
0.15552	2.48832
0.62208	2.48832
1.24416	2.48832
2.48832	2.48832

最大逻辑距离	60 km
最大物理传输距离	20 km
最大差分距离	20 km
分离器比	1:64可升级至1:128

上行1.24416 Gb/s,下行2.48832 Gb/s是目前可支持的主要速率

图 7-14　GPON 基本性能参数

5. 无线接入

1) 3G

第三代移动通信技术(3rd-generation，3G)，是指支持高速数据传输的蜂窝移动通信技术，3G 服务能够同时传送声音及数据信息，速率一般在几百 kbps 以上。目前 3G 存在 3 种标准：WCDMA、Td-SCDMA、CDMA2000。其中 WCDMA：2110 MHz～2170 MHz，1920 MHz～1980 MHz，频分双工系统，该系统能从现有的 GSM 网络上较容易的过渡到 3G，具有市场优势；Td-SCDMA：1880 MHz～1920 MHz，2010 MHz～2025 MHz，2300 MHz～2400 MHz，时分双工系统，主要由大唐电信提出，是我国百年通信史上第一次制定的国际标准，拥有自主知识产权，该系统应用多项先进技术，众多国际厂商均表示支持 Td-SCDMA；CDMA 2000：2110 MHz～2170 MHz，1920 MHz～1980 MHz，频分双工系统由 CDMA (800 MHz)延伸而来，可以从原有的 CDMA 网络直接升级到 3G，建设成本低廉。

2) Wi-Fi

Wi-Fi 是基于 IEEE 802.11b 标准的无线局域网，目前在全球重点应用的宽带无线接入技术之一。用于点对多点的无线连接，解决用户群内部的信息交流和网际接入，如企业网和驻地网。工作频率：2.4 GHz～5 GHz 之间 ，覆盖距离：100 m～300 m。

3) WiMAX

WiMAX 是一种无线城域网技术，它用于将 802.16 无线接入热点连接到互联网，也可连接公司与家庭等环境至有线骨干线路。它可作为线缆和 DSL 的无线扩展技术，被称作"无线 DSL"。其主要特点是：使用的频率为 2 GHz～11 GHz；传送距离最高 31 英里(50 km)；每区段最大数据速率是每扇区 70 Mb/s，每个基站最多 6 个扇区；可支持不同的服务等级，支持话音和视频。

7.1.4　传输介质

PON 网络是全光纤化网络，所以其主体传输介质就是到目前为止人类发现的最好的实用的传输媒介——光纤，但在 ONU 后则采用大家非常熟悉的数据线。下面简单介绍光纤和数据线。

1. 光纤通信的特点

容量大，中继距离长，保密性好，不受电磁干扰，节省资源，价格低廉，但其弯曲性能比铜线差，接续技术要求较高。

2. 光纤的结构及导光原理

通信用的光纤多为单模光纤，它由包层和纤芯两部分构成，主要成分是以 SiO_2 为主的石英玻璃纤维。包层的直径一般用 2b 表示，其值为 125 μm；纤芯的直径用 2a 表示，其值如下：单模光纤为 8 μm～10 μm，多模光纤为 50 μm 或 62.5 μm。光在传输时是通过纤芯，而不是包层，进入包层的光会很快衰减掉而不能向前传播，见本书图 2-1 所示。

3. 数据线

数据线就是双绞线，用的最多的是常见的 5 类线，它由白/蓝、白/橙、白/绿和白/棕 4 对铜芯线组成，各线对的扭绞节距均不一样，因为每对线所传信号的速率是不同的，两端的端接头是 RJ45 水晶头，如图 7-15 所示。

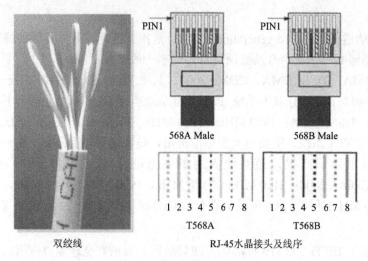

图 7-15　双绞线与 RJ45 水晶头

7.1.5　IPTV

　　IPTV 是基于宽带 IP 传输网，利用宽带接入技术，以机顶盒或其他具有视频编解码能力的数字化设备作为终端，通过聚合 SP 的各种流媒体服务内容和增值应用，为用户提供多种互动多媒体服务的宽带应用业务。其业务类型多样，但主要为直播、点播及两者的变体，主要有视频点播、电视直播、信息浏览、新闻查阅、股票查询、电子交易等等。

　　IPTV 的系统构成如图 7-16 所示。

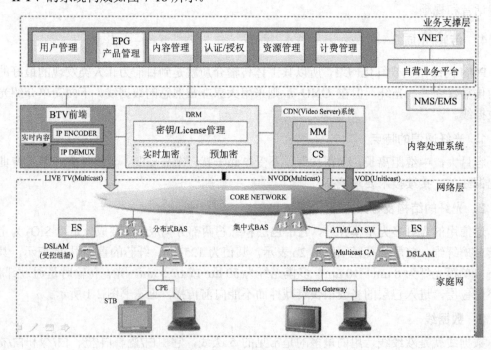

图 7-16　IPTV 系统构成

1. 头端

头端系统的主要功能就是把不符合 ITV 系统要求的影片、节目等内容转换成 ITV 系统支持的格式，并发送到 MDN 系统或组播设备。它一般包括视频接收模块、信号解复用模块、编码模块、加密模块、视频流发送等；其输入一般为视频文件、直播信号－电视、卫星信号等。

2. 分发&存储系统

分发&存储系统的输入来自于头端系统，头端系统把加工好的视频资料发送到传输/存储系统，如果是 VOD 节目信息，系统把相应的文件存在磁盘上，供用户点播，直播节目立即转发出去，直到用户终端设备，直播节目的传输分为单播和(受控)组播两种方式。

3. 用户接收设备

用户接收设备包括但不限于 IP 机顶盒、计算机等。机顶盒接收到视频信号后，通过相应的解码部件，把压缩、加密的信号转换为节目、未加密的信号，同时把数字信号转换成模拟信号发送到电视机上。用户接收设备可以显示 EPG，供用户选择、点播 VOD 节目等。

4. EPG/SMS 系统

EPG/SMS 系统是基于 IPTV 业务运营需求推出的业务支撑系统，主要由用户管理系统(SMS)和电子节目指南(EPG)两部分组成。SMS 可以为运营商提供产品管理、用户管理和EPG 管理等管理功能；EPG 系统把系统中的节目内容按照一定的规则进行分类组织，并通过终端设备显示在电视机上，同时提供计费、计费代理等功能。EPG/SMS 系统继承了大容量、高可靠、电信级系统方面的开发经验，具有可运营、可管理的特点。

5. DRM 系统

DRM 系统的主要功能就是保护系统中的节目信息不被非法使用。DRM 分散于整个系统中，需要多个模块配合来完成。

7.2　网络设备认识及施工要领

PON 网络主要由 OLT、ODN 和 ONU 三部分构成，网络设备分为有源设备和无源设备两部分，其中有源设备主要是 OLT 和 ONU，其余为无源设备。认识和了解这些设备的功能、在网络中的位置、主要指标参数等，对于做好安装和维护工作十分有利。

7.2.1　常用术语介绍

(1) 无源光网络：由光纤、光分路器、光连接器等无源光器件组成的点对多点的网络，简称 PON。

(2) 光分配网：是无源光网络的另一种称呼，由馈线光缆、光分路器、支线光缆组成的点对多点的光分配网络，简称 ODN。

(3) 馈线：光分配网中从光线路终端 OLT 侧紧靠 S/R 接口外侧到第一个分光器主光口入口连接器前的光纤链路。

(4) 配线：光分配网中从第一级光分路器的支路口到光网络单元 ONU 线路侧 R/S 接口

间的光纤链路。采用多级分光时，也包含除一级光分路器以外的其他光分路器。

(5) 光分路器：一种可以将一路光信号分成多路光信号以及完成相反过程的无源器件，简称 OBD。

(6) 入户光缆：引入到用户建筑物内的光缆。

(7) 皮线光缆：是一种采用小弯曲半径光纤的入户光缆，适用于室内暗管、线槽、钉固等敷设方式。一般选用具有低烟无卤阻燃特性外护套的非金属加强构件光缆。

(8) 光线路终端(Optical Line Terminal，OLT)：是光接入网提供的网络侧与本地交换机之间的接口，完成电光光电转换、业务接口及协议处理，并经无源光网络与用户侧的光纤网络单元(ONU)通信，提供网络管理接口。

(9) 光网络单元(Optical Network Unit，ONU)：为光接入网提供直接的或远端的用户侧的业务接口。

7.2.2　有源设备

1. OLT 设备

1) OLT 设备在网络中的位置

OLT 设备在网络中处于网络接入层，如图 7-17 所示，支持 P2P 和 P2MP，支持 FTTH和 FTTB/FTTC(OLT + ONT、OLT +MDU、OLT +Mini DLSAM 等)。

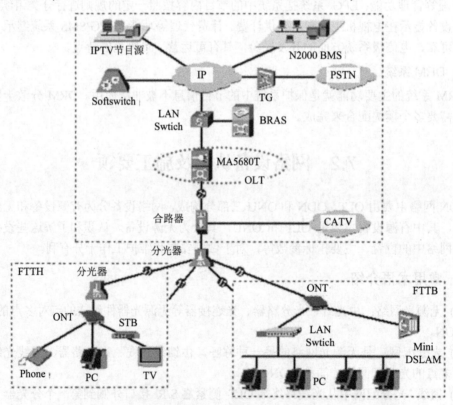

ONT—光网络终端；STB—机顶盒；BRAS—宽带接入服务器；TG—中继网关

图 7-17　OLT 设备在网络中的位置

2) 华为公司的 OLT 产品简介

华为公司的 OLT 产品很多，这里简要介绍几种，如图 7-18 所示。这些产品能为用户提供 10 G 平台，T 比特光接入平台，槽位带宽 10 GE，上行 4 × 10 GE。适应全光接入网络 EPON 和 GPON 共平台设计，可以从 EPON 无缝切换到 GPON。

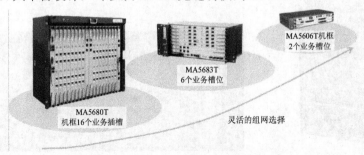

图 7-18　华为公司的几种 OLT 产品

华为公司的 SmartAX MA5680T 是一款汇聚型 OLT，融合了汇聚交换功能，可提供高密度接入，高精度时钟，支持 TDM、ATM、以太网专线，能够实现流畅的三重播放业务及高可靠的企业接入服务。该 OLT 可级联 DSLAM、MSAN 及远端接入设备，直连 BRAS 组网，在节省网络建设投资的同时，增强了网络的可靠性，节约运维成本，其基本组成如图 7-19 所示。图中 SCUL 、SCUB 是主控板，GPBC、OPFA 为业务板，ETHA 为以太网业务级联板，GICF/G、GICD/E、X1CA、X2CA、TOPA 为上行接口板，PRTG 为电源接口板，CITA 为通用接口板。

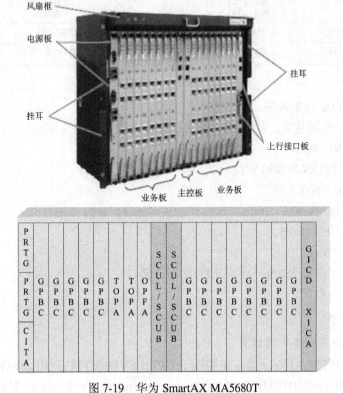

图 7-19　华为 SmartAX MA5680T

3) 烽火公司 OLT 设备——AN5116

本书简要介绍烽火公司的 AN5116-01 和 AN5116-06 OLT 设备，它们的外形如图 7-20 所示。

　　　　(a) AN5116-01　　　　　　　　　　　　　　　　(b) AN5116-06

图 7-20　烽火公司的两种 OLT 产品

(1) AN5116-01 的性能参数如图 7-21 所示。

业务类型	单子架最大接入能力（路）	交换能力	
▢GEPON ▢2.5G EPON ▢2.5G GPON ▢P2P	▢EPON 128 PON口（下带 8192个ONU） ▢GPON 64 PON 口 ▢GE 128路	▢交换容量 976Gbit/s ▢背板带宽 3.25Tbit/s ▢槽位带宽 20Gbit/s	
上联接口	▢4*10GE/12*GE ▢128*E1 ▢8*STM-1	软交换协议	▢MGCP ▢H.248 ▢SIP
工作电压	子架尺寸		满配功耗
▢DC -48V	▢620mm(H)×480mm(W)×260mm(D)		▢650W

图 7-21　AN5116-01 的性能参数

(2) AN5116-06 技术规格。

尺寸：标准 19 英寸宽，4.5U 高，480×195×365(宽×高×深)；

电源：-48 V(-40 V～-57 V)；

功耗：满配 EPON 时 240 W；

工作温度：0～50℃；

存放环境温度：-30℃～60℃；

环境湿度：10%～90%；

重量：满配 10 kg；

端口配置：单框最大 256/512 路 EPON 用户接口；

工作模式：全双工。

2. ONU 设备

1) ONU 设备在网络中的位置

ONU 处于网络接入层的尾端，主要用于 FTTH/FTTB/FTTC 应用，即 OLT＋SFU (Single Family Unit)、OLT＋MDU/SBU (Multi Dwelling Unit/Single Business Unit)及 OLT＋Mini

DLSAM 等。如图 7-22 所示。图中的 ONT 就相当于我们所讲的 ONU。

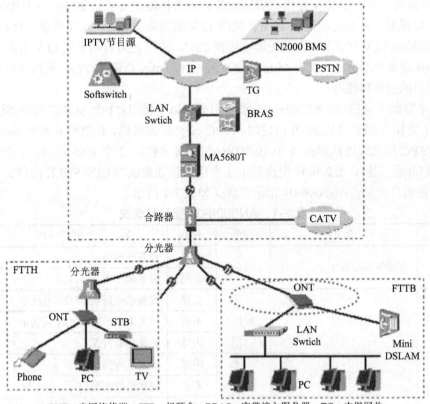

ONT—光网络终端；STB—机顶盒；BRAS—宽带接入服务器；TG—中继网关

图 7-22 ONU 设备在网络中的位置

2) 烽火 AN5006-04 产品介绍

AN5006-04 EPON 远端机是烽火通信自主研发的三网合一、光纤到户型宽带接入设备，具有高可靠性、良好的服务质量(QoS)保证、可管理、扩容和组网灵活等特点。设备的各项功能和性能指标都满足 ITU-T 、IEEE 相关建议和有关国标和行标的技术规范。

AN5006-04 设备是单用户型远端 EPON 用户设备,它与烽火通信自主研发的 EPON 局端设备一起,可组成千兆 EPON 系统,为用户提供三网合一的宽带接入,可满足家庭或小型办公企业上网、电话及视频娱乐等多种需求。其外形如图 7-23 所示。

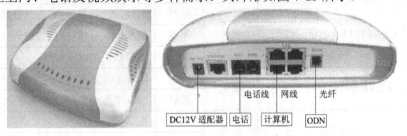

图 7-23 烽火 AN5006-04 ONU 产品

AN5006-04 的功能特点：

(1) 强大的业务接入能力。AN5006-04 设备采用单纤波分复用方式，下行信号波长为

1490 nm，上行信号波长为 1310 nm，CATV 信号波长为 1550 nm。仅需一根光纤就可以同时传输 IP 数据业务、语音业务和 CATV 业务，最大传输距离可达 20 kg。AN5006-04 设备功率小、能耗低，最大功耗仅为 15 W。采用 12 V 直流电源供电，安全可靠。设备既可通过 220 V 交流转成 12 V 直流的电源适配器连接到 220 V 市电，也可直接采用 12 V 直流电池供电。AN5006-04 设备外形小巧，仅为 45 mm×200 mm×170 mm(高×宽×深)；重量约为 650 g，十分便于用户的安装和使用。

(2) 丰富的业务接口。AN5006-04 设备可提供以下接口：1 个 SC/PC 型或 SC/APC 型光接口(Ⅰ型和 A 型产品的 PON 口使用 SC/PC 型光纤连接器，Ⅱ型和 B 型产品的 PON 口使用 SC/APC 型光纤连接器)；4 个 10/100BASE-TX 端口；2 个 FXS 端口；1 个 CATV 同轴电缆接口(限于Ⅱ1，Ⅱ2 和 B 型设备)；1 个用于管理调试的 CONSOLE 接口。

(3) 指示灯含义。AN5006-04 指示灯含义如表 7-1 所示。

表 7-1 AN5006-04 指示灯含义

LED	含义	颜色	状态	说明
PWR	电源状态指示灯	绿色	长亮	设备已加电
			不亮	设备未加电
REG	注册状态指示灯	绿色	长亮	设备已注册到 EPON 系统中
			不亮	设备未注册到 EPON 系统中
			闪烁	设备注册有误
LOS	光信号丢失状态指示灯	绿色	闪烁	设备未收到光信号
			不亮	设备已收到光信号
LAN1	LAN1 接口状态指示灯	绿色	长亮	此端口已与用户 PC 正常连接
			不亮	此端口空闲或与用户 PC 连接异常
			闪烁	此端口正在收发数据
LAN2	LAN2 接口状态指示灯	绿色	长亮	此端口已与用户 PC 正常连接
			不亮	此端口空闲或与用户 PC 连接异常
			闪烁	此端口正在收发数据
LAN3	LAN3 接口状态指示灯	绿色	长亮	此端口已与用户 PC 正常连接
			不亮	此端口空闲或与用户 PC 连接异常
			闪烁	此端口正在收发数据
LAN4	LAN4 接口状态指示灯	绿色	长亮	此端口已与用户 PC 正常连接
			不亮	此端口空闲或与用户 PC 连接异常
			闪烁	此端口正在收发数据
LAD	IAD 状态指示灯	绿色	闪烁	IAD 工作正常
			长亮	IAD 工作不正常
ACT	语音状态指示灯	绿色	闪烁	电话摘机
			不亮	电话空闲

(4) 产品类型。按照传输距离的不同和是否安装了 CATV 模块，AN5006EPON 远端机

有六种类型，如表 7-2 所示。用户可根据需要选择最合适的产品。烽火 AN5006ONU 产品类型见表 7-2。

表 7-2 烽火 AN5006ONU 产品类型

产品型号	EPON 光口	用户以太网接口	语音接口	CATV 接口	传输距离
EPON 远端机 I 1	1 个(SC/PC)	4 个(RJ-45)	2 个	—	10 km
EPON 远端机 I 2	1 个(SC/PC)	4 个(RJ-45)	2 个	—	20 km
EPON 远端机 II 1	1 个(SC/PC)	4 个(RJ-45)	2 个	1 个	10 km
EPON 远端机 II 2	1 个(SC/PC)	4 个(RJ-45)	2 个	1 个	20 km
EPON 远端机 III1	1 个(SC/PC)	4 个(RJ-45)	2 个	—	20 km
EPON 远端机 III2	1 个(SC/PC)	4 个(RJ-45)	2 个	1 个	20 km

(5) 组网应用示例。AN5006-04 设备支持的业务有普通电话业务、IP 数据业务、CATV 业务。它与 ODN(或无源光分路器)、OLT (如 AN5116-02 EPON 局端机)共同组成 EPON 系统网络，实现业务的接入。本设备提供标准的 10/100BASE-TX 端口与用户电脑连接，提供 FXS 端口与用户电话连接，还提供 CATV 同轴电缆接口与用户电视连接，从而实现"三网合一"的多业务接入。组网示意图如图 7-24 所示。ODN 的分路比为 1：32。语音业务在 AN5006-04 设备侧经过处理后变成 IP 包，再以 IP 包的形式在 PON 内传输，然后通过 OLT 设备的 V5 接口上联至 PSTN，或通过 GE 接口上联到软交换网络。软交换支持 H.248 和 MGCP 协议。数据业务则一直以以太网包的形式在 PON 内传输，通过 OLT 上的 GE 接口上联到城域网。本设备采用单纤波分复用技术，1490 nm 波传送下行数据和语音信号，1310 nm 波传送上行数据和语音信号。CATV 业务采用 WDM 技术，在 1550 nm 波长上与数据和语音业务共网传输。

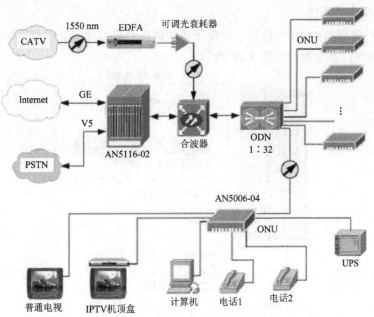

图 7-24 烽火 AN5006-04ONU 产品组网应用示例

7.2.3 无源设备

FTH 中的无源设备就是 ODN(光分配网)，其基本组成如图 7-25 所示，它包括 5 个子系统：中心机房子系统(主要是 ODF)、馈线光缆子系统、配线光缆子系统、引入光缆子系统、入户光缆子系统、用户终端子系统。

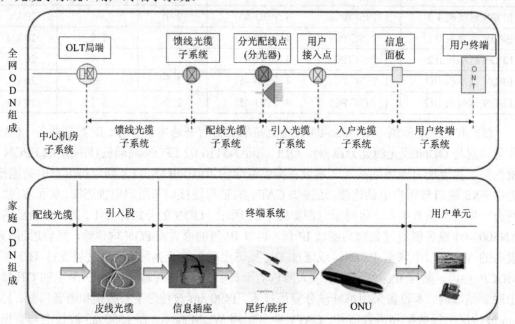

图 7-25　ODN 中的设备组成

1. 通信机房子系统

中心机房(即局端)ODF 主要用于实现大量的进局光缆的接续和调度，主要有如下特点：高密度，易操作，多功能，如图 7-26 所示。

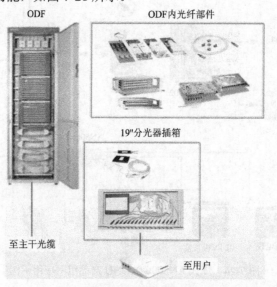

图 7-26　ODF 及其配件

ODF 架上常用光纤跳线、尾纤如图 7-27 所示，其接头型号有 ST、SC、FC、MTRJ、LC、D4 等。光纤跳线是从设备到光纤布线链路的跳接线，有较厚的保护层，一般用在光端机和 ODF 之间的连接。尾纤又叫猪尾线，只有一端有连接头，而另一端是一根光缆纤芯的断头，通过熔接与其他光缆纤芯相连，常出现在光纤终端盒内，用于连接光缆与光纤收发器，光纤跳线的长度可以定制，一般在机房使用的都在 5 m 以内。

图 7-27　ODF 架上常用光纤跳线、尾纤

2．主干光缆子系统

主干光缆连接局端 ODF 与光交接箱。主干传输光缆所用光缆芯数较少，每根光纤承载的业务量大，跳线调度不多，其间常用设备主要有光缆交接箱、光缆接头盒等，如图 7-28 所示。光缆交接箱可分为有跳纤和无跳纤两种，其中后者多用。无跳纤光缆交接箱分为室外和室内两种，具体容量配置如表 7-3 所示，箱内结构及布纤见图 7-29。主干光缆交接箱一般安装在主干道边上或十字路口，靠近大的集团用户和商业用户，采用落地式安装为主，附近管孔资源要丰富；小区光缆交接箱理论位置在小区中央，实际位置一般要略偏向靠局方侧，安装方式可以为落地式或壁挂式或架空式，如果采用壁挂式安装，一般安装在楼房单元口外平台上墙壁侧，箱底距平台 1.2 m。

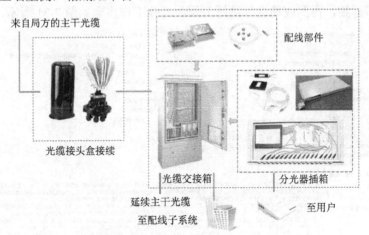

图 7-28　主干光缆子系统

表 7-3　无跳纤光缆交接箱的基本参数

型号	规格				熔配一体托盘数量(主干光缆成端)	过路直熔盘数量(芯，选配)	备注
	主干容量/芯	配线容量/芯	箱体尺寸(参考)高×宽×深/mm	材质			
CT	96	288	2000×600×300	冷轧钢板	8(12 芯/盘)	168	室内
GXF09D	144	252	1450×750×320	SMC	6(24 芯/盘)	168	室外

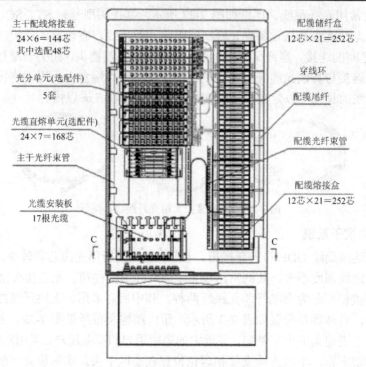

图 7-29　无跳纤光缆交接箱的基本结构

关于跳纤安装：装维经理接到建设工单后(如图 7-30 所示)，首先要看清楚工单上的信息，然后打印标签，再到现场进行跳纤工作，具体工作步骤见图 7-31 所示。

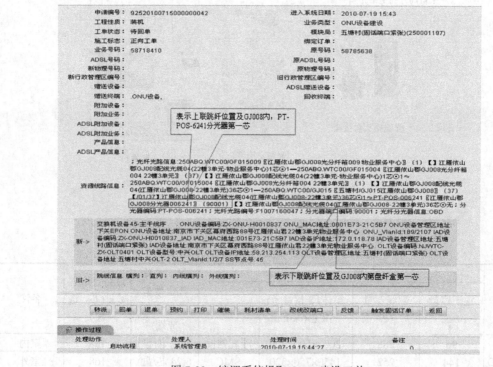

图 7-30　综调系统提取 ONU 建设工单

图 7-31　光交接箱内布放跳纤的 5 个步骤

跳纤长度控制原则：分光器至用户光缆的跳纤，长度余长控制在 50 cm 以内，一般选用 1 m、2 m、2.5 m、3 m 的尾纤；用户终端盒内 ONU 与光纤端子跳纤一般选用 50 cm 的短尾纤；常备纤选用：50 cm、1 m、1.5 m、2 m、2.5 m、3 m 等。

跳纤走纤规范：跳纤操作必须满足架内整齐、布线美观、便于操作、少占空间的原则；跳纤长度必须掌握在 500 mm 余长范围内；长度不足的跳纤不得使用，不允许使用法兰盘连接两段跳纤(跳线中间不能有接头)；　架内跳纤应确保各处曲率半径大于 400 mm。对于上走线的光纤，应在 ODF 架外侧下线，选择余纤量最合适的盘纤柱，并在 ODF 架内侧向上走纤，水平走于 ODF 下沿，垂直上至对应的端子；一根跳纤，只允许在 ODF 架内一次下走(沿 ODF 架外侧)、一次上走(沿 ODF 架内侧)，走一个盘纤柱，严禁在多个盘纤柱间缠绕、交叉、悬挂，即每个盘纤柱上沿不得有纤缠绕；根据现场具体情况，应在适当处对跳纤进行整理后绑扎固定；所有跳纤必须在 ODF 架内布放，严禁架外布放、飞线等现象的发生；对应急使用的超长跳纤应当按照规则挂在理纤盘上，不得对以后跳纤造成影响。

3. 配线光缆子系统

在 FTTH 系统中，配线光缆子系统中的无源器件主要是由光缆交接箱至光缆分纤箱的光缆、光缆分纤箱、光缆分纤盒、分光器及光缆连接配件组成的，如图 7-32 所示。

配线光缆子系统是 EPON 的 ODN 应用中最关键的一个环节，也是配置最为灵活的一个环节，其连接从光缆交接箱过来的配线光缆，通过光纤分光器，完成对多用户的光纤线路分配功能，其功能与传统的 **ODF** 产品有较大不同。一般安装在住宅大楼的楼道或弱电井中。对此类产品的要求主要有：配置灵活，体积小，成本低，性能稳定可靠等。

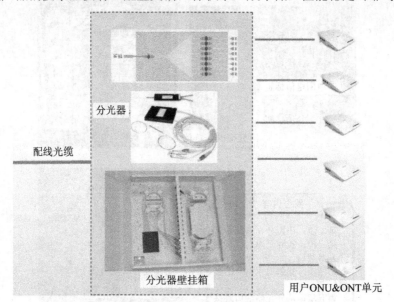

图 7-32　配线光缆子系统

1) 光缆分纤箱

光缆分纤箱的作用是连接配线光缆和皮线光缆，其基本结构及实物如图 7-33 所示。图中所涉及产品具有以下特点：适用于插片式光分路器；与主干光缆熔接的尾纤不用时可插于机箱下部的法兰盘，使用时再拔出插到指定的光分路器入口处，节省法兰盘、尾纤成本；光分路器安装板采用翻转结构，下面安装直熔盘，可盘绕光纤，最大限度利用内空间。

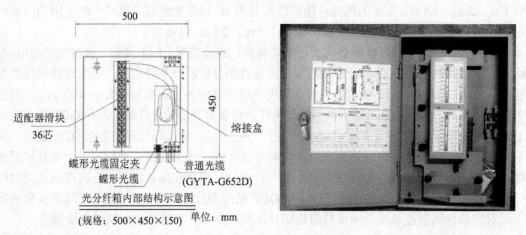

图 7-33　分纤箱的结构及实物

2) 分光器

分光器是 **EPON** 系统中不可缺少的无源光纤分支器件。作为连接 **OLT** 设备和 **ONU** 用户终端的无源设备，它把由馈线光纤输入的光信号按功率分配到若干输出用户线光纤上，一般有 1 分 2、1 分 4、1 分 8、1 分 16、1 分 32 五种分支比。对于 1 分 2 的分支比，功率会有平均分配(50:50)和非平均分配(5:95、40:60、25:75)多种类型。各式分光器实物及基本配置分别如图 7-34 和表 7-4 所示。

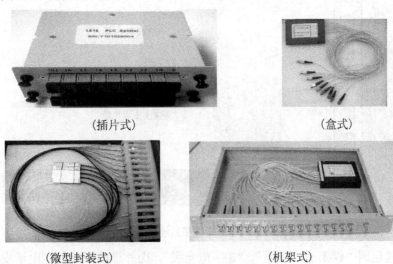

(插片式)　　　　　　　　　　　　　　(盒式)

(微型封装式)　　　　　　　　　　　　(机架式)

图 7-34　各式分光器实物

表 7-4　各式分光器基本配置

产品类别	分光比	光纤类型	光纤长度	连接器类型
盒式封装	1×2	ϕ2.0、3.0 mm	1.0～1.8 m	SC、FC、LC
	⋯	ϕ2.0、3.0 mm	1.0～1.8 m	SC、FC、LC
	1×32	ϕ2.0、3.0 mm	1.0～1.8 m	SC、FC、LC
	1×64	ϕ2.0、3.0 mm	1.0～1.8 m	SC、FC、LC
	1×128	ϕ2.0、3.0 mm	1.0～1.8 m	SC、FC、LC
微型封装	1×2	ϕ0.9 mm	1.0～1.8 m	SC、FC、LC
	⋯	ϕ0.9 mm	1.0～1.8 m	SC、FC、LC
	1×32	ϕ0.9 mm	1.0～1.8 m	SC、FC、LC
	1×64	ϕ0.9 mm	1.0～1.8 m	SC、FC、LC
	1×128	ϕ0.9 mm	1.0～1.8 m	SC、FC、LC
机架式	1×2	ϕ2.0、3.0 mm	1.0～1.8 m	SC、FC、LC
	⋯	ϕ2.0、3.0 mm	1.0～1.8 m	SC、FC、LC
	1×32	ϕ2.0、3.0 mm	1.0～1.8 m	SC、FC、LC
	1×64	ϕ2.0、3.0 mm	1.0～1.8 m	SC、FC、LC
	1×128	ϕ2.0、3.0 mm	1.0～1.8 m	SC、FC、LC
托盘式	1×2	ϕ0.9、2.0、3.0 mm	1.0～1.8 m	SC、FC、LC
	⋯	ϕ0.9、2.0、3.0 mm	1.0～1.8 m	SC、FC、LC
	1×32	ϕ0.9、2.0、3.0 mm	1.0～1.8 m	SC、FC、LC
	1×64	ϕ0.9、2.0、3.0 mm	1.0～1.8 m	SC、FC、LC
	1×128	ϕ0.9、2.0、3.0 mm	1.0～1.8 m	SC、FC、LC

3) 引入光缆子系统

引入光缆子系统中的无源器件包括皮线光缆及各种敷设皮线光缆的施工材料、终端盒、用户光纤终端插座以及配件等，如图 7-35 所示，这里主要为大家介绍皮线光缆。

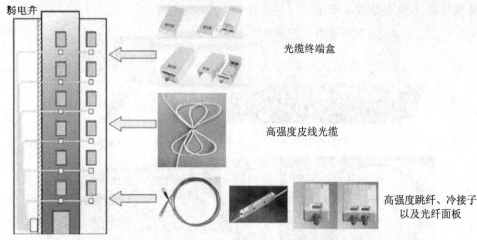

光缆终端盒

高强度皮线光缆

高强度跳纤、冷接子以及光纤面板

图 7-35　引入光缆子系统实物组成

皮线光缆也叫"蝶形引入光缆"、"8 字型光缆"，因外形酷似普通的电话皮线，在工程中常被称为皮线光缆。皮线光缆主要应用于 FTTH 的光缆线路的用户引入段。最常用的皮线光缆分为 GJX—蝶形引入光缆和 GJYX—自承式蝶形引入光缆两种，此外，还有一种管道皮线光缆。它们的结构及型号分别如图 7-36 和表 7-5 所示。

皮线光缆中光纤的芯数可以是 1 芯，也可以是 2 芯或 4 芯，还可以根据用户的要求自己设置芯数；皮线光缆中常用的光纤类别有 B1.1—非色散位移单模光纤、B1.3—波长段扩展的非色散位移单模光纤、B6—弯曲损耗不敏感单模光纤三种；皮线光缆标准盘长有 500 m、1000 m、2000 m 等。皮线光缆的衰减标准值为：1310 nm：0.4 dB/km；1550 nm：0.3 dB/km。

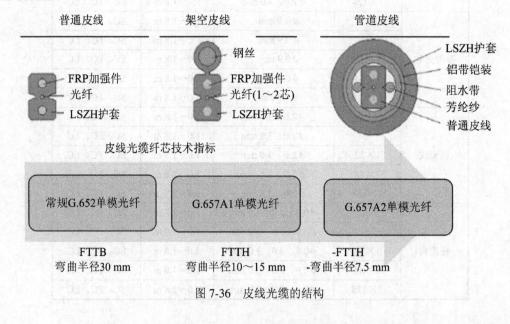

图 7-36　皮线光缆的结构

表 7-5　皮线光缆的型号

入户皮线光缆 2*3.1(单芯)	GJXFV-181	采用G652D光纤，用于室内	非金属(FRP)
	GJXV-181	采用G652D光纤，用于室内	金属丝(0.4钢丝)
	GJXFV-186	采用G657A光纤，用于室内	非金属(FRP)
	GJXV-186	采用G657A光纤，用于室内	金属丝(0.4钢丝)
入户皮线光缆 2*3.1(双芯)	GJXFV-281	采用G652D光纤，用于室内	非金属(FRP)
	GJXV-281	采用G652D光纤，用于室内	金属丝(0.4钢丝)
	GJXFV-286	采用G657A光纤，用于室内	非金属(FRP)
	GJXV-286	采用G657A光纤，用于室内	金属丝(0.4钢丝)
自承式皮线光缆 2*5.3(单芯)	GJYXFCR-181	采用G652D光纤，用于室外	非金属(FRP)
	GJYXCR-181	采用G652D光纤，用于室外	金属丝(0.4钢丝)
	GJYXFCR-186	采用G657A光纤，用于室外	非金属(FRP)
	GJYXCR-186	采用G657A光纤，用于室外	金属丝(0.4钢丝)
自承式皮线光缆 2*5.3(双芯)	GJYXFCR-281	采用G652D光纤，用于室外	非金属(FRP)
	GJYXCR-281	采用G652D光纤，用于室外	金属丝(0.4钢丝)
	GJYXFCR-286	采用G657A光纤，用于室外	非金属(FRP)
	GJYXCR-286	采用G657A光纤，用于室外	金属丝(0.4钢丝)
ϕ6.8管道皮线 光缆(单芯)	GYPFRA-181	采用G652D光纤，用于管道	非金属(FRP)
	GYPRA-181	采用G652D光纤，用于管道	金属丝(0.4钢丝)
	GYPFRA-186	采用G657A光纤，用于管道	非金属(FRP)
	GYPRA-186	采用G657A光纤，用于管道	金属丝(0.4钢丝)
ϕ6.8管道皮线 光缆(双芯)	GYPFRA-281	采用G652D光纤，用于管道	非金属(FRP)
	GYPRA-281	采用G652D光纤，用于管道	金属丝(0.4钢丝)
	GYPFRA-286	采用G657A光纤，用于管道	非金属(FRP)
	GYPRA-286	采用G657A光纤，用于管道	金属丝(0.4钢丝)

4) 光缆终端子系统

在 FTTH 系统中，光缆终端子系统中的无源器件主要包括光纤入户信息箱、光纤面板、光纤快速连接器、冷接子等，如图 7-37 所示。ODN 的光纤终端子系统完成了 FTTH 的最后一环，实现了光纤信号与用户 ONU 设备的连接，一般要求入户 ODN 设备外形美观，结构简洁，并且由于具体的应用环境不同，具有综合接入箱和光纤盒等不同的形式。综合接入箱(光纤入户信息箱)方案将整套应用设备全部安装在一个箱体内，在室内可嵌墙式安装，内部可提供 ONU、UPS 电源、配线等多种功用，是家庭应用的理想选择。光纤盒接续是一种简单解决方案，ONU 等外置于桌面

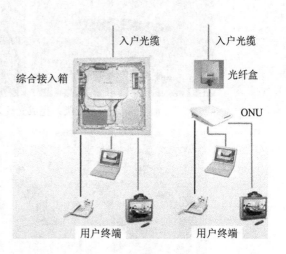

图 7-37　光缆终端子系统

上，成本更低一些。

(1) 光纤入户信息箱。光纤入户信息箱的实物如图 7-38 所示。箱内有电源插座、86 盒/ONU 固定位置、5 类线/跳纤盘放位置等。

图 7-38　光纤入户信息箱

(2) 光纤面板(86 盒)。光纤面板是 FTTH 入户的终端产品，用于家庭或工作区，为用户提供皮线光缆盘绕和成端，为 ONU 提供光接口，如图 7-39 所示。

图 7-39　光纤面板盒

(3) 光纤快速连接器。光纤快速连接器是现场制作光纤接头的一种光纤冷接产品，制作时无需研磨、注胶、耗材，设备操作也无需电源，采用全手工操作，具有安装质量高、成功率高、可靠性高和安装快速等特点。按照功能分为端接和接续两大类，如图 7-40 所示。

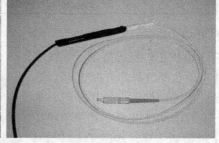

(接续类：完成光纤之间的冷接续)

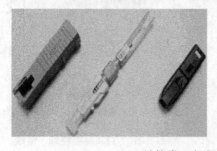

(端接类：完成光纤成端)

图 7-40　光纤快速连接器

7.3 入户线路施工

7.3.1 ODN 网络结构和组网原则

光分配网(Optical Distribution Network，ODN)是光线路终端(OLT)至光网络单元(ONU)之间光缆物理网络，如图 7-41、图 7-42 所示。光分配网(ODN)将一个 OLT 和多个 ONU 连接起来，提供光信号的双向传输，它是信息的物理承载网络。ODN 网络由分光器之前的上联光缆(馈线光纤)、分光器和分光器之后的分支配线光缆组成，在接入网层面 ODN 贯穿到整个主干层、配线层、引入层网络当中。

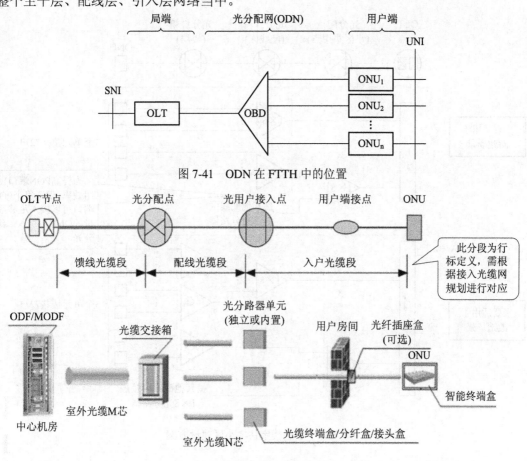

图 7-41 ODN 在 FTTH 中的位置

图 7-42 ODN 及实物对应

ODN 网络可采用三种组网方式：一级集中分光、一级分散分光、二级分光。根据用户分布情况合理设置分光区，分光区是一个以集中分光点为中心覆盖的区域，分光点设置在小区内光交箱或客户端接入机房。ODN 网络要最大限度地减少活动连接器的使用，以减少链路衰减。

一级分光综合性能更优，故障点少，且更有利于故障定位。对于一个固定区域，采用一级分光有两种设置方式：光分路器集中设置(如小区集中设置)，有利于集中维护管理、提高 PON 口和光分路器端口使用效率，但对设置点空间要求稍高、所需的光缆纤芯多；光分路器分散设置(如小区分片设置)，可灵活选点、所需的纤芯较少，不利于集中维护管理，建议主要采用集中设置方式。

二级分光适宜于低用户密度区域，有利于提高 PON 口和光分路器端口使用效率，特别是对于采用大光分路比组网的应用。对于旧区域改造，可充分利用现有光缆资源，适当采用二级分光。下面介绍几种典型建设方案，供大家参考。

1. 多层楼宇住宅小区的分光方式及适应场景

多层楼宇住宅小区的分光方式及适应场景建设方案如图 7-43 所示。

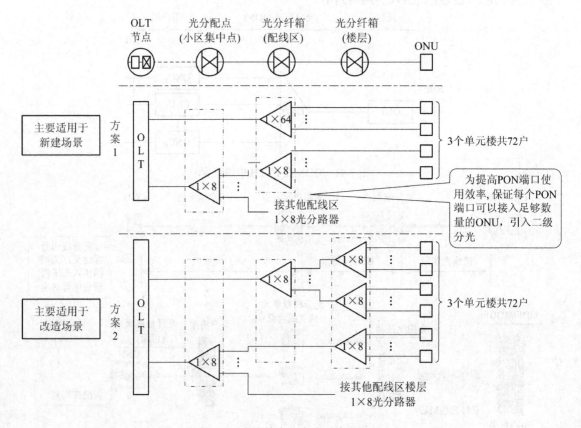

图 7-43　多层楼宇住宅小区建设方案

2. 高层楼宇住宅小区的分光方式及适应场景

高层楼宇住宅小区的分光方式及适应场景建设方案如图 7-44 所示。

3. 别墅区 ODN 建设方案

别墅区 ODN 建设方案如图 7-45 所示。

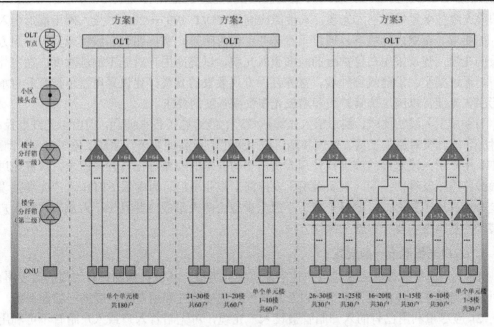

图 7-44　高层楼宇住宅小区建设方案

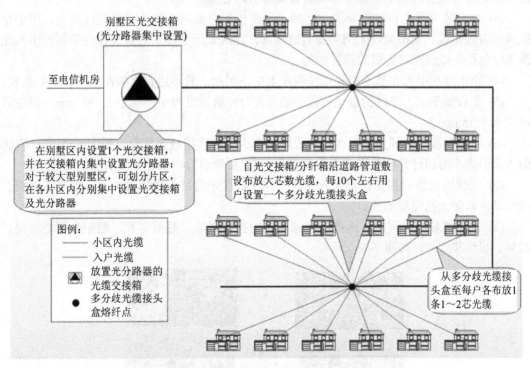

图 7-45　别墅区 ODN 建设方案

7.3.2　入户光缆线路施工

FTTH 用户引入段光缆需根据系统的实际情况，综合考虑光纤的种类、参数以及适用范围来选择合适的光纤和光缆结构。除通过管道和直埋方式敷设入户的光缆，一般 FTTH

入户段光缆应采用蝶形引入光缆，其性能应满足 YD/T 1997—2009《接入网用蝶形引入光缆》的要求。在室内环境下，通过垂直竖井、楼内暗管、室内明管、线槽或室内钉固方式敷设的光缆，建议采用白色护套的蝶形引入光缆，以提高用户对施工的满意度；在室外环境下，通过架空、沿建筑物外墙、室外钉固方式敷设的光缆，建议采用黑色护套的自承式蝶形引入光缆，以满足抗紫外线和增加光缆机械强度的要求。

与铜质引入线相比较，蝶形引入光缆质量轻、能给施工带来便利，但由于光纤直径小、韧性差，因此又对施工工具、仪表和施工技术提出了更高的要求，增加了施工难度。因此，FTTH 用户引入段光缆的施工及管理人员需要树立新的线路施工与管理理念，掌握先进的光缆线路施工及维护技术，重新组织、安排施工作业小组。为确保 FTTH 入户光缆敷设的安全并提高施工效率，一般每个施工小组至少应由两人组成，并且每个人都应掌握入户光缆装维的基本技术要领和施工操作方法。

1．入户光缆敷设一般规定

(1) 入户光缆敷设前应考虑用户住宅建筑物的类型、环境条件和已有线缆的敷设路由，同时需要对施工的经济性、安全性以及将来维护的便捷性和用户满意度进行综合判断。

(2) 应尽量利用已有的入户暗管敷设入户光缆，对无暗管入户或入户暗管不可利用的住宅楼宜通过在楼内布放波纹管方式敷设蝶形引入光缆。

(3) 对于建有垂直布线桥架的住宅楼，宜在桥架内安装波纹管和楼层过路盒，用于穿放蝶形引入光缆。如桥架内无空间安装波纹管，则应采用缠绕管对敷设在内的蝶形引入光缆进行包扎，以起到对光缆的保护作用。

(4) 由于蝶形引入光缆不能长期浸泡在水中，因此一般不适宜直接在地下管道中敷设。

(5) 敷设蝶形引入光缆的最小弯曲半径应符合：敷设过程中不应小于 30 mm；固定后不应小于 15 mm。

(6) 一般情况下，蝶形引入光缆敷设时的牵引力不宜超过光缆允许张力的 80%；瞬间最大牵引力不得超过光缆允许张力的 100%，且主要牵引力应加在光缆的加强构件上。

(7) 应使用光缆盘携带蝶形引入光缆，并在敷设光缆时使用放缆托架，使光缆盘能自动转动，以防止光缆被缠绕。

(8) 在光缆敷设过程中，应严格注意光纤的拉伸强度、弯曲半径，避免光纤被缠绕、扭转、损伤和踩踏，如图 7-46 所示。

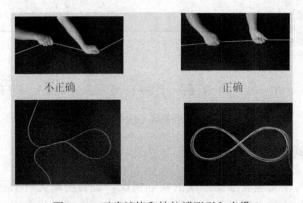

图 7-46　正确缠绕和拽拉蝶形引入光缆

(9) 在入户光缆敷设过程中，如发现可疑情况，应及时对光缆进行检测，确认光纤是否良好。

(10) 蝶形引入光缆敷设入户后，为制作光纤机械接续连接插头预留的长度宜为：光缆分纤箱或光分路箱一侧预留 1.0 m，住户家庭信息配线箱或光纤面板插座一侧预留 0.5 m。应尽量在干净的环境中制作光纤机械接续连接插头，并保持手指的清洁。

(11) 入户光缆敷设完毕后应使用光源、光功率计对其进行测试，入户光缆段在 1310 nm、1490 nm 波长的光衰减值均应小于 1.5 dB，如入户光缆段光衰减值大于 1.5 dB，应对其进行修补，修补后还未得到改善的，需重新制作光纤机械接续连接插头或者重新敷设光缆。

(12) 入户光缆施工结束后，需用户签署完工确认单，并在确认单上记录入户光缆段的光衰减测定值，供日后维护参考。

2. 引入光缆具体场景的施工方法

1) 建设与装维的分工界面

建设与装维的分工界面如图 7-47 所示。

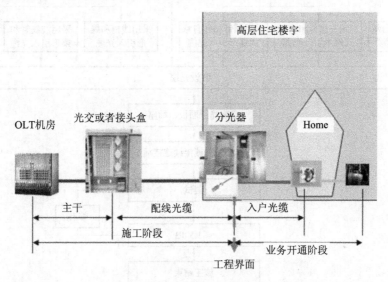

图 7-47　建设与装维的分工界面

2) 施工工序流程

FTTH 入户光缆施工，一般分为准备、施工(包括敷设、接续)和完工测试 3 个阶段，工序流程如图 7-48 所示。

3) 重点工序说明

Ⅰ. 穿管布缆的工具、器材与步骤

常用的穿管器有两种类型：钢制穿管器和塑料穿管器。如在管孔中敷设有其他线缆，为防止损伤其他线缆，应使用塑料制成的穿管器；如管孔中无其他线缆，可使用钢线制成的穿管器。穿管布缆的常用器材是润滑剂，可以降低穿管器牵引线或蝶形引入光缆在穿放时的摩擦力。如图 7-49 所示，图中左边是钢质穿管器，中间是塑料穿管器，右边是润滑剂。

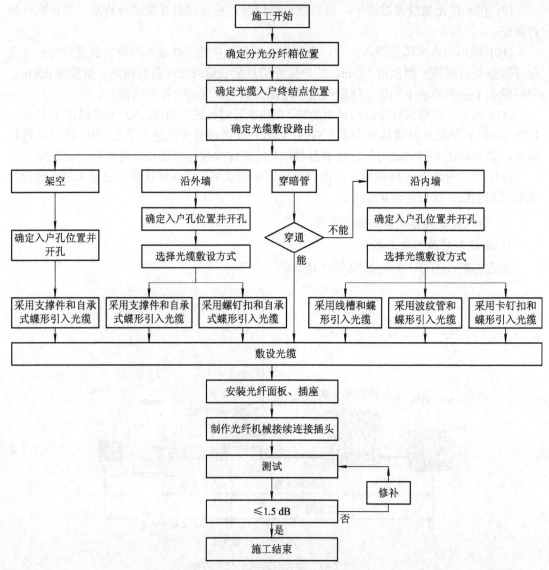

图 7-48　FTTH 入户光缆施工工序流程

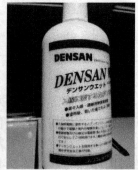

图 7-49　常用穿管器及润滑剂

穿管布缆的施工步骤如下：

(1) 根据设备(光分路器、ONU)的安装位置，以及入户暗管和户内管路的实际布放情况，查找、确定入户管孔的具体位置。

(2) 先尝试把蝶形引入光缆直接穿放入暗管，如能穿通，即穿缆工作结束，至步骤(8)。

(3) 无法直接穿缆时，应使用穿管器。如穿管器在穿放过程中阻力较大，可在管孔内倒入适量的润滑剂或者在穿管器上直接涂上润滑剂，再次尝试把穿管器穿入管孔内，如能穿通，至步骤(6)。

(4) 如在某一端使用穿管器不能穿通的情况下，可从另一端再次进行穿放，如还不能成功，应在穿管器上做好标记，将牵引线抽出，确认堵塞位置，向用户报告情况，重新确定布缆方式。

(5) 当穿管器顺利穿通管孔后，把穿管器的一端与蝶形引入光缆连接起来，制作合格的光缆牵引端头(穿管器牵引线的端部和光缆端部相互缠绕 20 cm，并用绝缘胶带包扎，但不要包得太厚)，如在同一管孔中敷设有其他线缆，宜使用润滑剂，以防止损伤其他线缆。

(6) 将蝶形引入光缆牵引入管时的配合是很重要的，应由二人进行作业，双方必须相互间喊话，例如牵引开始的信号、牵引时的互相间口令、牵引的速度以及光缆的状态等。由于牵引端的作业人员看不到放缆端的作业人员，所以不能勉强硬拉光缆。

(7) 将蝶形引入光缆牵引出管孔后，应分别用手和眼睛确认光缆引出段上是否有凹陷或损伤，如果有损伤，则放弃穿管的施工方式。

(8) 确认光缆引出的长度，剪断光缆。注意千万不能剪得过短，必须预留用于制作光纤机械接续连接插头的长度。

Ⅱ. 线槽布缆的器材、步骤与技术要求

线槽布缆的常用器材及运用场合等如图 7-50 所示。

线槽布缆的施工步骤如下：

(1) 选择线槽布放路由。为了不影响美观，应尽量沿踢脚线、门框等布放线槽，并选择弯角较少，墙面平整、光滑的路由(能够使用双面胶固定线槽)。

(2) 选择线槽安装方式：双面胶粘帖方式或螺钉固定方式，两种方式的技术要求见图 7-51 所示。

(3) 在采用双面胶粘帖方式时，应用布擦拭线槽布放路由上的墙面，使墙面上没有灰尘和垃圾，然后将双面胶帖在线槽及其配件上，并粘帖固定在墙面上。

(4) 在采用螺钉固定方式时，应根据线槽及其配件上标注的螺钉固定位置，将线槽及其配件固定在墙面上，一般 1 m 直线槽需用 3 个螺钉进行固定。

(5) 根据现场的实际情况对线槽及其配件进行组合，在切割直线槽时，由于线槽盖和底槽是配对的，一般不宜分别处理线槽盖和底槽。

(6) 把蝶形引入光缆布放入线槽，关闭线槽盖时应注意不要把光缆夹在底槽上。

(7) 确认线槽盖严实后，用布擦去作业时留下的污垢。

Ⅲ. 波纹管布缆的器材、步骤与技术要求

波纹管布缆的常用器材及运用场合等如图 7-52 所示。

直线槽：采用线槽方式直线路由敷设蝶形引入光缆时使用。

弯角：线槽在平面转弯处使用。

阳角：线槽在外侧直角转弯处使用。

阴角：线槽在内侧直角转弯处使用。

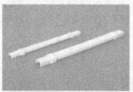

线槽软管：线槽在跨越电力线或在墙面弯曲、凹凸处使用。

收尾线槽：在线槽末端处使用，起保护光缆的作用。

封洞线槽：线槽方式敷设蝶形引入光缆时，在光缆穿越墙洞处使用。

光缆固定槽：用于线槽内蝶形引入光缆的固定。

双面胶：采用粘贴方式布放线槽时使用。

图 7-50　线槽布缆的常用器材

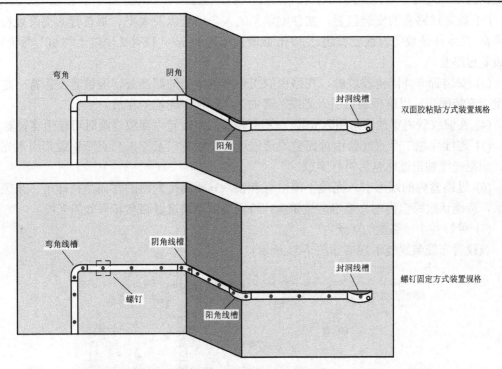

图 7-51　线槽固定技术要求

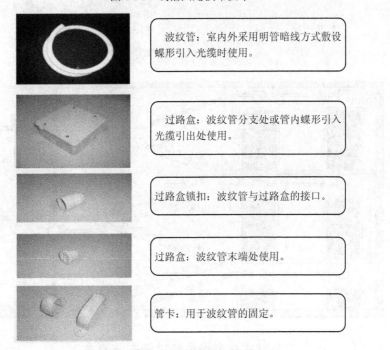

图 7-52　波纹管布缆的常用器材

波纹管布缆的施工步骤如下：

(1) 选择波纹管布放路由，波纹管应尽量安装在人手无法触及的地方，且不要设置在有损美观的位置，一般宜采用外径不小于 25 mm 的波纹管。

(2) 确定过路盒的安装位置，在住宅单元的入户口处以及水平、垂直管的交叉处设置过路盒；当水平波纹管直线段长超过 30 m 或段长超过 15 m 并且有 2 个以上的 90°弯角时，应设置过路盒。

(3) 安装管卡并固定波纹管，在路由的拐角或建筑物的凹凸处，波纹管需保持一定的弧度后安装固定，以确保蝶形引入光缆的弯曲半径和便于光缆的穿放。

(4) 在波纹管内穿放蝶形引入光缆(在距离较长的波纹管内穿放光缆时可使用穿管器)。

(5) 连续穿越二个直线路由过路盒或通过过路盒转弯以及在入户点牵引蝶形引入光缆时，应把光缆抽出过路盒后再行穿放。

(6) 过路盒内的蝶形引入光缆不需留有余长，只要满足光缆的弯曲半径即可。光缆穿通后，应确认过路盒内的光缆没有被挤压，特别要注意通过过路盒转弯处的光缆。

(7) 盖好各个过路盒的盖子。

波纹管布缆装置技术规格如图 7-53 所示。

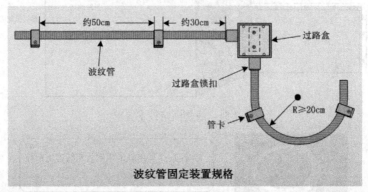

波纹管固定装置规格

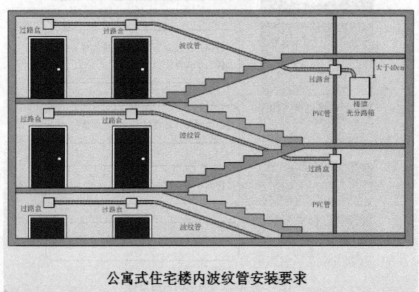

公寓式住宅楼内波纹管安装要求

图 7-53　波纹管安装技术规格

Ⅳ. 钉固布缆的器材、步骤与技术要求

钉固布缆的常用器材及运用场合等如图 7-54 所示。

卡钉扣：在室内采用直接敲击的钉固方式敷设蝶形引入光缆的塑料夹扣。

螺钉扣：在室外采用螺丝钉固方式敷设自承式蝶形引入光缆的塑料夹扣。

图 7-54　钉固布缆的常用器材

钉固布缆的施工步骤如下：

(1) 选好光缆钉固路由，一般光缆宜钉固在隐蔽且人手较难触及的墙面上。

(2) 在室内钉固蝶形引入光缆应采用卡钉扣；在室外钉固自承式蝶形引入光缆应采用螺钉扣。

(3) 在安装钉固件的同时可将光缆固定在钉固件内，由于卡钉扣和螺钉扣都是通过夹住光缆外护套进行固定的，因此在施工中应注意一边目视检查，一边进行光缆的固定，必须确保光缆无扭曲，且钉固件无挤压在光缆上的现象发生。

(4) 在墙角的弯角处，光缆需留有一定的弧度，从而保证光缆的弯曲半径，并用套管进行保护。严禁将光缆贴住墙面沿直角弯转弯。

(5) 采用钉固布缆方法布放光缆时需特别防止光缆的弯曲、绞结、扭曲、损伤等现象发生。

(6) 光缆布放完毕后，需全程目视检查光缆，确保光缆没有受外力挤压。

钉固布缆装置技术规格如图 7-55 所示。

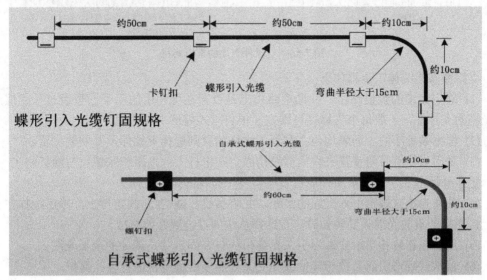

图 7-55　钉固布缆装置技术规格

Ⅴ. 支撑件布缆的器材、步骤与技术要求

支撑件布缆的常用器材及运用场合等如图 7-56 所示。

紧箍钢带：在电杆上固定挂杆设备、自承式蝶形
引入光缆拉钩等支撑器材的钢带。

紧箍夹：在电杆上将紧箍钢带收紧
并固定的夹扣。

紧箍拉钩：采用紧箍钢带安装在电杆上，用于将S
固定件连接固定在电杆上的器件。

C型拉钩：采用螺丝安装在建筑物的外墙，用于将S固定
件连接固定在建筑物外墙上的器件。

环型拉钩：采用自攻式螺丝端头，用于将S固定件
连接固定在木质材料上的器件。

S固定件：用于结扎自承式蝶形引入光缆的吊线，
并将光缆拉挂在支撑器件上。

理线钢圈：用于电杆上蝶形引入光缆的垂直
走线。

纵包管：采用纵向包封方式对蝶形引入光缆进行包扎保
护，主要用于架空、挂墙布线时的自承式蝶形
引入光缆的结扎处。

图 7-56　支撑件布缆的常用器材

支撑件布缆的施工步骤如下：

(1) 确定光缆的敷设路由，并勘察路由上是否存在可利用的用于已敷设自承式蝶形引入光缆的支撑件，一般每个支撑件可固定 8 根自承式蝶形引入光缆。

(2) 根据装置牢固、间隔均匀、有利于维修的原则选择支撑件及其安装位置。

(3) 采用紧箍钢带与紧箍夹将紧箍拉钩固定在电杆上；采用膨胀螺丝与螺钉将 C 型拉钩固定在外墙面上，对于木质外墙可直接将环型拉钩固定在上面。

(4) 分离自承式蝶形引入光缆的吊线，并将吊线扎缚在 S 固定件上，然后拉挂在支撑件上，当需敷设的光缆长度较长时，宜选择从中间点位置开始布放。

(5) 用纵包管包扎自承式蝶形引入光缆吊线与 S 固定件扎缚处的余长光缆。

(6) 自承式蝶形引入光缆与其他线缆交叉处应使用缠绕管进行包扎保护。

(7) 在整个布缆过程中应严禁踩踏或卡住光缆，如发现自承式蝶形引入光缆有损伤，需考虑重新敷设。

支撑件布缆装置技术规格如图 7-57 所示。

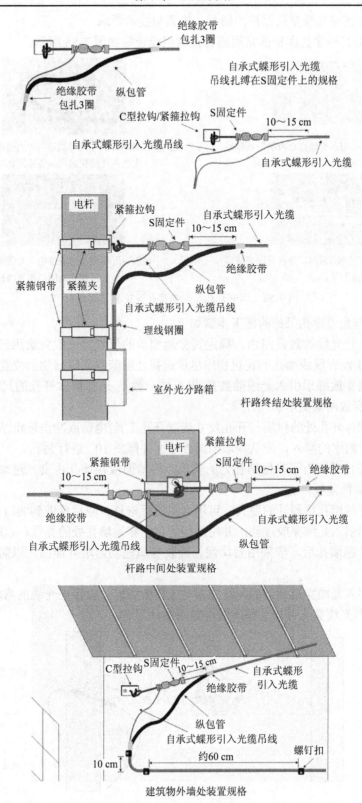

绝缘胶带
包扎3圈

绝缘胶带
包扎3圈

纵包管

C型拉钩/紧箍拉钩

自承式蝶形引入光缆吊线

自承式蝶形引入光缆
吊线扎缚在S固定件上的规格

S固定件

10～15 cm

自承式蝶形引入光缆

电杆

紧箍拉钩

S固定件

自承式蝶形引入光缆

10～15 cm

绝缘胶带

紧箍钢带

紧箍夹

自承式蝶形引入光缆吊线

纵包管

理线钢圈

室外光分路箱

杆路终结处装置规格

电杆

紧箍拉钩

S固定件

紧箍钢带

10～15 cm

绝缘胶带

自承式蝶形引入光缆吊线

自承式蝶形引入光缆

纵包管

10～15 cm

绝缘胶带

杆路中间处装置规格

C型拉钩

S固定件

10～15 cm

自承式蝶形
引入光缆

绝缘胶带

纵包管

自承式蝶形引入光缆吊线

约60 cm

螺钉扣

10 cm

建筑物外墙处装置规格

图 7-57　支撑件布缆装置技术规格

Ⅵ. 墙壁开孔与光缆穿孔保护的器材、步骤与技术要求

墙壁开孔与光缆穿孔保护的常用器材及运用场合等如图 7-58 所示。

过墙套管：蝶形引入光缆在户内洞口处穿越
　　　　墙洞时的美观与保护材料。

缠绕管：采用缠绕方式对蝶形引入光缆进行包扎保护，
　　　　主要在光缆穿越墙洞与障碍物时使用。

封堵泥：用于室外墙洞洞口处在管线穿越后
　　　　的防水封堵。

硅胶：开墙洞穿越蝶形引入光缆或外墙安
　　　装支撑器件处的防水封堵材料。

图 7-58　墙壁开孔与光缆穿孔保护的常用器材

墙壁开孔与光缆穿孔保护的施工步骤如下：

(1) 根据入户光缆的敷设路由，确定其穿越墙体的位置。一般宜选用已有的弱电墙孔穿放光缆，对于没有现成墙孔的建筑物应尽量选择在隐蔽且无障碍物的位置开启过墙孔。

(2) 判断需穿放蝶形引入光缆的数量(根据住户数)，选择墙体开孔的尺寸,一般直径为 10 mm 的孔可穿放两条蝶形引入光缆。

(3) 根据墙体开孔处的材质与开孔尺寸选取开孔工具(电钻或冲击钻)以及钻头的规格。

(4) 为防止雨水的灌入，应从内墙面向外墙面并倾斜 10° 进行钻孔。

(5) 墙体开孔后，为了确保钻孔处的美观，内墙面应在墙孔内套入过墙套管或在墙孔口处安装墙面装饰盖板。

(6) 如所开的墙孔比预计的要大，可用水泥进行修复，应尽量做到洞口处的美观。

(7) 将蝶形引入光缆穿放过孔，并用缠绕管包扎穿越墙孔处的光缆，以防止光缆裂化。

(8) 光缆穿越墙孔后，应采用封堵泥、硅胶等填充物封堵外墙面，以防雨水渗入或虫类爬入。

(9) 蝶形引入光缆穿越墙体的两端应留有一定的弧度，以保证光缆的弯曲半径。

墙壁开孔与光缆穿孔保护的技术规格如图 7-59 所示。

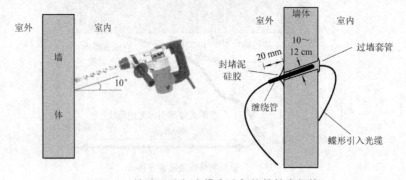

图 7-59　墙壁开孔与光缆穿孔保护的技术规格

7.4　安装与业务开通

7.4.1　光纤连接技术

　　光纤连接技术分两类：活动连接和固定连接。活动连接是光纤与光纤之间进行可拆卸(活动)连接，通过把光纤的两个端面精密对接起来，以使发射光纤输出的光能量能最大限度地耦合到接收光纤中去，并使由于其介入光链路而对系统造成的影响减到最小。光纤的固定连接包括机械式光纤接续和热熔接。机械式光纤接续俗称为光纤冷接，是指不需要热熔接机，通过简单的接续工具、利用机械连接技术实现单芯或多芯光纤永久连接的接续方式。热熔接也是一种永久性光纤连接，这种连接是用放电的方法将光纤在连接点熔化并连接在一起。其主要特点是连接衰减在所有的连接方法中最低，典型值为 0.01～0.03 dB/点。

1. 热熔接

　　热熔接是利用光纤熔接机的电弧放电，使光纤瞬间融化、对中的过程。

1) 熔接工具

　　熔接工具包括光纤熔接机、剥管钳、光纤端面制备器(切割刀)、光纤、剥纤钳、无水酒精、脱脂棉(或面巾纸)、光纤补强热缩套管等，如图 7-60 所示。

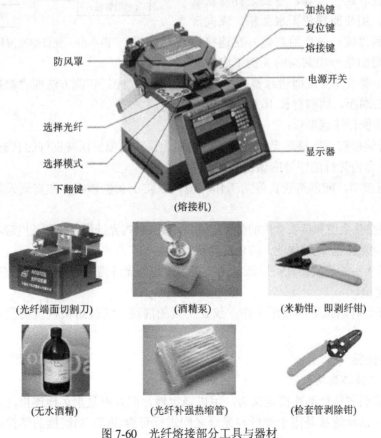

图 7-60　光纤熔接部分工具与器材

2) 熔接流程与技术要求

光纤熔接的流程如图 7-61 所示。

光纤的端面处理，习惯上又称端面制备。这是光纤连接技术中的一项关键工序，尤其对于熔接法连接光纤来说尤为重要，对整个熔接质量的好坏有直接的影响。光纤端面处理包括去除套塑层、除涂覆层、清洗、切割。注意：这是光纤熔接最关键的一步，端面制备的好坏，直接影响光纤熔接的质量。

去除松套光纤套塑层，是将调整好(进刀深度)的松套切割钳旋转切割(一周)，然后用手轻轻一折，松套管便断裂，再轻轻从光纤上退下。一次去除长度，一般不超过 60 cm，当需要去除长度较长时，可分段去除。去除时应操作得当，避免损伤光纤。去除预涂覆层时，要一次性去除并且应干净，不留残余物，否则放置于微调整架的 V 形槽后，影响光纤的准直性。这一步骤，主要是针对松套光纤而言的。用脱脂棉沾无水酒精，纵向清洗两次，听到"吱——"的声响。在连接技术中，制备端面是一项共同的关键工序，尤其是熔接法，要求光纤端面边缘整齐、无缺损、毛刺。光纤切割方法叫"刻痕"法切割，以获得平滑的端面。切割留长 16 ± 1 mm。

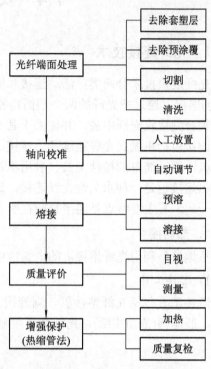

图 7-61 光纤熔接流程

光纤熔接操作注意事项：

(1) 光纤熔接前，应核对光缆的程式、端别无误；光缆应保持良好的状态。

(2) 接头盒内光纤的序号应做出永久性标记。

(3) 光缆接续，应创造较良好的工作环境，以防止灰尘影响；在雪雨天施工应避免露天作业。

(4) 光缆接头余留和接头盒内的余留应满足，接头盒内光纤最终余留长度应不少于 60 cm。

(5) 光缆接续注意连续作业，防止受潮和确保安全。

(6) 光缆接头的连接损耗，应低于内控指标，每条光纤通道的平均连接损耗，应达到设计文件的规定值。

(7) 做好光纤熔接后的收尾工作：仪表工具的清理、清洗熔接机及切割刀及施工现场的恢复。

2. 活动连接

1) 活动连接接头类型

国际电信联盟将活动连接定义为：用以稳定地，但并不是永久地连接两根或多根光纤的无源组件。活动连接是用于光纤与光纤之间进行可拆卸(活动)连接的器件：它是把光纤的两个端面精密对接起来，以使发射光纤输出的光能量能最大限度地耦合到接收光纤中去，并使由于其介入光链路而造成的衰减减到最小。光纤连接器按连接头结构型式可分为：FC、SC、ST、LC、D4、DIN、MU、MT-RJ 等型，这八种接头中我们在平时的局域网工程中最常见到和业界用得最多的是 FC、SC、ST、LC、MT-RJ(如图 7-62)，我们只有认识了这些接口，才能在工程中正确选购光纤跳线、尾纤、GBIC 光纤模块、SFP(mini GBIC)光纤模块、光纤接口交换机、光纤收发器、耦合器(或称适配器)。光迁连接器的插针研磨形式有 FLAT PC、PC、APC 等。

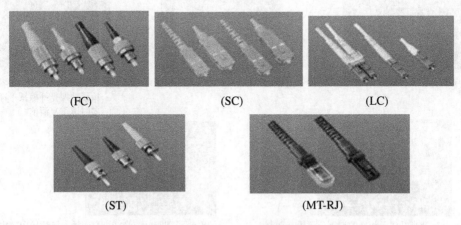

图 7-62   各式光纤活动连接器接头

2) 光纤活动连接端头制作工具

光纤活动连接端头制作工具如图 7-63 所示。

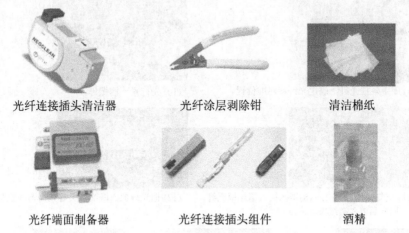

图 7-63   光纤活动连接端头制作工具

3) 机械接线子接续过程

图 7-64 所示为机械接线子接续过程。

4) 入户皮线光缆的端接方式

如图 7-65 所示为入户皮线光缆的端接方式。

(1) 接续前的准备工作。

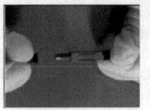

(2) 拧开螺母待用。

(3) 光纤套入螺母内。

(4) 剥掉光纤涂覆层，裸纤长约30 mm。

(5) 测量已剥好的裸光纤长度。

(6) 用无尘纸或无尘布蘸少量酒精紧贴裸光纤擦拭干净，必要时请重复清洁。

(7) 把光纤放入相应的切割位置进行切割。
切割长度：Φ900 μm的光纤为长度12 mm；
Φ250 μm的光纤为长度11 mm。

(8) 把已切割好的光纤小心的插入接续导向口内。

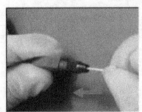

(9) 用手轻推光纤，确定光纤在对准位置。

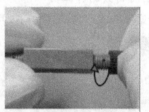

(10) 先拧紧一侧螺母。

(11) 重复操作以上(2)～(8)步，接入第二根光纤，把产品放入接续夹具内。

(12) 把光纤放入海绵内夹好，微弯成拱形。

(13) 推动光纤以保证两光纤对准。

(14) 拧紧另一侧螺母。

(15) 从夹具上取出产品，接续完成。

图 7-64　机械接线子接续过程举例

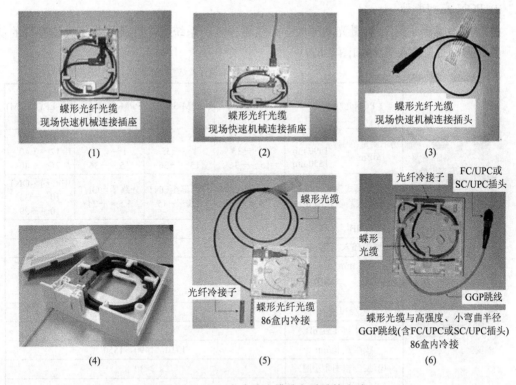

图 7-65　入户皮线光缆的各种端接方式

7.4.2　PON 中的测试仪表与测试方法

1. 测试仪表

1) 光源

光源的作用是向光缆线路发送功率稳定的光信号，以供测试，测试时注意选择正确的波长。但红光光源只能用来试通。此外，若为激光光源，请切勿用眼睛直视光出口，因为激光伤眼。测试光源如图 7-66 所示。

图 7-66　测试光源

2) PON 光功率计

PON 光功率计是用来测量光功率大小、线路损耗、系统富裕度及接收机灵敏度等的仪表，其外形和性能参数指标如图 7-67。

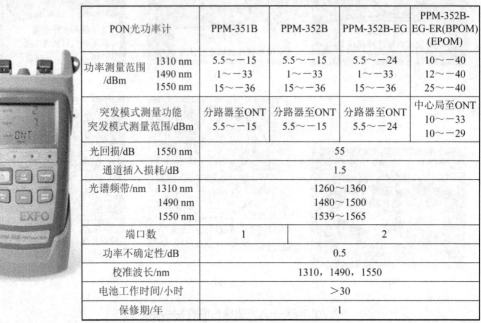

技术指标及选型

PON光功率计		PPM-351B	PPM-352B	PPM-352B-EG	PPM-352B-EG-ER(BPOM)(EPOM)
功率测量范围 /dBm	1310 nm 1490 nm 1550 nm	5.5～-15 1～-33 15～-36	5.5～-15 1～-33 15～-36	5.5～-24 1～-33 15～-36	10～-40 12～-40 25～-40
突发模式测量功能 突发模式测量范围/dBm		分路器至ONT 5.5～-15	分路器至ONT 5.5～-15	分路器至ONT 5.5～-24	中心局至ONT 10～-33 10～-29
光回损/dB　1550 nm		55			
通道插入损耗/dB		1.5			
光谱频带/nm　1310 nm 1490 nm 1550 nm		1260～1360 1480～1500 1539～1565			
端口数		1	2		
功率不确定性/dB		0.5			
校准波长/nm		1310，1490，1550			
电池工作时间/小时		>30			
保修期/年		1			

图 7-67　PON 光功率计实物与参数

入户光缆敷设完毕及 ONU 安装、开通后，可以使用波长分离 PON 功率计进行 ODN 链路全程下行和上行衰减测试，它可以在信号穿通方式下工作，操作步骤为：将波长分离 PON 功率计分别与入户段光缆和连接 ONU 设备的光跳纤相连，此时测得的 1310 nm 波长下的数值为 ONU 至波长分离 PON 功率计间的光纤链路损耗；1490 nm 波长下的数值为 OLT 至波长分离 PON 功率计间的光纤链路损耗。使用波长隔离的 PON 光功率计测量，具有以下好处：

(1) 可以直接连接到网络中进行测量，不影响上行和下行光信号的传输。

(2) 可以同时测量所有波长的功率。

(3) 可以检测光信号的突发功率。

(4) 可以插入到网络中的任何一点进行故障诊断。

3) 可调数显光衰减器

光衰减器是用于对光功率进行衰减的器件，它主要用于光纤系统的指标测量、短距离通信系统的信号衰减以及系统试验等场合。光衰减器要求重量轻、体积小、精度高、稳定性好、使用方便等。光衰减器是对光信号进行衰减的器件，当被测光纤输出光功率太强而影响到测试结果时，应在光纤测试链路中加入光衰减器，以得到准确的测试结果。光衰减器在光通信系统中主要用于调整中继段的线路衰减、评价光系统的灵敏度及校正光功率计等。光衰减器有两种类型，即可变光衰减器和固定光衰减器。在这里，我们以可变数显光衰减器为主说明其原理结构和性能特征。图 7-68 所示是一款可调数显光衰减器的实物图。

图 7-68　可调数显光衰减器的实物图

4) OTDR

光时域反射仪(OTDR)，又称后向散射仪或光脉冲测试器，可用来测量光纤的插入损耗、反射损耗、光纤链路损耗、光纤长度、光纤故障点的位置及光功率沿路由长度的分布情况(即 P—L 曲线)等，同时它具有功能多、体积小、操作简便、可重复测量且无需其他仪表配合等特点，并具有自动存储测试结果，自带打印机等优点，是光纤光缆的生产、施工及维护工作中不可缺少的重要仪表。

(1) OTDR 的工作原理。

图 7-69 示出了 OTDR 的原理框图。图中光源(E/O 变换器)在脉冲发生器的驱动下产生窄光脉冲，此光脉冲经定向耦合器入射到被测光纤；在光纤中传播的光脉冲会因瑞利散射和菲涅尔反射产生反射光，该反射光再经定向耦合器后由检测器(O/E 变换器)收集，并转换成电信号；最后，对该微弱的电信号进行放大，并通过对多次反射信号进行平均化处理以改善信噪比后，由显示器显示出来。

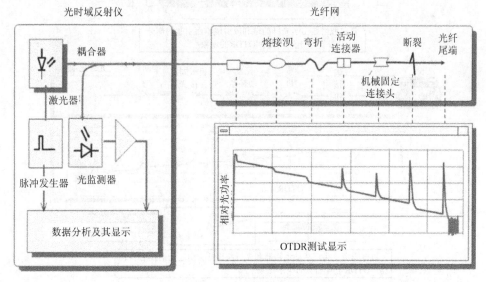

图 7-69　OTDR 原理框图

　　显示器上所显示的波形即为通常所称的"OTDR 后向散射曲线(即 $P—L$ 曲线)",由该曲线图便可确定出被测光纤的长度、衰减、接头损耗以及判断光纤的故障点(若有故障的话)、分析出光功率沿长度分布情况等。

　　(2) 实际测试流程,如图 7-70 所示。

　　(3) 参数设置:

　　① 量程:待测光纤长度的 1.2～1.5 倍。

　　② 波长:1310 nm,1550 nm。

　　③ 折射率:1.46～1.48(以厂家给的值为准)。

　　④ 脉宽:长距离选择大脉宽,短距离选择小脉宽(根据曲线的分辨率来设定)。

　　⑤ 平均处理:时间/次数(越长越精确)。

　　(4) 测试曲线分析。

　　各类"事件点"在曲线上的显示样式如图 7-71 所示。

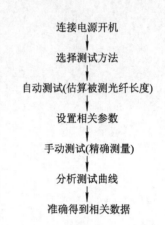

图 7-70　使用 OTDR 进行实际测试流程

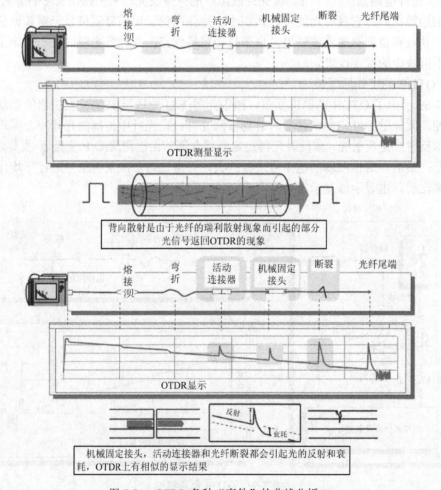

图 7-71　OTDR 各种"事件"的曲线分析(1)

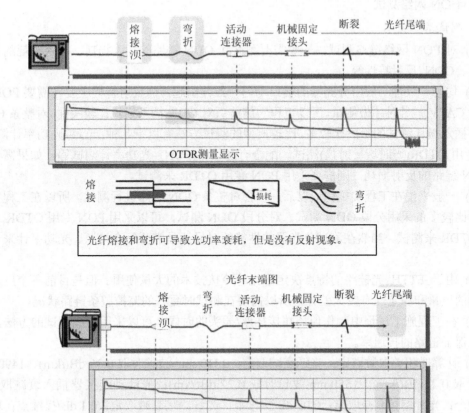

光纤熔接和弯折可导致光功率衰耗，但是没有反射现象。

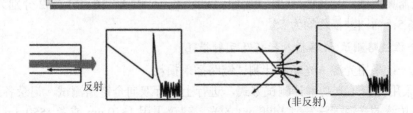

图 7-71　OTDR 各种"事件"的曲线分析(2)

(5) 操作使用注意事项：

① 用尾纤将被测光纤与 OTDR 激光输出端口的适配器连接。连接前应用酒精对尾纤适配器端面进行擦拭清理；连接时注意不要让尾纤适配器激光输出端口受到碰击，同时尾纤两端适配器的卡槽要对准 OTDR 激光输出端口连接适配器和 ODF 架连接适配器的卡槽。

② 利用 OTDR 检测光纤应注意事项：当传输中断利用 OTDR 判断光缆故障时，对端传输机房必须将尾纤与传输设备断开，以防光功率过高损坏传输设备上的光板；当光缆没断判断传输设备故障时，采用光路环回法测试；判断传输设备故障时不得用尾纤直接短连光端机及光收发器件，应在光收发器件之间串接不小于 10 dB 的光衰减器或加入不短于 1 km 的测试纤。

2. PON 网络测试

1) 测试基本要求

(1) 对 PON 网络链路测试，一般需要测试其 ODN 链路的插入损耗、插入损耗的均匀一致性、ODN 反射特性等。

(2) 均匀一致性一般由分光器的端口均匀一致性引起，而反射特性主要在需要 PON 链路传输 CATV 信号时才做测试。所以工程实施前后对 ODN 插入损耗比较关注。对整条 ODN 链路的插入损耗测试的手段比较多，比较典型的测试方法有以下几种：光源+光功率计测试、PON 专用 OTDR(光时域反射仪)测试、配合有源设备(PON)+光功率计测试等。如果需要测试 ODN 链路的反射损耗，则需要采用 PON 专用 OTDR 来测试。

(3) 一般来说在工程实施完成以后，才会对整条 ODN 链路进行测试，所以在工程实施当中，比较多的采用分段 ODN 测试。对分段 ODN 测试，可以采用 PON 专用 OTDR 或者传统 OTDR 来测试。当然在测试分光器的性能的时候还是需要配合光源、光功率计来一起测试。

(4) 由于 FTTH 光链路的特点决定了光纤冷接技术的大量使用。但是目前各个厂家冷接产品的质量和稳定性有较大差异，所以需要在测试时更好的监控整条链路状况。

(5) 在工程施工过程中制作现场端接插座/插头的时候，可以采用在线测试的方法，这样可以保证链路的接通率。

(6) 计算时相关参数取定：光纤衰减取定：1310 nm 波长时取 0.36 dB(/km)、1490 nm 波长时取 0.22 dB(/km)、1550 nm 波长时取 0.22 dB(/km)；光活动连接器插入衰减取定：0.5 dB/个；光纤熔接衰减取定：0.05 dB/接续点；光纤冷接衰减取定：0.1 dB/接续点；现场成端插头/插座：0.5 dB/个。

分光器典型插入衰减值(单位：dB)取定：1：4、1：8、1：16 和 1：32 分别为 7.2、10.5、13.5 和 16.5；而回波损耗均为 55。

2) 全程链路测试(链路插入损耗及反射损耗)

方法一：采用光源 + 光功率计测试链路插入损耗。

(1) 采用光源 + 光功率计测试方式，进行上下行双向全链路测试，记录各条链路的损耗。如果传统的光源无法发射 1490 nm 的光，建议采用 1310 nm 或者 1550 nm 的光测试作为参考。但测试数据无法作为验收之用。

(2) 需要两人分别在机房和用户端配合进行测试。测试之前打开光源发相应波长的光，将光功率计归零。为了保证测试数据的可靠性以及测试设备的长期使用性能，建议为光源、光功率计配置专门的跳纤，同时将跳纤一并计入归零链路。

(3) 开始测试之前包括测试过程中，注意保持光纤接头的清洁，避免影响测试准确度。如有必要需要用光纤擦拭纸+酒精清洁接头。

(4) 在得出 ONU 设备 PON 口上行平均发送光功率的同时，可测出 OLT 的 1490 nm 的下行光功率值，减去 OLT 设备 PON 口下行平均发送光功率，便是此条链路的全程光衰耗。

(5) 全程链路光衰减是否正常应考虑 OLT 端口发光功率，光缆长度，转接处衰耗值，还有分光器的分光比等等因素。表 7-6 是部分链路的最大允许插损值。

表 7-6 部分链路最大允许插损值

PON 技术	标称波长/nm	光模块类型/ODN 等级	最大允许插损/dB (上行/下行)
EPON	上行：1310 下行：1490	1000BASE-PX20	24/23.5
		1000BASE-PX20+	28/28
		OLT 侧 1000BASE-PX20 ONU 侧 1000BASE-PX20+	25/27
		OLT 侧 1000BASE-PX20+ ONU 侧 1000BASE-PX20	27/24.5
CPON	上行：1310	Class B+	28/28
	下行：1490	Class C+	32/32

(6) 下行测试：光源放置在局端(靠近 OLT)，将接 PON 接口的跳纤接至光源，发 1490 nm 波长的光。光功率计放置在客户端(靠近 ONU)，将接 ONU 的跳纤接至光功率计调节光功率计接收波长为 1490 nm。如果需要传输 CATV 信号下行需要对 1550 nm 波长光进行测试。如图 7-72 所示。

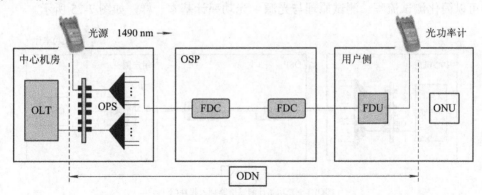

图 7-72 光源 + 光功率计测试链路插入损耗(下行)

(7) 上行测试：光源放置在客户端(靠近 ONU)，将接 ONU 的跳纤接至光源，发 1310 nm 波长的光。光功率计放置在局端(靠近 OLT)，将接 PON 接口的跳纤接至光功率计，调节光功率计接收模式为 1310 nm。如图 7-73 所示。

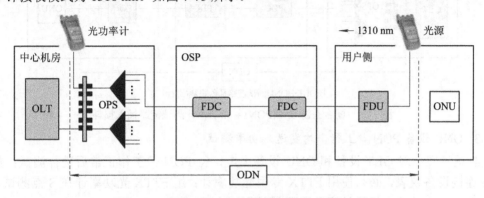

图 7-73 光源 + 光功率计测试链路插入损耗(上行)

方法二：采用 PON 专用 OTDR 测试链路插入损耗及反射损耗。

采用 PON 专用 OTDR 进行全链路插入损耗测试相对光源＋光功率计来说过程比较简单，同时得到的数据也比较精确，另外还可以同步测试链路反射损耗。将连接 OLT 的跳纤接至 OTDR，确保所有 ONU 与跳纤断开。这里以下行测试为例进行说明，如图 7-74 所示。

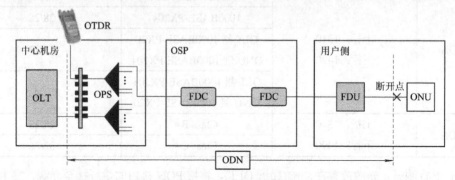

图 7-74　PON 专用 OTDR 测试链路插入损耗(下行)

方法三：配合有源设备(PON)＋光功率计测试链路插入损耗。

如果整个 PON 网络已经开通，可以利用 OLT 设备的 PON 接口或者 ONU 进行测试，这样可以简化测试流程。测试原理与光源＋光功率计基本一样，如图 7-75 所示。

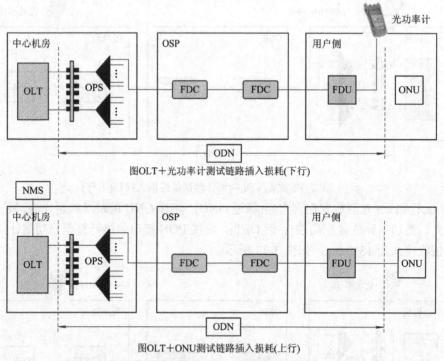

图OLT＋光功率计测试链路插入损耗(下行)

图OLT＋ONU测试链路插入损耗(上行)

图 7-75　配合有源设备(PON)＋光功率计测试链路插入损耗

3) ONU 设备 PON 口上行平均发送光功率测试

测试步骤：对 OLT 设备和 ONU 设备上电，待 PON 口工作正常后进行测试；如图 7-76 连接设备仪表，必须使用 FTTX 专用光功率计；用 FTTX 光功率计在 S 点测试，测出 1310 nm 波长的上行光功率值。预期结果：−1.0 dBm～4.0 dBm。

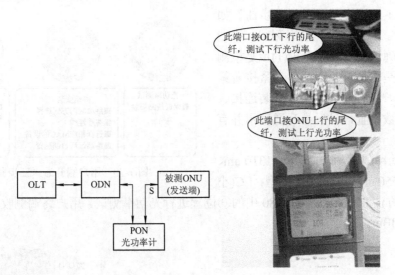

图 7-76　ONU 设备 PON 口上行平均发送光功率测试

4) 光分路器插入损耗测试

测试步骤：按图 7-77 连接好设备、仪表；在 "0" 点测试 OLT 的下行光功率；在 "1" 点测试经过光分路器第一条分路后的光功率；"1" 点光功率与 "0" 点光功率的差值就是第一条分路的插入损耗。同理，分别计算出第 "2、3、…、32" 条分路的插入损耗。

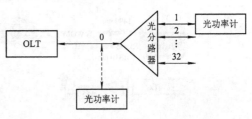

图 7-77　光分路器插入损耗测试

7.4.3　业务开通

1. 业务开通流程

业务开通流程如图 7-78 所示。本书在这里只对最后一道工序 "终端施工" 进行说明。

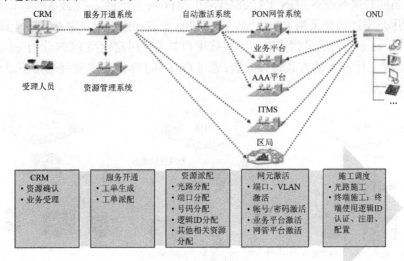

图 7-78　业务开通流程

终端施工即用户端开通"三步曲"如图 7-79 所示。主要包括光功率测试、终端安装和开通确认三步。其中第(1)步是检测光信号质量是否符合开通条件，紧接着第(2)步是为客户进行布线、设备安装连接、相关业务参数设置，最后是开通演示并有客户确认。

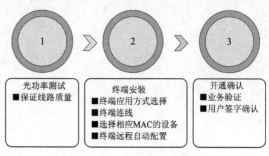

图 7-79　用户端开通"三步曲"

(1) 光功率测试。测试波长：1310 nm、1490 nm、1550 nm，光纤接头类型：LC(小方)、SC(大方)、FC(圆)，在图 7-80 中的⑥位置进行光功率测试，用户终端侧收局端光功率应大于−24 dBm。

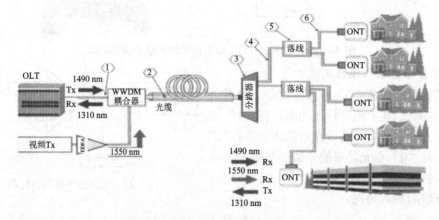

图 7-80　开通时的光功率测试

(2) 终端安装。

① 应用方式：如图 7-81 所示，分为三种：PON 上行 e8-c、简化型 e8-c 及 LAN 上行 e8-c。安装人员同时携带设备 PON 上行 e8-c、简化型 PON 上行 e8-c+无线 AP、单口 SFU+LAN 上行 e8-c 到用户家；优先采用 PON 上行 e8-c 进行安装；由于用户家布线、无线覆盖等，采用 PON 上行 e8-c 不能满足需求时，可根据用户需求采用简化型 PON 上行 e8-c+AP 或者单口 SFU+LAN 上行 e8-c 的方式进行安装；通过 OLT 和 ITMS 自动对终端形态进行自适应，远程自动完成配置。

图 7-81　终端应用方式

② 安装过程：

◆ 将 PON 上行 e8-c 终端连接到上行光纤，上电。

◆ 将 PC 通过以太网线连接到 PON 上行 e8-c 终端的 LAN3 口或 LAN4 口。

◆ 将 PC 网卡设置为自动获取 IP 地址方式。

◆ 对选定 MAC 地址的设备上电安装。

◆ 远程自动配置，查看指示灯状态是否正常。

本 章 小 结

　　本章介绍了目前正在全国大力推进的 PON 网络的安装与维护的相关知识，包括网络基础知识、设备安装与施工要领、网络组网原则及入户线路施工、具体安装与业务开通步骤等，主要目的是：

　　(1) 让大家了解和熟悉 PON 网络构成形式——PON 方式，信息传输过程，为从事施工、安装与维护打下基础。

　　(2) 认识和熟悉常用的网络设备结构、性能指标，掌握安装施工的技术要求。

　　(3) 掌握 FTTH 中入户线的施工步骤与主要方法，学会选择布线方式、端接方式和测试技巧。

　　(4) 熟悉业务开通流程并掌握常见故障的处理方法。

习题与思考题

一、单选题

　　1. EPON 上下行数据分别采用不同的波长进行传输，其中 CATV 信号采用的波长为（　）。

①　1300 nm　　　　②　1310 nm　　　　③　1490 nm　　　　④　1550 nm

　　2. (　)是目前宽带最宽的传输介质。

①　铜轴电缆　　　　②　双绞线　　　　③　电话线　　　　④　光纤

　　3. (　)是以光纤为传输介质，并利用光波作为光载波传送信号的接入网，泛指本地交换机或远端交换模块与用户之间采用光纤通信或部分采用光纤通信的系统。

①　铜线接入　　　　②　网线接入　　　　③　光纤接入网　　　　④　同轴接入

　　4. (　)在 OLT 和 ONU 间提供光通道。

①　OLT　　　　　②　ODN　　　　　③　ONU　　　　　④　ODB

　　5. EPON 是基于以太网方式的(　)。

①　无源光网络　　②　有源光网络　　③　光分配网络　　④　局域网

　　6. EPON 提供的各种业务中，优先级最高的是(　)。

①　语音　　　　　②　视频　　　　　③　宽带　　　　　④　以上优先级相等

　　7. FTTH ODN 网络拓扑结构一般属于下列(　)类型。

①　树形　　　　　②　星形　　　　　③　总线　　　　　④　环形

8. FTTH PON 上行 E8-C 终端现场配置时原则上只需配置(　　)即可。

① 语音通道　　　　② 软交换数据　　　③ SN　　　　　　④ VLAN

9. FTTH 接入方式可以支持第二 iTV 的业务需求,连接方法:iTV 接 FTTH ONU 第(　　)端口。

① 2、3　　　　　　② 1、2　　　　　　③ 3、4　　　　　　④ 2、4

10. FTTH 接入光缆网一般由三部组成,其中从小区光交到用户家的光缆称为(　　)。

① 馈线光缆　　　　② 引入光缆　　　　③ 主干光缆　　　　④ 配线光缆

11. IP 地址是由(　　)组成的。

① 三个点分隔着主机名、单位名、地区名和国家名

② 三个点分隔着 4 个 0~255 的数字

③ 三个点分隔着 4 个部分,前两部分是国家名和地区名,后两部分是数字

④ 三个点分隔 4 个部分,前两部分是主机名和单位名,后两部分是数字

12. ODN 馈线光缆:光分配网中从光线路终端 OLT 侧紧靠 S/R 接口外侧到(　　)的光纤链路。

① 第二级分光器的入口

② 到光网络单元 ONU 线路侧 R/S 接口间

③ 第一级光分路器的支路口

④ 第一个分光器主光入口连接器前

13. OLT PON 口发送光功率(　　)。

① 2.5~7 dBm　　　② 1~4 dBm　　　　③ 2~9 dBm　　　　④ 3~8 dBm

14. OLT PON 口接收光灵敏度为(　　)dBm。

① 22　　　　　　　② 24　　　　　　　③ 25　　　　　　　④ −30

15. ONU 发射光功率(　　)。

① −1~−4 dBm　　② 0~4 dBm　　　　③ 1~4 dBm　　　　④ 0~−4 dBm

16. 光纤按照光纤模式分类,可分为(　　)。

① 单模　　　　　　② 双模　　　　　　③ 裸光纤　　　　　④ 塑料光纤

17. 单模光纤 1310 nm 衰减为(　　)。

① 1~1.2 dB/km　② 0.6~0.8 dB/km　③ 0.8~1 dB/km　④ 0.4~0.6 dB/km

18. 跳纤操作必须满足架内整齐、布线美观、便于操作、少占空间的原则。跳纤余长应不大于(　　)。

① 20 cm　　　　　② 30 cm　　　　　③ 40 cm　　　　　④ 50 cm

19. 以下常见的宽带接入方式中不使用电话线接入的是(　　)。

① ADSL　　　　　② ADSL2+　　　　③ ISDN　　　　　④ FTTX+LAN

20. 由于光纤中传输的光波要比无线电通信使用的(　　)高得多,因此其通信容量就比无线电通信大得多。

① 频率　　　　　　② 幅度　　　　　　③ 角度　　　　　　④ 位移

二、多选题

1. PON 的定义是(　　)。

① 无源光网络

② 一种基于 P2MP 拓扑的技术

③ 是一种应用于接入网，局端设备(OLT)与多个用户端设备(ONU/ONT)之间通过无源的光缆、光分/合路器等组成的光分配网(ODN)连接的网络

④ 是一个为传送电信业务提供所需传送承载能力的实施系统

2. ( )是光纤接入的应用模式。

① FTTH ② FTTO ③ FTTB ④ FTTC

3. EPON 的技术特点有( )。

① 高带宽 ② 低成本 ③ 高成本 ④ 易兼容

4. 光纤通信的主要缺点有( )。

① 容易折断 ② 光纤连接困难

③ 光纤通信过程中怕水、怕冰 ④ 光纤怕弯曲

5. 光纤通信的主要优点是( )。

① 传输损耗低、中继距离长 ② 抗电磁干扰能力强

③ 保密性能好 ④ 重量轻，体积小

⑤ 节省有色金属和原材料 ⑥ 较强的耐高低温能力

6. ( )iTV 产品功能。

① 点播 ② 直播 ③ 回看 ④ 时移

7. ( )是入户光缆的敷设方式。

① 在暗管中敷设 ② 钉固式敷设 ③ 室内线槽敷设 ④ 架空敷设

8. EPON 装维中经常遇到缩写 POS，它是( )。

① 无源光分路器的简写

② 它是一台连接 OLT 和 ONU 的无源设备

③ 它的功能是分发下行数据并集中上行数据

④ 如果断电，则 POS 无法正常工作

9. ONU 安装基本要求有( )。

① 容易取电 ② 环境较好、安全、方便、便于进出线

③ 光交接箱 ④ 光分路箱

10. 对于 iTV 业务新装，以下说法正确的有( )。

① 用户已有宽带，在此基础上加装 iTV；此情况无需进行局端跳线

② 用户没有宽带，有固话，加装 iTV；此情况与 ADSL 新装跳线一致

③ 用户没有宽带、固话等业务，直接新装 iTV 业务。此情况与 ADSL 新装跳线一致；参见 ADSL 手册 ADSL 新装跳线

④ 无论用户原来有没有使用中国电信的固话或宽带，都需要重新进行局端的跳线工作

11. 蝶形引入光缆成端制作分为( )。

① L 型快速接续 ② 直接接入快速连接插头接续

③ 冷接方式接续 ④ 高强度 GGP 跳线冷接子接续

12. 根据确定的施工方案，进行施工前材料准备，其中包括( )等。

① 光缆路由 ② 管材配置 ③ 蝶形光缆配盘 ④ 架空铁件配置

13．光纤连接方法主要有(　　)。

① 永久性连接　　② 应急连接　　③ 活动连接　　④ 特殊连接

14．光终端盒接口的朝向根据现场可(　　)。

① 朝上　　　　② 朝下　　　　③ 朝左　　　　④ 朝右

15．局外障碍一般包括(　　)。

① 交接箱障碍　② 分线盒障碍　③ 用户引入线障碍　④ 测量室障碍

16．目前 ONU 设备安装方式有：(　　)。

① 桌面安装方式　　　　　　　② 壁挂安装方式

③ 室外多媒体箱安装方式　　　④ 室内多媒体箱安装方式

17．目前在 EPON 的跳纤过程中，跳纤的插头主要有(　　)种。

① SC　　　　② ST　　　　③ FC　　　　④ LC　　　　E-MRJ

18．网线制作一般包括(　　)。

① 交换机数据制作　　　　　② 水晶头制作

③ 网线模块制作　　　　　　④ 路由器数据制作

19．下列描述正确的是(　　)。

① 当发现用户使用通信设备不当时，装维人员应热情指导用户正确使用。

② 发现用户使用通信设备时违反了有关规定，应耐心地向用户讲道理并请用户遵守有关规定。

③ 装维人员在工作中发生差错应及时纠正，并诚恳接受用户批评，当面主动向用户道歉。

④ 装维人员工作结束后，应留下自己电话号码，以便用户在使用过程中遇到问题询问。

20．线槽安装方式有(　　)。

① 双面胶粘帖方式　　② 螺钉固定方式　　③ 墙钉方式　　④ 架空方式

三、判断题

1．EPON(Ethernet Passive Optical Network)，即以太网无源光网络，是一种新型的光纤接入网技术，它采用点到多点结构、无源光纤传输，但缺点是必须租用机房。(　　)

2．EPON 传输距离最远为 10 km。(　　)

3．EPON 的光功率下行波长为 1490 nm，必须用专门的 EPON 光功率测试仪进行测量，一般的光功率计不能测量。(　　)

4．EPON 的接入方式采用 N 根光纤，2N 个光收发器。(　　)

5．EPON 和 ADSL 一样数据上下行传输不对称，下行带宽大于下行带宽。(　　)

6．EPON 技术中下行采用的是广播的方式，每个 ONU 都会接收 OLT 发送的所有数据。(　　)

7．EPON 目前可以提供上下行对称的 1.25 Gb/s 的带宽。(　　)

8．EPON 使用 TDM 技术实现上下行数据在同一根光纤内传输，互不干扰。(　　)

9．EPON 系统可提供的业务类型主要是语音业务。(　　)

10．EPON 系统主要由 OLT、ONU 及 ODN 网络三部分组成。(　　)

11．G.652 光纤称为常规单模光纤，其特点是在波长 1.31 μm 处色散为零，系统的传输

距离一般只受损耗的限制。（　　）

12．MAC 地址实际上就是设备的 IP 地址。（　　）

13．ODN 馈线光缆就是用户接入层光缆的主干光缆。（　　）

14．OLT 与 ONU 之间仅有光纤、光分路器等光无源器件，无需租用机房，无需配备电源，无需设备维护人员。（　　）

15．OLT 与 ONU 间是明显的点到点连接，上行和下行信号传输发生在不同的波长窗口中。（　　）

16．ONU 未经过分光器可以直连 PON 口。（　　）

17．ONU 通过 LLID 来区分数据，只接受属于自己的数据。（　　）

18．当 ONU 配置好 SN 号后并正确注册认证到 OLT 后，以后每次 ONU 开机后都不需要认证了。（　　）

19．穿管器牵引线的端部和光缆端部用绝缘胶带捆扎牢固，但不要包得太厚。为防止脱落，可采用多点缠绕的方式。（　　）

20．当穿管器顺利穿通管孔后，把穿线器的一端与蝶形引入光缆连接起来(穿管器引线的端部和光缆端部相互缠绕 10 cm，并用绝缘胶带包扎，但不要包得太厚)，如在同一管孔中敷设有其他线缆，宜使用润滑剂，以防止损伤其他线缆。（　　）

21．当光缆无条件直接到达用户家庭时，在安装环境许可的情况下，ONU 可以安装在楼层的弱电竖井或其他合适的位置。（　　）

22．光纤由纤芯和包层组成，为保证光的传导，纤芯的折射率应小于包层的折射率。（　　）

23．无线接入网是以无线电技术(包括移动通信、无绳电话、微波及卫星通信等)为传输手段，连接起端局至用户间的通信网。（　　）

24．由于采用波分复用技术，ONU 随时可以向 OLT 发送数据。（　　）

25．由于光纤上传输的光信号为不可见光，所以可以用肉眼直接观看光口。（　　）

26．在 SFU+(E8-C)的 FTTH 接入方式中，语音业务是在 SFU 上引出的。（　　）

27．E8-B MODEM 的序列号(用于无线双 SSID、建档捆绑)就是背面贴纸的设备标识，一般取后 10 位。（　　）

28．E8-B 终端一般为定制终端，多数情况下，出厂时根据集团和省公司要求，已经全部完成相关配置，最多只涉及装维人员对无线功能的开启。（　　）

29．EPON(LAN)的宽带是由一根网线接入到用户家里，而固话是由另外一根电话皮线接入到用户家里。（　　）

30．Wi-Fi 是触点式开关，一般可以通过这个开关实现无线功能的打开和关闭。（　　）

实 训 内 容

请在 FTTH 实训平台上，根据实际操作条件，按照下列"FTTH 入户线缆及业务开通操作规程"完成部分或全部安装操作内容，并形成以下分项实训报告：

(1) 室外皮线光缆布放实训报告；

(2) 室内皮线光缆及数据线缆布放实训报告；

(3) 终端设备安装及业务开通实训报告。

FTTH 入户线缆及业务开通操作规程

一、施工前准备工作

1. 光缆路由查勘：施工人员到达施工场地，必须在施工前对入户光缆的路由走向、入户方式、布放光缆长度、选用材料等内容进行事前路由查勘，才能实施光缆入户施工。

2. 管线试通：用户端已有暗管或明管，施工前，施工人员需要对原先的管道情况进行评估和试通。如果用户端暗管或明管可利用，则入户光缆优先使用用户原有的管线，如果用户端暗管或明管不可利用，则选择采用其他入户光缆的敷设方式。

3. 施工方案确定：根据光缆路由、用户室内查勘情况和用户端管线的试通情况，确定最终的施工方案。

4. 材料准备：根据上述确定的施工方案，进行施工前工具、材料准备，其中包括：快速连接头、FTTH 工具箱、测试仪表、装维服务工具等。

二、入户光缆施工安装要求

1. 在敷设蝶形引入光缆时，牵引力不宜超过光缆允许张力的 80%；瞬间最大牵引力不得超过光缆允许张力的 100%，且主要牵引力应加在光缆的加强构件上。

2. 蝶形引入光缆敷设的最小弯曲半径应符合下列要求：

(1) 敷设过程中蝶形引入光缆弯曲半径不应小于 30 mm；

(2) 固定后蝶形引入光缆弯曲半径不应小于 15 mm。

3. 蝶形引入光缆在户外采用沿墙或架空敷设时，应采用自承式蝶形引入光缆，应将自承式蝶形引入光缆的吊线适当收紧，并要求固定牢固。

4. 在蝶形引入光缆敷设过程中，应严格注意光缆的拉伸强度、弯曲半径，避免光纤被缠绕、扭转、损伤和踩踏。

5. 蝶形引入光缆布放时须将自光分纤/分路箱到用户终端处的全程光缆从光缆盘上一次性以盘 8 字法倒盘圈后再布放，光缆中间禁止有接头。

6. 蝶形引入光缆敷设入户后，为制作光纤机械接续连接插头预留的长度宜为：光缆分纤/光分路箱一侧预留 1.0 m，住户家庭信息配线箱或光纤面板插座一侧预留 0.5 m。

7. 应尽量在干净的环境中制作光纤机械接续连接插头，并保持双手的清洁。

8. 墙面钉固方式敷设。

(1) 选择光缆钉固路由，一般光缆宜钉固在隐蔽且人手较难触及的墙面上。

(2) 在室内钉固蝶形引入光缆应采用卡钉扣；在室外钉固自承式蝶形引入光缆应采用螺钉扣。

(3) 在安装钉固件的同时可将光缆固定在钉固件内，由于卡钉扣和螺钉扣都是通过夹住光缆外护套进行固定的，因此在施工中应注意一边目视检查，一边进行光缆的固定，必须确保光缆无扭曲，无挤压。

(4) 在墙角的弯角处，光缆需留有一定的弧度，从而保证光缆的弯曲半径，并用套管进行保护。严禁将光缆贴住墙面沿直角弯转弯。

(5) 采用钉固布缆方法布放光缆时需特别注意避免光缆的弯曲、绞结、扭曲、损伤等现象发生。

(6) 光缆布放完毕后，需全程目视检查光缆，确保光缆上没有外力的产生。

(7) 入户光缆从墙孔进入户内，入户处使用过墙套管保护。将沿门框边沿和踢脚线安装卡钉扣，卡钉扣间距 50 cm，待卡钉扣全部安装完成，将蝶形光缆逐个扣入卡钉扣内，切不可先将蝶形光缆扣入卡钉扣，然后再安装、敲击卡钉扣。

(8) 在确定了光缆的路由走向后，沿光缆路由，在墙面上安装螺钉扣。螺钉扣用 Φ6 mm 膨胀管及螺丝钉固定。两个螺钉扣之间的间距为 50 cm。自承式蝶形光缆在墙面拐弯时，弯曲半径不应小于 15 cm。

9．暗管方式敷设。

(1) 根据设备(光分路器、ONU)的安装位置，以及入户暗管和户内管的实际布放情况，查找、确定入户管孔的具体位置。

(2) 先尝试把蝶形引入光缆直接穿放入暗管，如能穿通，即穿缆工作结束。无法直接穿缆时，应使用穿管器。如穿管器在穿放过程中阻力较大，可在管孔内倒入适量的润滑剂或者在穿管器上直接涂上润滑剂，再次尝试把穿管器穿入管孔内。

(3) 如在某一端使用穿管器不能穿通的情况下，可从另一端再次进行穿放，如还不能成功，应在穿管器上做好标记，将牵引线抽出，确认堵塞位置，向用户报告情况，重新确定布缆方式。

(4) 当穿管器顺利穿通管孔后，把穿管器的一端与蝶形引入光缆连接起来，制作合格的光缆牵引端头(穿管器牵引线的端部和光缆端部用绝缘胶带捆扎牢固，但不要包得太厚。为防止脱落，可采用多点缠绕的方式)，如在同一管孔中敷设有其他线缆，宜使用润滑剂，以防止损伤其他线缆。

(5) 将蝶形引入光缆牵引入管时的配合是很重要的，应由二人进行作业，双方必须相互间喊话，例如牵引开始的信号、牵引时的互相间口令、牵引的速度以及光缆的状态等。由于牵引端的作业人员看不到放缆端的作业人员，所以不能勉强硬拉光缆。

(6) 将蝶形引入光缆牵引出管孔后，应分别用手和眼睛确认光缆引出段上是否有凹陷或损伤，如果有损伤，应重新布放。

(7) 确认光缆引出的长度，剪断光缆。注意千万不能剪得过短，必须预留用于制作光纤机械接续连接插头的长度。

10．室内线槽布缆方式。

(1) 选择线槽布放路由。为了不影响美观，应尽量沿踢脚线、门框等布放线槽，并选择弯角较少，且墙壁平整、光滑的路由(以保证能够使用双面胶固定线槽)。

(2) 选择线槽安装方式(双面胶粘帖方式或螺钉固定方式)。

(3) 在采用双面胶粘帖方式时，应用布擦拭线槽布放路由上的墙面，使墙面上没有灰尘和垃圾，然后将双面胶帖在线槽及其配件上，并粘帖固定在墙面上。

(4) 在采用螺钉固定方式时，应根据线槽及其配件上标注的螺钉固定位置，将线槽及其配件固定在墙面上，一般 1 m 直线槽需用 3 个螺钉进行固定。

(5) 根据现场的实际情况对线槽及其配件进行组合，在切割直线槽时，由于线槽盖和底槽是配对的，一般不宜分别处理线槽盖和底槽。

(6) 把蝶形引入光缆布放入线槽，关闭线槽盖时应注意不要把光缆夹在底槽上。

(7) 确认线槽盖严实后，用布擦去作业时留下的污垢。

三、FTTH ONU 安装

FTTH ONU 主要包括中兴、华为、烽火三种 A 类 ONU 以及 E8-C 终端。FTTH ONU 可以提供语音、宽带上网和 iTV 业务。

FTTH ONU 业务放装的主要步骤：

第一步：施工准备。

1．上门服务规范；

2．领取考评工单——按工单信息进入现场；

3．准备相应材料、工具——包括冷接插头、尾纤、蝶形引入光缆等材料；

4．准备标签——包括上联端口信息和下联用户信息等。

第二步：光路开通。

1．按需进行光路连接——在光分箱内将分光器和蝶形引入光缆连通；

(1) 进行光分箱上联端口和 ONU 下联用户端口测试，采用光功率计 1490 nm 波长测试，上联端口收光功率应大于−22 dBm，小于−3 dBm，下联端口收光功率应不高于−24 dBm；

(2) 将用户的引入光缆同上联端口进行连接。

2．按需制作快速活动连接器，为制作光纤机械接续连接插头预留的长度宜为：光缆分纤/光分路箱一侧预留 1.0 m。根据光缆分纤/光分路箱实际场景盘放(胶带绑扎)引入光缆，整齐规范。

3．粘贴标签——针对存在跳纤的情况，对光分箱下联口的光路及 ONU 下联用户端口粘贴标签。粘贴在尾纤根部 5 cm 处。

第三步：室内布线。

1．查勘现场——确定室内布线方案；

2．制作插头——根据规范制作光缆冷接插头；

3．住户家庭信息配线箱或 ONU 设备一侧预留 0.5 m。根据实际场景盘放(胶带绑扎)引入光缆，整齐规范。

4．光路测试——用光功率计 1490 nm 波长进行测试，收光功率应不高于−24 dBm；

5．布放网线或蝶形引入光缆(场景规范要求：ONU 至用户终端间网线及电话线路事先预留，并制作水晶头连接)。

第四步：开通演示。

1．连接终端——使用标准网线连接终端和用户电脑；

2．物理连接——正确连接用户电话、宽带、电视；

3．电话调试——进行拨打测试号码 10000；

4．宽带调试——设置登录界面，并登录演示；

5．iTV 演示——进入点播或直播界面即可。

第五步：速率测试。

通过官方测速网站进行测速。

第六步：工毕清场。

全部操作完成后，执行清场工作，打扫施工遗留物品，清理现场垃圾。

第8章 通信线路工程施工安全

无论从事什么工作，安全始终是第一位的。对于通信线路工程而言，安全生产显得更为重要。这是因为线路工程点多面广、施工环境险恶、管理人员水平不一、施工人员素质参差不齐等。总之，线务工作在通信生产中具有易发生事故、危险系数高的特点。

通信线路的施工包括：布设和维护架空电缆、直埋电缆、管道电缆；物资器材的运输和装卸；地下电缆沟的挖掘和地下管道的铺设；使用登高工具上杆操作；接续、封合电缆接头；立杆塔安装天线等。

进行安全生产管理的目的是：贯彻执行国家各项安全法规、制度和标准，以"安全第一，预防为主"为安全生产工作方针，保护职工在生产过程中的安全与健康，保证生产正常进行，防止事故发生，实现安全文明生产。

本章将介绍以下主要内容：

(1) 通信线路工程施工安全设施名称、作用和使用规范。

(2) 外线施工、智能布线(驻地网)施工安全技术规范。

(3) 通信线路工程施工的危险源及安全施工流程。

通过这些内容的学习，使大家掌握安全设施的正确使用方法；了解工程施工中哪些是危险源，哪些地方容易引起安全事故；熟悉正确的安全生产流程；掌握施工安全技术规范等，为大家牢固树立"安全第一"的观念打下坚实的基础。

8.1 通信线路工程施工安全设施使用规范

8.1.1 线路工程施工安全设施及其作用

1. 线路工程施工中的常用安全设施

(1) 告示板。各种告示板如图8-1所示。

图8-1 各种告示板

(2) 安全锥。各式安全锥如图 8-2 所示。

图 8-2　各式安全锥

(3) 安全防护栏。各式安全防护栏如图 8-3 所示。

图 8-3　安全防护栏

(4) 反光带。各式反光带如图 8-4 所示。

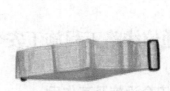

(a) 反光标示带　　　　　　　(b) 反光腰带　　　　　　　(c) 反光标示带

图 8-4　各式反光带

(5) 安全带。各式安全带如图 8-5 所示。

图 8-5　各式安全带

(6) 安全帽。各式安全帽如图 8-6 所示。

图 8-6 各式安全帽

(7) 警示牌。各种警示牌如图 8-7 所示。

图 8-7 各种警示牌

(8) 红色尼龙绳。红色尼龙绳如图 8-8 所示。

图 8-8 红色尼龙绳

(9) 脚扣。各种脚扣如图 8-9 所示。

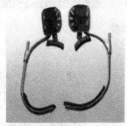

图 8-9 各种脚扣

(10) 绝缘手套、绝缘鞋。绝缘手套、绝缘鞋如图 8-10 所示。

图 8-10 绝缘手套和绝缘鞋

(11) 安全服饰。安全背心和反光袖标如图 8-11 所示。

图 8-11 安全背心和反光袖标

(12) 拉线等保护标识。拉线保护标识如图 8-12 所示。

图 8-12 拉线保护标识

(13) 护目镜。如图 8-13 所示为各种不同类型的防护眼镜。

图 8-13 各种不同类型的防护眼镜

(14) 耳套。如图 8-14 所示为各种耳套。

图 8-14 各种耳套

(15) 口罩和棉纱手套。如图 8-15 所示为口罩和棉纱手套。

图 8-15 口罩和棉纱手套

2. 线路工程施工中常用安全设施的作用和使用方法

(1) 告示板。

作用：告知行人及车辆该处施工。

使用方法：置于施工作业区的两端。

(2) 安全锥。

作用：警示行人及车辆注意安全。

使用方法：置于施工作业区的周围。

(3) 安全防护栏。

作用：防止行人及车辆进入施工作业区。

使用方法：置于施工作业区的周围。

(4) 反光带。

作用：警示行人及车辆注意安全，特别是夜间施工。

使用方法：栏围在施工作业区的四周。

(5) 安全带。

作用：防止施工人员坠落。

使用方法：登高及沿墙作业时施工人员必须系带好。

(6) 安全帽。

作用：防止高空坠物伤人。

使用方法：在未完工的建筑物内、外施工时戴在头上。

(7) 红色尼龙绳。

作用：防止行人及车辆进入施工作业区。

使用方法：栏围在施工作业区的四周。

(8) 挡泥板。

作用：防止泥土散落四周。

使用方法：开挖管道时置于管道两侧。

(9) 警示牌。

作用：提示行人及车辆该处施工。

使用方法：吊挂在红色尼龙绳或反光带上。

(10) 脚扣。

作用：保证上杆施工时的安全。

使用方法：上杆作业时按规定要求使用。

(11) 绝缘手套、绝缘鞋。

作用：防止触电。

使用方法：电力线附近作业时按要求穿戴。

(12) 安全服饰。

作用：引起司机和行人的注意。

使用方法：在室外作业时正确穿戴。

8.1.2　线路工程施工安全设施使用规范

1. 现场安全设施的布置

1) 通信人孔周围

打开的人孔周围安全设施的布置如图 8-16 所示。

2) 公路上作业

公路上施工时的安全设施设置如图 8-17 所示。

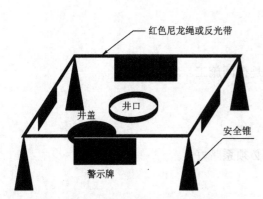

图 8-16　打开的人孔周围安全设施的布置

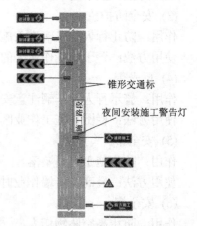

图 8-17　公路上施工时的安全设施设置示意

2. 现场安全施工程序

(1) 施工人员进入现场后，必须首先做好安全防护措施。在施工作业的两端放置告示板，告示板上写上"施工现场，注意安全"。

(2) 在施工作业区四周放置安全锥，并用红色尼龙绳围起来(夜间须使用反光带)。

(3) 在红色尼龙绳上吊挂警示牌，并写上"施工现场，切勿入内"。

(4) 需开挖路面时，两侧须放置挡泥板。

(5) 登高或沿墙作业时须先系好安全带，地面配合人员须戴好安全帽，并在四周放置安全锥。

(6) 井盖打开后必须先进行通风，10 分钟后，方可进入。

(7) 做好了安全防护措施方可开始作业；在施工过程中，由于中间休息或暂停施工时，应盖上可以暂时不施工的井盖；施工完毕须清理现场，恢复路面及盖好井盖，收拾好所有安全设施。

8.2　工程施工安全技术规范

8.2.1　外线线路工程施工安全技术规范

1. 基本规定

(1) 工程开工前，施工负责人须召开施工人员会议，进行工程技术交底，根据施工现场实际情况，布置安全措施，指定工程安全员，确保安全施工。

(2) 施工队进入机房施工开工第一天，现场负责人必须亲自用隔离带或其他带状、绳状物，将该次工程暂不涉及的设备(或施工区域内的在网设备)进行隔离，隔离物两端不允许固定在任何设备上，隔离物的高度及位置应不影响维护人员的正常工作。

(3) 工程涉及的新设备与在网设备在布放连接电缆时，必须安排素质高、责任心强、业务技术过硬的员工负责在网设备端的操作。进入隔离范围，必须经过员工所在室的项目经理批准后方可进入。

(4) 搬运笨重器材、工具(如电杆、电缆盘、钢绞线、铁件等)，应使用吊装工具和运输车辆，必须绑扎牢固并加以顶撑，不能使其在车内滚动，如图 8-18 所示。

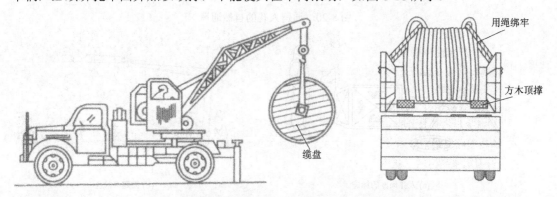

图 8-18　搬运电缆盘等笨重器材时的吊装、绑扎与顶撑

人工装、卸车时，应用负重合格的跳板、方木和绳索等工具慢慢装卸，严禁把电缆盘从车上直接推下，如图 8-19 所示。

图 8-19　人工装卸笨重器材

(5) 进入机房施工时，进出机房必须进行登记，尤其注意注明进出时间。

(6) 施工过程中不得触碰与工程无关的设备、缆线等。

(7) 室外布线，进入人(手)孔前，须先进行通风，自然通风的时间必须多于 10 分钟，如图 8-20 所示。

(8) 施工现场必须设立信号标志，在打开人井盖处，行人或车辆有可能掉进沟、杆坑，有碍行人和车辆通行等处须加设围栏和雪糕筒，必要时需专人监守或请民警协助，如图 8-21 所示。

图 8-20 通信人孔的自然通风

(a) 人孔周围的标志   (b) 铁路旁施工

(c) 街道拐弯处施工

图 8-21 设立标志或专人监守

(9) 登高作业必须按规定做好各项安全措施。架空线缆工程施工高空作业时，施工人员必须佩戴安全带，并安排专人扶梯，如图 8-22 所示。

(10) 在强电附近作业时，应保持最小净距：35 kV 以下线路为 2.5 m；35 kV 以上线路为 4.0 m，如图 8-23 所示。当电力线在电信线上方交越时，必须停电后作业，作业人员的头部禁止超过杆顶，所用的工具与材料不准接近电力线及其附近属设施。上杆作业前，应检查架空线缆，确认其不与电力线接触后方可上杆；上杆后，先用试电笔对吊线及附属设施进行验电，确认不带电后再作业。在电力用户线上方架设线缆时，严禁将线缆从电力线上方抛过，严禁压电力线拖拉作业，必须在跨越处做保护架，将电力线罩住，施工完毕后再拆除。在高压电力线下方架设线缆，应在高压线与线缆交越之间做保护装置，防止在敷设线缆或紧线时线缆弹起，触及高压电力线。

图 8-22　专人扶梯

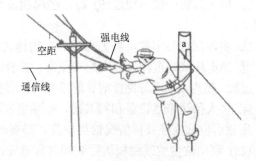

图 8-23　强电线附近作业时保持规定隔距

(11) 正确使用生产用具，注意人身及工具的安全。

(12) 施工过程中，必须严格注意在用线缆的安全，不得在施工过程中损坏其他通信设施。

(13) 掌握急救知识，熟知火警、医疗急救电话的拨打。

(14) 管道扩容工程，施工前必须检查施工环境，摸清原有管道内的管线情况，特别注意是否有党、政、军、警专线，做好安全施工方案，必要时工程负责人须在场监护、指导施工人员的施工。

(15) 线路扩容工程必须注意保护原有通信线路，不得对其踩踏造成损伤。

(16) 主干延伸工程，必须请维护人员核实气压数值后方可进行电缆的开剥。

(17) 施工进行期间，遇节、假日或封网暂停施工，施工队应将施工现场的一切安全隐患认真地彻底检查处理，所在部门或室的安全责任人要亲自到施工现场进行检查，发现问题应立即整改。

(18) 施工现场负责人及施工现场安全员不得以任何理由或借口离开工作岗位。如确实有事要离开，必须得到本专业室主任(项目经理)的同意，并在替代的人员到达现场交接完毕后方可离开。

(19) 各设备施工队所在部门(项目经理)的各级管理人员，要经常检查施工队使用的施工电器具(含学线)、施工车辆、机械设备，发现不安全因索，必须立即采取措施。

(20) 新建机房若建设方未设置消防设施，施工队应自备灭火器，施工人员应熟悉其基本的灭火常识及火警处理流程。

(21) 因工程施工需要而扒开的下线孔洞防火泥，在施工人员离开施工现场时(包括休息和吃饭时间)，必须及时进行复原或封堵。

(22) 管线工程跨越高压线作业时，原则上要求需停电操作、专人看闸；如不得已确须带电作业时，施工人员必须穿绝缘鞋、戴绝缘手套及安全帽。

(23) 沿高速公路作业应遵守以下几条：

① 必须将施工的具体地点、时间和施工方案报高速公路管理部门，经批准后方可作业。

② 必须在距离作业点来车方向 200 m 处逐级设置安全警示标志。

③ 所用的工具、料具应安全地堆放在路基护栏外侧或隔离带内。

④ 作业人员必须穿着带有反光条的工作服。

(24) 人工挑、扛、抬等作业应作到：

① 每人负载一般不超过 50 kg，抬起超过 50 kg 以上物体时，应以蹲姿起立，不宜弯腰起立。

② 物体捆绑要牢靠，着力点应放在物体允许处，受剪切力的位置应加保护。

③ 抬电杆或笨重物体时应配带垫肩；抬杆时要顺肩抬，统一指挥，脚步一致，同时换肩；过坎、越沟或遇泥泞路面时，前者要向后者打招呼；抬起和放下时统一号令，互相照应。

④ 多人抬运笨重设备和料具时，必须事前研究搬运方法，统一指挥，人员的多少、高矮、所放肩位都应视具体情况恰当安排，必要时应有备用人员替换。

(25) 利用坡度坑或跳板进行装卸时应遵守：

① 坡度坑的坡度角应小于 30°，坑位必须选择坚实土质处；若土质不坚实，应在上下车位置设挡土板。

② 普通跳板应选用大于 6 cm 厚、无死节的坚实木板，使用前必须仔细检查有无破裂、破损、腐朽等现象；放置坡度比 1：3(高：底)，上端应用钩、绳固定；如遇雨、冰或湿滑的地面时，在清除泥、冰后，还应在地面上垫草包、粗沙等物防滑；若装卸线缆等较重物体时，其跳板厚度应大于 15 cm，并在中间位置加垫支撑。

(26) 在架空电力线附近进行起重作业时，起重机具和被吊物体与电力线最小距离如图 8-24 所示。

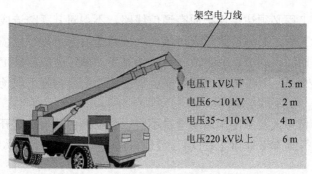

架空电力线

电压1 kV以下	1.5 m
电压6~10 kV	2 m
电压35~110 kV	4 m
电压220 kV以上	6 m

图 8-24　架空电力线附近起重作业时的隔距

(27) 搬运缆线的运输途中禁止作业人员坐、立在缆盘的前后方及缆盘上，应随时检查三角木枕和缆盘移动情况，若发现问题立即停车处理。人工装卸时严禁将缆盘直接从车上推下，应用粗细适合的绳索绕在缆盘或铁轴心上，再使用足够的人力或绞车、滑车控制缆盘，缓慢顺跳板(槽钢)滚下，其他人员应站在跳板(槽钢)两侧，3 m 以内不准有人，如图 8-25 所示。在人力滚动缆盘时，推轴人员不准站在缆盘运行前方；上、下坡时应在缆盘轴中心孔穿铁管，并在铁管上拴绳索平稳牵引，滚动路面坡度不宜超过 15°；停顿时，应将绳索拉紧，及时制动。

图 8-25　沿槽钢将缆盘卸下

(28) 在土质松软或流沙地区挖电缆洞时，应避免坍塌；坑深 1 m 以上，必须加装挡土板支撑；作业人员必须佩戴安全帽。

(29) 敷设电(光)缆时应遵守：

① 敷设电缆时，必须设专人指挥。

② 缆盘置放的地面必须平实，必须采用有底平面的专用支架或专用拖车等。

③ 牵引线缆时，看轴人员不准站在缆盘前方；在拐弯处作业，作业人员必须站在线缆弯曲半径的外侧；在管孔管口处作业，作业人员的手不准离管口太近。眼及身体严禁直对管口。

④ 禁止作业人员将线缆挎在身上，以免被线缆拖跌。

(30) 使用绞盘施放线缆应遵守：

① 开动绞盘前应清除工作范围内的障碍物，转动中禁止用手触摸运动的钢绳和校正绞盘滚筒上的钢丝绳。

② 改变绞盘转动方向必须在滚筒完全停止后进行。

③ 钢丝绳在绞盘筒上排列要整齐；工作时不能放完，至少要留五六圈。

(31) 使用光纤熔接机应遵守：

① 使用前，仪器的工作电压必须符合标准，各部件确保完好，并注意警示标志。

② 使用时，必须有接地保护；禁止在有易燃液体或气体的环境下使用。

③ 作业时，不准触摸电极；更换电极时，应先关机再进行。

④ 作业人员要始终配戴防护眼镜，以免光纤碎屑伤害眼睛。

⑤ 设备表面有水汽凝结或湿手时，不准进行操作或触摸机器，以免发生电击。

⑥ 从加热器内取出热光纤缩管时，不准立即用手触摸，必须待热缩管自然冷却后才能继续作业。

(32) 使用光时域反射仪(OTDR)作业时必须做好接地保护，并配戴防护眼镜。不准直视光源或光纤裸露的尾部，不准把裸露的尾部对准能反射光的平面，禁止触摸光源输出口，不用时把光口盖上。

(33) 地下室作业应做到：

① 进入地下室作业前，必须先进行通风、检测，确认无易燃、有毒有害气体后再进入。

② 线缆地下室内的管孔必须封堵严实，施工打开的管孔，暂停施工时必须及时恢复。

③ 在地下室作业时，必须有两人以上，并保持通风。

④ 地下室有积水，应先抽干后再作业。

⑤ 严禁将易燃易爆物品带入地下室；严禁在地下室吸烟。

⑥ 作业时，若遇有易燃易爆或有毒有害气体时，禁止开关电器、动用明火，必须立即采取措施、排除隐患。

⑦ 夏季在地下室作业，应保持通风，以防中暑。

⑧ 地下室照明，应采用防爆灯具，如图 8-26 所示。

(34) 封焊线缆使用喷灯应遵守：

① 使用喷灯前应仔细检查，确保喷灯不漏气、漏油，加油不准装满，气压不可过高，如图 8-27 所示。

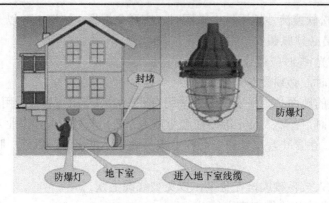

图 8-26　地下室采用防爆灯具

图 8-27　正确使用喷灯

② 不准在任何易燃物附近预热、点燃和修理喷灯；不准把喷灯放在火炉上加热。

③ 燃烧着的喷灯不准加油，加油时必须将火焰熄灭，待冷却后才能加油。

④ 喷灯应使用规定的油料，禁止随意替代。

⑤ 不准用喷灯烧水、烧饭等。

⑥ 喷灯用完后，必须及时放气，并开关一次油门，避免喷灯堵塞。

⑦ 使用卡式气体和灌气式喷灯时，必须仔细检查储气瓶，确保不漏气；严禁将储气瓶靠近火源或暴晒。

(35) 敷设管道线缆应遵守：

① 线缆盘上拆除的护板和护板上的钉子必须砸倒，妥善堆放；缆盘两侧内外壁上的钩钉应拔掉。

② 千斤顶须放平稳，其活动丝杆顶心露出部分，不准超出全部丝杆的 3/5；若不够高，可垫置专用木块或木板；有坡度的地方，底座下应铲平或垫平。

③ 在管道内使用引线或钢丝绳牵引线缆时，应戴手套。

④ 放缆时，使用的滑轮、钩链应严格检查，防止断脱；孔内作业人员不得靠近管口。

⑤ 人工、机具牵引线缆时，速度应均匀。

(36) 吹缆作业应做到：

① 作业时指定专人负责，作业人员必须服从指挥，协调一致。

② 作业人员必须穿戴防护用品，戴安全帽；在人口密集区和车辆通行处应设置警示标志，必要时应安排人员看守；禁止非作业人员进入吹缆作业区域。

③ 吹缆设备必须处于良好的工作状态，防护罩和气流挡板必须牢固可靠，设备内部的所有软管或管道无磨损、状态完好；电器元件完好无缺，如图 8-28 所示。

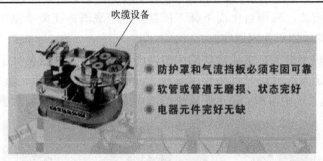

图 8-28　吹缆作业

④ 吹缆作业前必须固定光缆盘，接好硅芯塑料管；吹缆时，非作业人员必须远离吹缆设备，防止硅芯塑料管爆裂、缆头回弹伤人。

⑤ 吹缆收线时，人孔内严禁站人，防止硅芯塑料管内的高压气流和沙石溅伤。

⑥ 使用吹缆机及涡杆式空压机应遵守：

——吹缆机操作人员必须佩戴护目镜、耳套等劳动防护用品。

——严禁将吹缆设备放在高低不平的地面上。

——严禁作业人员在密闭的空间操作设备，必须远离设备排出的热废气。

——应保持液压动力机与建筑物和其他障碍物的间距在 1 m 以上；严禁设备的排气口直对易燃物品。

——确保所有软管无破损，并连接牢固。

——空压机排气阀上连有外部管线或软管时，不准移动设备；连接或拆卸软管前必须关闭压缩机排气阀，确保软管中的压力完全排除。

(37) 挖沟作业应遵守：

① 人工挖沟时，相邻的作业人员必须保持 2 m 以上的距离。

② 沟深超过 1 m 时，在易坍塌或流沙地点必须装置挡土板。

③ 挖沟地区若有坑道、枯井等，应立即停止作业。

④ 斜坡地区作业应采取措施，防止石块、悬垂的土层等物体滚下或坍塌。

⑤ 使用机械开挖时，注意其刀片和吊锤的连接是否紧固，连接的电源设备应加装漏电保护装置。

⑥ 从沟中或土坑内向上抛土，应注意沟、坑上边的人员流动情况，沟坑深超过 1.5 m 时，应有专人在上面清理土石，土石应堆在距离沟、坑边沿 0.6 m 以外，如图 8-29 所示。

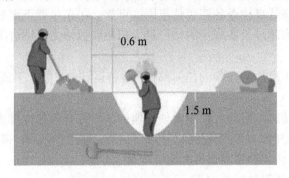

图 8-29　从沟坑中向上抛土

⑦ 挖掘土方石块，应该自上而下施工；禁止挖空底脚；在雨季施工时应该做好排水。

(38) 铺管、砌砖体作业应遵守：

① 管块、砖块不准放在土质松软的沟边，严禁斜放、立放或垒叠于沟边。

② 向沟下传递水泥管块时，必须用直径 2 cm 以上的坚实绳索，其绳索每隔 40 cm 打个结，以免从传递人手中滑脱；递下的管块待沟内人员接妥后再放松绳索，如图 8-30 所示。

图 8-30　向沟下传递水泥管块

③ 铺管、砌砖体、抹灰时，作业人员应配戴必要的防护用具。

④ 铺设大型管块时，地面上、下作业人员必须听从指挥，统一行动。

⑤ 人孔口圈至少四人抬运，用力均衡。

⑥ 砌好人孔口后，必须盖好内外盖。

⑦ 敷设塑料管时，沟下不得站人；接续塑料管时，防止挤伤。

⑧ 搬运水泥时，应戴口罩、手套，有风时须佩戴防护眼镜。

(39) 回填土作业应做到：

① 回填前，应由下往上依次逐步拆除沟内护土板。

② 沟、坑边沿建筑物的加固支撑，须在回填夯实之后再拆除，不准先拆除、后回填夯实。

③ 拆除各种临时便桥时，沟内不得有人作业。

④ 当沟、坑的土未填平时，不得把防护栏全部撤走。

⑤ 电动打夯机要用橡皮绝缘线，打夯机不得碰伤电源线口。

⑥ 人工打夯时，必须注意平稳，用力均匀。

⑦ 回填洞内土时，应由内向外逐段拆除支撑架，逐段回填土；应边回填土边夯实，同时洞外要有人监护。

(40) 使用非开挖定向钻必须遵守：

① 使用前，必须认真检查各连接件牢固、可靠，吊车吊臂下严禁站人。

② 操作时，不准超过设备规定的钻杆最大扭矩和拉伸力，钻进(回拖)时，严禁钻杆逆时针旋转。

③ 非作业人员不准接触设备的任何部位；设备运转时，禁止手或身体的其他任何部位接触设备。

④ 设备停止运转时，拨动各控制键使机器卸压，打开各部位排水阀排尽积水。

⑤ 在调试或维护时，应关闭发动机并取下钥匙，挂上指示牌，确认设备已冷却后再进行维修，维护结束后应将护罩盖好并扣上。

非开挖定向钻的使用如图 8-31 所示。

图 8-31　非开挖定向钻的使用

2．架空线路工程安全施工

(1) 架空铺设光、电缆施工进行到跨强电(220V 以上)操作时，项目负责人必须填报危险作业申报表，见表 8-1。经批准后方可实施，并要始终在场监管监护督导。实施操作前，必须要对参与施工人员进行安全和技术交底，分析危险点和容易发生事故的工序，提出可行的、有效的安全防范措施，确保施工安全顺利完成。

表 8-1　线路工程危险作业申报表

编号：_____　　　　日期：_____

工程名称/运营商			
施工部门/项目经理			
施工现场负责人		联系电话	
施工详细地点			
危险作业内容			
计划操作时间			
施工现场安全员		联系电话	
危险重点部位：			
安全保障措施：			
工序操作流程；			
施工部门(项目经理)意见：			
工程部线路管理员意见(盖章)：			
备注			

(2) 架空光、电缆工程须立线杆时，必须进行施工前的现场勘察，若立杆位置上方有强电，必须要在确保安全的情况下方可施工。

(3) 施工过程中要始终保持 2～3 名业务管理人员在场督导，每个施工现场必须配备一名以上具备上岗资格的安全员。

(4) 施工现场负责人及施工现场安全员不得以任何理由或借口离开工作岗位。如确实有事要离开，必须得到项目经理的同意，并在替代人员到达现场交接完毕后方可离开。

(5) 机动车装运杆材时，应将杆材平放在车厢内，根向前、梢向后；装运较长的杆材时，应使用支架、捆杆器，尽量使杆材重心落在车厢中部，前、后捆杆器必须与车架一并栓住，并悬挂警示标志；严禁杆、杠超出车厢两侧，如图 8-32 所示。

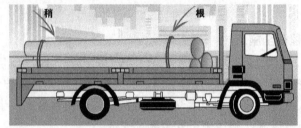

图 8-32　汽车装运杆材时电杆的摆放

(6) 堆放杆材应排列整齐，梢、根颠倒放置，两侧应用短木或石块塞住；垒放超过两层，并用铁线捆牢，如图 8-33 所示。

(7) 患有心脏病、贫血、高血压、癫痫病和其他不适宜高处作业的人员不准从事高处作业；从事高处作业人员在身体不适或患病期间，不准进行高处作业。

(8) 架空作业人员必须穿绝缘软底鞋，禁止赤脚、穿拖鞋作业。

(9) 架空作业前，必须确保作业工具齐全、可靠；所用材料放置稳妥；上杆时，随身携带工具的总重量不准超过 5 kg；操作中暂不使用的工具必须随手装入工具袋内。

(10) 高处作业人员与地面人员之间不准扔抛工具和材料。

(11) 架空作业时，必须对线缆及附件先进行验电；若带电，应立即停止作业，并沿线查找与电力线接触点，处理后再作业。

(12) 必须使用绝缘梯、凳，如图 8-34 所示。

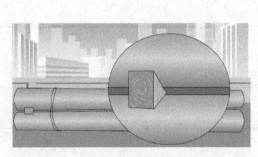

图 8-33　杆材的堆放

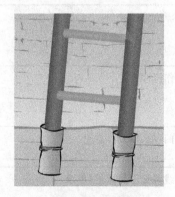

图 8-34　绝缘梯子

(13) 梯子的根部应采取防滑措施，严禁垫高使用。架设梯子应选择平整、坚固的地面，梯子靠在墙上、吊线上使用，立梯角度 75℃±5℃ 为宜，如图 8-35 所示。梯子靠在吊线时，其顶端至少应高出吊线 0.5 m(梯子顶部装有钩的除外)，梯子与吊线搭靠处必须用绳索捆扎固定，防止梯子滑动、摔倒，如图 8-36 所示。

图 8-35　架梯角度

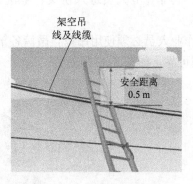

图 8-36　吊线上架梯子

(14) 上下梯子应面向梯子，不准携带笨重的工具、材料，需用时应用绳索上下吊放。梯子不准站有两人同时作业。梯子较高或竖立地点容易滑动或有可能被碰撞时，必须有专人扶梯。不准一脚踩在梯上，另一脚踩在其他物体上。严禁作业人员站在梯子上移动梯子。

(15) 使用人字梯时，必须紧好螺丝或扣好搭扣；支设人字梯时，两梯夹角应保持 40°±5°，站在上面作业时，下面应有专人扶梯，如图 8-37 所示。

(16) 作业人员上杆必须先扣好安全带，并将安全带的围绳环绕电杆扣牢再上；安全带应固定在距杆梢 0.5 m 下面的安全可靠处，扣好保险锁扣方可作业。在同一根杆上不准两人同时上下。在有破损的电杆上进行作业时，必须先做好临时拉线或支撑装置后才能作业。在拉紧拉线时杆上不准有人，待紧固稳妥后再上杆作业。

图 8-37　人字梯的正确使用

(17) 使用脚扣上杆应遵守：

① 使用前必须仔细检查脚扣、脚扣带，确保完好。

② 使用时先将脚扣卡在电杆距离地面约 0.3 m 处一脚悬起，一脚用力蹬踏，确保稳固后方可使用。

③ 脚扣环的大小要根据电杆的粗细适时调整。

④ 脚扣上的胶管、胶垫或齿牙必须保持完好，对已磨损、破裂或露出胶里线的必须更换。

⑤ 脚扣的踏脚板必须经常检测，其检测方法是：采取在踏脚板中心悬吊 200 kg 重物，检查是否有受损变形迹象。

⑥ 严禁将脚扣挂在杆上或吊线上，如图 8-38 所示。

图 8-38　脚扣不能挂在吊线上

(18) 使用安全带(绳)应遵守：

① 使用前必须严格检查，确保安全可靠。如有折断痕迹、弹簧扣不灵活、扣不牢、

皮带眼孔裂缝、保险锁扣失效、安全带(绳)磨损和断头超过 1/10 时，禁止使用。

② 使用时带扣必须扣紧，不准扭曲，带头穿过小圈；安全带的绳索严禁有接头。

(19) 桥梁下悬空作业时要做到：

① 严禁非作业人员进入桥梁作业区，作业区周围必须设置安全警示标志，并设专人看守。

② 作业人员必须使用吊篮，吊篮各部件必须连接牢固；同时使用安全腰带绳，腰带绳必须牢固可靠，如图 8-39 所示。

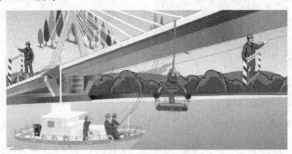

图 8-39　使用吊蓝在桥梁下作业

③ 作业人员必须在专人监护下慢慢到达作业点进行作业，严禁陡然放下。

④ 吊篮和安全腰带绳必须悬挂在牢靠处，并设专人监护；吊篮内的作业人员必须扣好安全腰带绳。

⑤ 严禁作业人员在吊篮内抛掷工具，工具必须用绳索吊上放下。

⑥ 采用机械吊臂敷设缆线时，应先检查吊臂和作业人员使用的安全保护装置(吊挂椅、板、安全绳、安全带等)是否安全；作业人员在吊臂器中应系安全带，并与现场指挥人员保持联系，如图 8-40 所示。

图 8-40　采用机械臂在桥梁下作业

(20) 人工立杆应遵守：

① 立杆前，应在杆梢适当的位置系好定位绳索。

② 在杆根下落处必须使用挡杆板，且杆根抵住挡杆板，并由专人负责压杆根。

③ 作业人员应使用同侧肩膀，步调一致。

④ 当电杆立起至 30° 角时应使用杆叉、牵引绳；拉牵引绳用力要均匀，保持平稳，防止电杆摇摆；严禁作业人员背向电杆拉牵引绳。

⑤ 电杆立直后应迅速校直，并及时回填、夯实，做好拉线。

(21) 使用吊车或立杆器立杆时，钢丝套应栓在电杆的适当位置上，以防"打前沉"；吊车或立杆器位置应适当，并用绳索牵引方向，发现下沉或倾斜应采取措施。吊车臂下严禁有人。严禁在电力线路下立杆作业。在房屋附近进行立标作业，应禁止非作业人员进入作业现场，立杆时不准触碰屋檐，以免砖、瓦、石块落下伤人。未回填夯实前，严禁上杆作业。

(22) 收紧钢绞吊线时，禁止用手接触钢绞线，必须使用牵引绳拉紧钢线，并做临时固定，再用紧线器收紧。升高或降低吊线时必须使用紧线器，不许肩扛拖拉。杆上紧线应侧向操作，并将夹线螺栓拧紧；在角杆上紧线时，操作人员应站在外角，角杆应按要求加装吊线辅助装置。

(23) 在电力用户线上方架线，严禁将吊线从电力线上方抛过，必须在跨越处做好安全保护架后再作业；在高压电力线下方架线，必须在吊线与电力线之间做保护装置，防止敷设的吊线触碰电力线；作业结束后拆除保护装置。

(24) 在高处作业封焊线缆使用喷灯，必须用绳索将喷灯捆绑牢固吊上或放下；不准把燃烧的喷灯倒放或倒挂在吊线上。

(25) 使用滑车(吊板)作业应遵守：

① 在 7 股 2.0 钢绞线以下的吊线或终结做在墙壁上的吊线上不准使用滑车。使用前应检查滑车上的部件，确保其牢固、可靠；检查吊板的绳索、吊钩的牢固程度，如吊钩已磨损 1/4 时，不准使用。

② 使用时不准两人同坐一辆滑车；同一杆挡的一条吊线上，不准有两辆滑车同时作业。

③ 在滑车上作业时，应将安全带围绳绕过吊线并锁紧。

④ 坐滑车过杆或经过电缆及吊线的接头时，应使用脚扣或梯子，严禁爬抱而过。

(26) 墙壁线缆在跨越街巷、院内通道等处，其线缆的最低点距地面高度应小于 4.5 m。在墙上及室内钻孔布线时，如遇与电力线平行或穿越，必须先停电、后作业；墙壁电缆与电力线的平行间距不小于 15 cm，如图 8-41 所示。

(27) 安装维护天馈线作业应遵守：

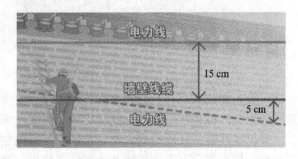

图 8-41　墙壁线缆与电力线的隔距

① 安装各种天馈线必须听从统一指挥，未经允许，天线下面不准有人。

② 在天线安装过程中作业人员必须互相呼应，保持通信联络。

③ 维护、调试移动天线的作业人员，应穿防辐射服装、戴防辐射眼镜。

④ 天线塔上作业时，塔下必须有人看护。

⑤ 安装和维护天馈线上下铁塔时必须从铁塔护笼中攀登，不得两人交叉上下。

⑥ 吊装天馈线等设备时应有专人负责，应采用滑轮吊运；滑轮应固定良好，大绳与滑轮之间应滑动自如。

(28) 立杆塔作业。

① 必须由专人负责检查埋设的地锚，如发现问题，及时处理。

② 搭建 30 m 以上的杆塔必须用活动式撑杆。

③ 立杆塔时，临时拉线必须使用钢丝绳。

④ 人力推动木绞车时，拉钢丝绳的人必须距绞车 3 m 以外；松动绞车时转速必须均匀，如图 8-42 所示。

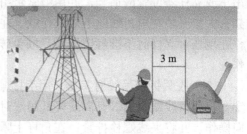

⑤ 使用机械立杆塔时必须有专人负责，机械车速应控制在低档位；严禁非专业人员操作。

图 8-42　人力转动木绞车

⑥ 固定式撑杆长度应大于立杆全长的 1/3，活动式撑杆长度应大于立杆全长的 1/4；撑杆的梢径必须经过计算。整体立杆塔必须固定好杆塔底座的钢丝绳，以防杆塔底座移动和倾斜。

(29) 立杆塔时，在杆塔吊离地面前，必须进行一次全面检查(重点是地锚和杆塔本身)和设备安全检查，确认全部正常后方可竖立。当杆塔立至 70°～80° 时应暂停，使用紧线器将各方位拉线调整好后再缓慢升起，等立至 85° 时应停止，调整拉线将杆塔初步校直，把拉线固定牢靠方可上杆作业；杆上有人作业时，不准调整拉线，如图 8-43 所示。

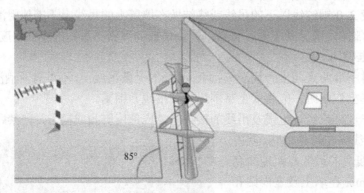

图 8-43　吊立杆塔

(30) 在杆塔上传递撑杆时，上面作业必须指定专人负责，地面指挥人员与杆上作业人员要密切配合；撑杆应用红色标线标定重心位置，绑扎撑杆时，红色标线不得超过支撑杆顶部；升起撑杆时，杆顶控制人员不得用手直接控制，必须用绳索控制。架设馈线杆一般用三角架，特殊情况可用枊杠或其他方法；使用三角架时，三角架垂直高度必须大于被立杆高度的 1/2。

8.2.2　智能布线工程施工安全技术规范

1. 施工前的环境条件和施工准备

(1) 熟悉掌握、全面了解设计文件和图纸，对工程设计文件和施工图纸详细阅览，会同监理公司和设计单位现场核对施工图纸，进行安装施工技术交底。

(2) 现场调查工程环境的施工条件，全面掌握各个安装场合敷设缆线和安装设备的可能性和难易程度，以便在施工中决定敷设缆线和安装设备的具体技术方案。

(3) 编制安装施工进度顺序和施工组织计划。施工计划必须详细、具体、严密和有序，以求密切配合，协作施工，有利于保证工程质量和施工进度的顺利推进。

2. 设备、器材、仪表和工具的检验

1) 设备和器材检验

(1) 在安装施工前，应对工程中所用的设备、缆线、配线接续部件等主要器材的规格、型号、数量和质量进行外观检查，详细清点和抽样测试。无出厂检验合格证的材料或与设计文件规定不符的器材，不得在工程中安装使用。

(2) 缆线和主要器材数量必须满足连续施工的要求，主要缆线和关键性的器材应全部到齐，以免因器材不足而影响整个工程的施工进度，产生更多的矛盾。

(3) 经清点、检验和抽样测试的主要器材应做好记录，对不符合标准要求的缆线和器材，应单独存放，不应混淆，以备核查与处理，并不允许在工程中使用。

2) 仪表和工具的检验

(1) 为了确保综合布线系统工程顺利进行，必须事先对安装施工过程中需要的仪表和工具进行全面的测试和检查，如发现问题应及早检修或更换，以保证工程质量和施工进度。

(2) 综合布线系统的测试仪表应能测试 3、4、5 类、超 5 类、6 类对绞线对称电缆的各种电气性能。在安装施工前应检查仪表有无损坏及有无较大误差，如发现问题应及时调试和较正，以备使用。工程中一些重要且贵重的仪器或仪表，应建立保管责任制，设专人负责使用、搬运、维修和保管，以保证这些仪器仪表能正常工作。

(3) 在综合布线系统工程中的施工工具是进行安装施工的必要条件，随施工环境和安装工序的不同，有不同类型和品种的工具，在安装施工前应对上述各种工具进行清点和检验，避免在施工过程中因这些工具失效造成人身安全事故或影响施工进程。凡是电动施工工具必须详细检查和通电测试。只有证实确无问题时，才可在工程中使用。

3. 桥架和槽道的安装

(1) 桥架和槽道装设的路由和位置应以设计文件要求为依据，尽量做到隐蔽安全和便于缆线敷设或连接，并要求安装必须牢固可靠。如果设计中所定的装设位置和相关布置不合理需要改变时，在安装施工中应与监理公司和设计单位协商后确定。

(2) 水平桥架和槽道的安装位置应符合施工图的要求，左右偏差不应超过 5 mm，垂直度的偏差不应超过 3 mm，电缆槽道和桥架离地面的架设高度宜在 2.2 m 以上。

(3) 为了保证金属桥架和槽道的电气连接性能良好，节与节之间应增设电气连接线。桥架和槽道应有可靠的接地装置，其对地电阻值不得大于 1.0 Ω。

4. 设备安装

(1) 机架、设备的排列布置、安装位置和设备面向都应按设计要求，并符合实际测定后的机房平面布置图中的需要，其水平度和垂直度都必须符合生产厂家的规定，其前后左右的垂直偏差度均不应大于 3 mm。

(2) 机架和设备必须安装牢固可靠，机架和设备前应预留 1.5 m 的空间，机架和设备背面距离墙面应大于 0.8 m。如采用单面配线架墙上安装方式，机架底距地面宜为 300 mm～800 mm，并视具体情况取定。

(3) 接续模块等连接硬件的型号、规格和数量，都必须与设备配套使用，要求安装牢固稳定。缆线与接续模块相接时，应按标准剥除缆线的外护套长度，利用接线工具将线对与接续模块卡接，同时，切除多余导线线头，并清理干净，以免发生线路障碍而影响通信质量。

(4) 安装信息插座，其位置宜高出地面 30 cm 左右，安装必须牢固可靠，不应有松动现象。信息插座应有明显的标志，以便使用时区别，不致混淆。

5. 电缆施工敷设

(1) 在敷设管道电缆前，必须根据设计规定选用管孔，并进行清刷和试通。在施工现场，对运到工地的电缆进行核实。在电缆敷设前，应核对电缆端别，按规定的端别敷设，现场搬运电缆时应平稳放妥和固定牢靠，以防电缆盘滚动或不稳倾倒，造成电缆受损或人员受伤等事故。

(2) 敷设电缆时牵引电缆的拉力应均匀，不应猛拉紧拽，最大牵引力不应超过电缆本身允许的牵引力标准。为了减少对全塑电缆外护套的磨损和加快牵引电缆的速度，在管孔内的电缆外护套上必须采用滑石粉、石蜡油等润滑剂，以减少摩擦阻力。应有专人随时检查电缆外表面，电缆弯曲处不应出现凹凸折痕。严禁将已划伤的电缆拉进管孔，电缆两端的端头必须注意保护，以防进入水分和潮气。

(3) 电缆应在每个人孔或手孔中留足弯曲余量，把电缆放在支架托板上，并用扎带绑扎固定。接续部分应预留足够长度，电缆接头位置要安排合理妥善，以利施工接续和今后维修。

(4) 电缆芯线接续应色谱正确、松紧适度，排列整齐，绑扎妥善，每个单位束的色谱扎带应缠紧，保留在单位束的根部，用以今后备查检验和方便维修。

(5) 电缆接头套管的封合采用热可缩套管法，在用喷灯烘烤加热过程中，应将喷灯不断均匀移动加热，避免火焰过于集中致使套管变质或烧坏。在热可缩套管未完全冷却前，不宜过多振动或搬移，要妥善放置在电缆托板上，加以固定并衬垫平稳。

(6) 操作完毕后，应清点和整理电缆接续和封合的专用工具和设备以及工余的器材，同时，清扫整理施工现场和对热可缩套管再次进行复查，观察有无遗漏或不妥之处，以便及时采取补救措施。

6. 缆线的终端和连接

1) 配线接续设备

(1) 在缆线终端连接前，应首先整理缆线在设备上敷设状态，要求路径合理、布置整齐、缆线的曲率半径符合规定。所有缆线应用塑料扎带捆扎、松紧适宜，并固定在设备中的走线架上或线槽内，以防缆线不合理的移动或受到外力损伤。

(2) 按照缆线终端顺序，剥除每条缆线的外护套，在剥除缆线外护套时，必须采用专用工具施工操作，剥除外护套的长度不宜过长，要求 5 类线的非扭绞长度不应大于 13 mm，当缆线剥除外护套后，要立即对非扭绞的导线进行整理，成对分组捆扎，以防线对分散错乱。

(3) 进行缆线终端连接时，必须按照规定要求施工操作。目前，缆线的终端连接方法均采用卡接方法。在卡接时必须采用专用卡接工具进行卡接，卡接中的用力要适宜，应按照缆线的色标顺序进行终端，避免因混乱而产生线对颠倒错接。卡接导线后，应立即清除多余线头，并要检查导线是否放准。

2) 信息插座和其他附件

(1) 在安装施工前，必须对插座的内部连接件进行检查，做好固定线的连接，以保证连接的完整无缺。

(2) 对绞线在信息插座(包括插头)上进行终端连接时，必须按缆线的色标、线对组成以及排列顺序进行卡接。对绞线对称电缆采取卡接接续方式时，应按先近后远，先下后上的接续顺序进行卡接。

(3) 当综合布线系统采用屏蔽电缆时，要求在安装施工中，将电缆屏蔽层与连接硬件终端处的屏蔽罩有可靠接触，一般是缆线屏蔽层与连接硬件的屏蔽罩形成 360° 圆周的接触，它们之间的接触长度不宜小于 10 mm。

7. 光缆施工敷设

(1) 必须在施工前对光缆的端别予以判定并确定 A、B 端，A 端应是网络枢纽的方向，B 端是用户一侧，敷设光缆的端别应方向一致，不得使端别排列混乱。

(2) 根据运到施工现场的光缆情况，结合工程实际，合理配盘与光缆敷设顺序相结合，应充分利用光缆盘长，施工中宜整盘敷设，以减少中间接头，不得任意切断光缆。

(3) 光纤的接续人员必须经严格培训，取得合格证明才准上岗操作。光纤熔接机等贵重仪器和设备，应有专人负责使用、搬运和保管。

(4) 在装卸光缆盘作业时，应使用叉车或吊车，如采用跳板时，应小心细致从车上滚卸。严禁将光缆盘从车上直接推落到地。在工地滚动光缆盘的方向，必须与光缆的盘绕方向(箭头方向)相反，装运光缆盘时，应将光缆固定牢靠，不得歪斜和平放。在车辆运输时车速宜缓慢，注意安全，防止发生事故。

(5) 在敷设光缆前，根据设计文件和施工图纸对选用的管孔位置进行核对，如所选管孔孔位需要改变时，应取得监理单位同意。敷设光缆前，应逐段将管孔清刷干净和试通。清扫后应用试通棒试通检查合格，才可穿放光缆。

(6) 光缆如采用机械牵引时，牵引力应用拉力计监视，不得大于规定值。光缆盘转动速度应与光缆布放速度同步，要求牵引的最大速度为 15 m/min，并保持恒定。光缆出盘处要保持松弛的弧度，牵引过程中不得突然启动或停止，严禁硬拉猛拽，以免光纤受力过大而损害。在敷设光缆全过程中，应保证光缆外护套不受损伤，密封性能良好。

(7) 光缆不论在建筑物内或建筑群间敷设，应单独占用管道管孔，如利用原有管道和电缆合用时，应在管孔中穿放塑料子管，塑料子管的内径应为光缆外径的 1.5 倍，光缆在塑料子管中敷设，在建筑物内光缆与其他弱电系统的缆线平行敷设时，应有一定间距分开敷设，并固定绑扎。

(8) 光缆敷设后，应细致检查，要求外护套完整无损，敷设的预留长度必须符合设计要求，在设备端应预留 5 m～10 m，转弯的状态应圆顺，不得有死弯和折痕。

8. 光缆的接续和终端

(1) 在光缆连接施工前，应核对光缆的型号、规格及程式等，是否与设计要求相符，如有疑问时，必须查询清楚，确认正确无误才能施工。

(2) 对光缆的端别必须开头检验识别，要求必须符合规定。经核对光纤和铜导线的端别均正确无误后，应按顺序进行编线，并作好永久性标记，以便施工和今后维修检查。

(3) 要对光缆的预留长度进行核实，要求在光缆接续的两端和光缆终端设备的两侧，预留的光缆长度必须留足，以利于光缆接续或光缆终结。预留光缆应选择安全位置，当处于多受外界损伤的位置时，应采取切实有效的保护措施(如穿管保护等)。

(4) 在光缆接续或终端前，应检查光缆的光纤和铜导线的质量，在确认合格后方可进行接续或终端。

(5) 在光缆接续和终端过程中应特别注意防尘、防潮和防震。光缆各连接部位和工具及材料均应保持清洁干净，施工操作人员在施工作业过程中应穿工作服、戴工作帽，以确保连接质量和密封效果。对于采用填充材料的光缆，在光缆连接前，应采用专用的清洁剂等材料去除填充物，并应擦洗干净、整洁，不得留有残污和遗渍，以免影响光缆的连接质量。在施工现场对光缆整理清洁过程中，严禁使用汽油等易燃购料清洁，以防止发生火灾。

(6) 在光缆连接施工的全过程，都必须严格执行操作规程中规定的工艺要求。切断光缆时，必须使用光缆切断器切断，严禁使用钢锯，以免拉伤光纤；严禁用刀片去除光纤的一次涂覆层，或用火焰法制备光纤端面等。

(7) 光纤接续的平均损耗、光缆接头套管(盒)的封合安装以及防护措施等都应符合设计文件中的要求或有关标准的规定。

9．测试自检

(1) 工程完成后，所安装的设备和缆线必须进行必要的测试和自检，合格后方能申报验收。

(2) 测试用的仪器仪表必须准确完好，类型必须得到建设方认可，不同的设备应用专用的仪器仪表，得出的数据必须记录好，然后附在竣工文件中供验收人员参考。

(3) 参加测试的人员必须持有合格的上岗证，并对仪器仪表的性能和操作程序了解熟悉。严禁非专业人员擅自操作仪器仪表。

8.3　线路工程危险源及安全施工流程

8.3.1　线路工程危险源

在通信线路工程施工建设的各个不同阶段，存在着各种不同的危险源，如图 8-44 所示。正确认识和预知各种危险源的危险程度，提前做好心理和客观上的两手准备，采取必要的安全防护措施是十分必要的。

与通信线路工程施工中的各种危险源对应的是通信线路工程的危险作业工序，如表 8-2 所示。按照安全规程的要求，工程施工过程中遇到这些施工工序，必须填报《线路工程危险作业申报表》(见表 8-1)，经批准后方可实施，并要始终在场监管监护督导，以保证施工安全。

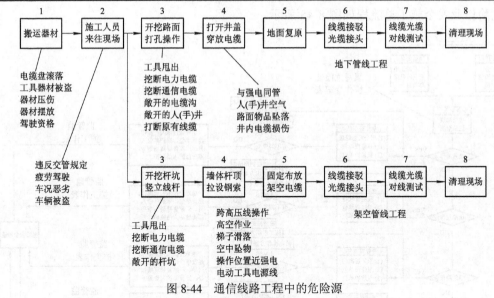

图 8-44 通信线路工程中的危险源

表 8-2 通信线路工程危险作业工序列表

类别	工 序 项 目
电力线 附近作业	在高压线下方或附近作业(禁止在电力线下方立杆)
	在电力线位于电信线路上方或下方的环境下作业
	在电力用户线上方架设线缆
	在地下电力缆线附近开挖管道
	在电信线缆与其他社会线缆混用的杆上作业
	需要停电作业时
登高作业	在霜冻和雨后登高作业(雷雨天气及六级风力以上天气禁止高处作业)
	夜间登高作业
管道 开挖作业	挖坑洞时,附近可能布有煤气管、自来水管、排污管、电力电缆或通信线路等地下设施
	靠近墙根挖坑洞
	在土质松软或流沙地区挖坑洞
	改、扩建旧人(手)井
	进行机械顶管操作时
管线 敷设作业	进行吹缆作业
	在怀疑有有毒有害气体或液体的人(手)井敷设线缆
	跨越道路架设吊线
	线缆引入机房前需开凿进线孔
	需在怀疑布放有其他管线的墙体开凿或使用冲气钻操作
	施工时需对下线孔、穿墙孔的封闭板(或封闭物件)进行锯裁(切割)操作
	大容量线路割接操作(500 线以上)
其他	可能对电信网络安全造成危害的其他运营商的工程施工

8.3.2 线路工程危险作业安全施工流程

1. 通信工程危险作业安全施工流程

了解了通信工程危险源和危险作业工序,就为安全施工创造了必要的条件。通信工程的危险作业安全施工总流程如图 8-45 所示。

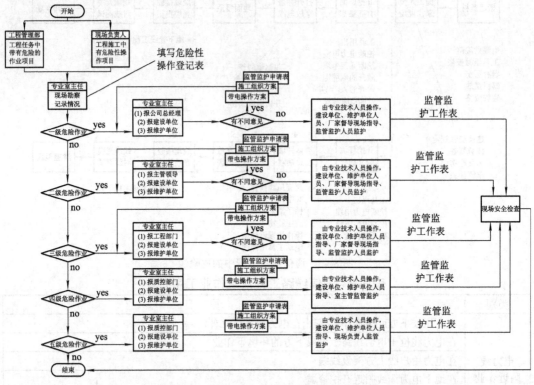

图 8-45 通信工程危险作业安全施工流程

2. 线路工程危险作业管理流程

除了填报"危险工序申报表"以外，对于工程中的危险作业，其正确的管理流程如图 8-46 所示。

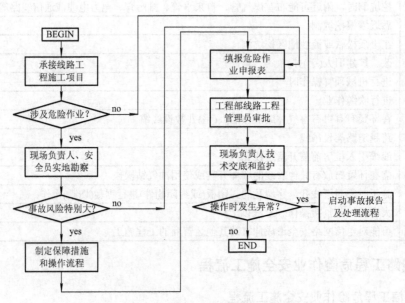

图 8-46 线路工程危险作业管理流程

3. 事故报告及处理流程

从图 8-46 中可以看到，若在工程施工操作过程中发生异常(事故)，应启动事故报告及处理流程，如图 8-47 所示。

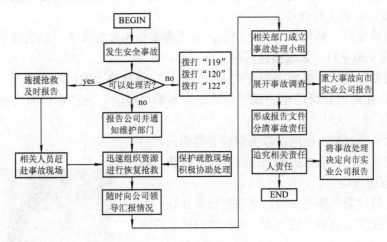

图 8-47 事故报告及处理流程

8.3.3 拆除工程安全施工流程

1. 拆除工程安全施工流程

通信线路的拆除工程比新建工程的危险系数更大，更容易发生安全事故，尤其是拆除通信杆路或杆塔作业，必须引起高度重视。

为了保证拆除工程的正常进行，我们为大家介绍拆除工程安全施工流程，如图 8-48 所示。

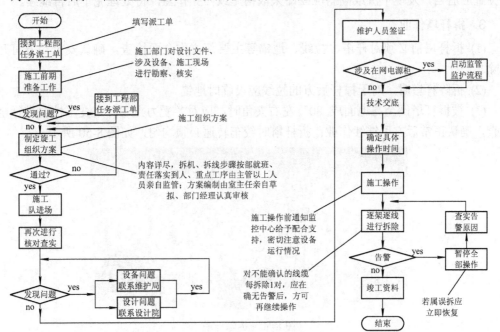

图 8-48 拆(移)除工程施工流程

2. 拆换杆线作业

(1) 进行拆换杆线作业必须注意环境安全，统一指挥。

(2) 拆除线缆前，应先检查电杆根部的牢固程度，如发现危险，必须用临时拉线或用杆叉支撑稳妥后方可上杆作业。

(3) 拆除线缆时，必须自下而上松脱，并用绳索系牢慢慢放下；如发现电杆或杆路出现异常时，应立即下杆，采取措施后再上杆作业。

(4) 在剪断吊线前，必须提醒有关人员注意，应将杆路上的吊线夹松开，防止张力过大引起倒杆；在路口和跨越电力线等特殊地点剪断吊线时，应在本档间实施，并设专人看守。

(5) 拆除吊线时禁止抛甩，以免钢线卷缩伤人。

(6) 收线缆时，作业人员必须站在线缆盘两侧；滚动线缆盘时应用力均匀。

(7) 不在原位置更换电杆时，必须把新杆立好，由新杆上杆，并把新旧杆捆扎在一起，再拆移旧杆上的线缆及附属设备。

(8) 利用旧杆掉换新杆，应先检查旧杆的牢固程度，必要时应设置临时拉线或支撑物。

(9) 放倒旧杆时，应用绳索系牢旧杆上部，再将绳索环绕新杆一圈，以控制倒杆速度及方向，杆下禁止站人，如图 8-49 所示。

图 8-49　用绳索捆住旧杆后慢慢放下

(10) 使用吊车拆换电杆时，钢丝套应系牢在电杆的适当位置，防止电杆失去平衡；吊车位置应适当，发现下沉或倾斜应立即采取措施或停止作业，待处理完了后再继续。

3. 拆杆塔作业

(1) 拆杆塔前必须对杆塔、拉线、地锚等主要部位作全面检查，确认安全后方可开始拆除。

(2) 拆除杆塔时，对于撑杆后方的拉线应设临时地锚。

(3) 被拆杆塔倒至与地面成 80°左右夹角时，应对各受力点和杆塔变形情况进行全面检查，确认正常后方可继续作业；折杆塔时绞车转速必须均匀，如图 8-50 所示。

图 8-50　拆除杆塔

(4) 当被拆杆塔接近地面时应垫上横木，作业人员应位于杆塔两侧，严禁在杆塔下方走动。

（5）拆除馈线杆时必须检查杆根破损程度，必要时应采取加固措施后方可上杆；拆除杆上线条应用紧线器松开线条夹板，严禁用其他工具代替紧线器；拆除的线条应用绳索吊放至地面。

本 章 小 结

1. 通信工程安全生产工作的总原则是"安全第一，预防为主"。

2. 工程施工安全设施是保证施工安全的物质基础，主要有安全锥、围栏、告示板、反光带、反光服、安全带、安全帽、挡泥板、警示牌、护目镜、绝缘鞋、绝缘手套等等。要求大家不但要认识它们，还要熟悉其作用，掌握其正确的使用方法。

3. 外线施工的安全技术规范主要包括器材储运、高空作业、敷设线缆、天线作业、地下线缆和地下管道等多方面内容。大家要掌握其中每一条目的具体要求和实施要点，结合实操训练，把内容真正做到学以致用。

4. 智能布线工程中的安全技术规范主要介绍了施工准备、设备工器具检验、桥架槽道安装、电(光)缆布放、缆(纤)接续和端接以及测试自检等内容。从安全的角度看，主要是缆(纤)保护、室内设备隔离、高档测试设备的正确使用与保护等。

5. 熟悉和了解线路工程中存在的各种危险源和危险作业工序是进行安全施工的重要前提；掌握危险作业安全施工流程、管理流程及事故报告处理流程是安全施工的重要保证；熟悉和了解拆除工程安全施工流程就能保证在这种危险性最大的施工过程的人身和设备安全。

习题与思考题

一、判断题

1. 易发生故障或危险性较大的地方应配备识别标志。必要时采用声、光或声光组合的报警装置。（　　）

2. 安全生产责任制是企业最基本的一项安全制度，是企业安全生产管理制度的一部分。（　　）

3. 我们把通信设备的工作接地、保护接地(包括接地和建筑防雷接地)共同合用多组接地体的方式称为联合接地。（　　）

4. 电磁屏蔽是防止电磁伤害的主要措施。（　　）

5. 通信线路施工和维护具有点多、面广和流动性大、分散作业的特点，施工维护作业中危险性大，工作条件差，不安全因素多，预防难度大。（　　）

6. 通信施工维护在工作现场作业传递工具时，不准上扔下掷。（　　）

7. 通信主机房内：不准吸烟；不准使用电热水器、电炉等电热器具；不准存放与设备无关的资料和备件外的其他材料物品；不准做临时仓库用；不准设置沙发；不准无关人员进入；不准乱拉乱搭电线；不准用汽油等易燃液体擦拭地板；不准存放易燃、可燃液体和气体；不准把食物带入机房(　　)。

8. 发现井下有人中毒，在未采取保护措施时，不准单人盲目下井施救，避免人员连续伤亡。(　　)

9. 在杆上作业时，必须使用安全带。安全带围杆绳放置位置应在距杆梢 30 cm 以下，在杆上作业应戴安全帽。(　　)

10. 通信施工维护在工作现场必须设置安全标志，白天用红色标志，晚间用红灯，以便引起行人和各种车辆的注意。(　　)

11. 在人(手)孔内工作时，必须事先在井口处设置井围、红旗，夜间设红灯，上面设人看守。(　　)

12. 装卸光(电)缆时，必须有专人指挥，全体人员应行动一致。(　　)

13. 安全第一，是说明人与物、安全工作与生产任务的关系；预防为主，是说明安全工作中防与救、事前防范与事后处理之间的关系，体现了防范胜于救灾的指导思想。(　　)

14. 劳动防护用品是指劳动者在劳动过程中为免遭或者减轻事故伤害或者职业危害所配备的防护装置。(　　)

15. 在电力线附近作业时遇有不明用途的线条时，一律按电力线处理，不准随意剪断。(　　)

16. 人工挑、扛、抬等作业时一般每人负载不超过 60 kg。(　　)

17. 堆放杆材应排列整齐，垒放不准超过三层。(　　)

18. 用汽车装运线缆时，运输途中禁止作业人员坐立在缆盘的前方、后方及上方，以免发生危险。(　　)

19. 上下梯子作业时可背向梯子，不准携带笨重的工具、材料，需要使用时应用绳索上下吊放。(　　)

20. 作业人员不准站在梯子上移动梯子，即自行走梯子。(　　)

21. 作业人员不得用自行车挂骑方式搬运梯子。(　　)

22. 线缆穿过不同楼层后应及时封堵走线孔防火泥。(　　)

23. 作业人员上杆前必须先扣好安全带，并将安全带的围绳环绕电杆扣牢才能上杆作业。(　　)

24. 使用大锤作业时，握大锤的人和扶钎的人不准面对面，应采取斜对面站立方式。(　　)

25. 吊线盘置放的地面必须平实，可用千斤顶代替专用支架将吊线盘托起。(　　)

26. 在角杆上收紧吊线时操作人员应站在内角，且角杆应按要求加装吊线辅助装置。(　　)

27. 在高处作业使用喷灯时，应用绳索将喷灯捆绑牢固后吊上吊下，也可由人将喷灯带到高处。(　　)

28. 使用绞盘施放线缆时，钢丝绳在绞盘筒上应排列整齐，工作时不能全部放完，至少要留 3～4 圈。(　　)

29. 坐滑车过杆或经过电缆接头时，应使用脚扣或梯子，不得爬抱而过。(　　)

30. 不在原位置更换电杆时，必须把新杆立好，由新杆上杆，并把新旧杆捆扎在一起，再移旧杆上的线缆及附属设备。(　　)

31. 上下铁塔对天馈线进行安装和维护时，必须从铁塔护笼中攀登，可以多人交叉上下。( )

32. 在铁塔上吊装天馈线设备时，可以用人扛，也可采用滑轮吊运。( )

33. 在局内地下进线室作业时，必须有两人以上并保持通风。( )

34. 不得将易燃物品带入地下室，但对在地下室抽烟没有限制。( )

35. 局内地下进线室的照明灯具可以采用普通日光灯。( )

36. 起闭人孔盖可用钥匙，也可用其他工具。( )

37. 燃烧着的汽油喷灯不准加油，加油时必须将火焰熄灭，待冷却后才能加油。( )

38. 现场施工安全程序规定：若需开挖路面时，两侧须放置挡泥板。( )。

39. 《线路工程危险作业申报表》由项目负责人填报。( )

40. 进入和离开机房时必须登记，特别要注意准确填写时间栏。( )

二、单选题

1. 进入人(手)孔前，必须先进行通风，其通风的时间最少为( )分钟。
① 5　　　　　　② 10　　　　　　③ 15　　　　　　④ 20

2. 在 35 kV 以下强电线路附近作业时，应保持的最小净距为( )m。
① 2　　　　　　② 2.5　　　　　　③ 3.0　　　　　　④ 3.5

3. 在 35 kV 以上强电线路附近作业时，应保持的最小净距为( )m。
① 3.0　　　　　② 3.5　　　　　　③ 4.0　　　　　　④ 4.5

4. 医疗急救电话号码是( )。
① 110　　　　　② 119　　　　　　③ 112　　　　　　④ 120

5. 用水泵抽干人孔内的积水时，水泵的排气管不得靠近人孔，这样做的目的是( )。
① 防止水倒流入人孔　　　　　　　　② 防止有毒气体进入人孔
③ 防火　　　　　　　　　　　　　　④ 防止排出的气体腐蚀线缆

6. 给汽油喷灯加油时，只能加到喷灯容积的( )为止。
① 1/2　　　　　② 1/3　　　　　　③ 1/4　　　　　　④ 3/4

7. 墙壁线缆与电力线间的平行间距最小为( )cm。
① 5　　　　　　② 10　　　　　　③ 15　　　　　　④ 20

8. 用千斤顶顶起电缆盘时，其露丝部分不准超过全丝杆的( )。
① 3/4　　　　　② 1/4　　　　　　③ 1/2　　　　　　④ 3/5

9. 人工挖掘管道沟时，相邻作业人员间的最小距离是( )m。
① 1.0　　　　　② 2.0　　　　　　③ 3.0　　　　　　④ 4.0

10. 从管道沟中向上抛土时，若沟深超过( )米时，应有专人在上面清理土石。
① 1.0　　　　　② 1.5　　　　　　③ 2.0　　　　　　④ 2.5

11. 交通事故报警的电话号码是( )。
① 120　　　　　② 110　　　　　　③ 122　　　　　　④ 130

12. 安全生产管理的工作方针是( )。
① 安全第一，预防第一　　　　　　　② 安全第一，预防为主
③ 预防第一，安全第二　　　　　　　④ 安全预防并举

13. 手持标杆进行测量时，标杆尖端应( )。

① 向上　　　　　② 向左　　　　　③ 向右　　　　　④ 向下

14. 在高速公路上作业时，必须在距作业点( )m 的来车方向处逐级设置安全警示标志。

① 100　　　　　② 200　　　　　③ 300　　　　　④ 400

15. 利用跳板从车上装卸货物时，普通跳板的厚度至少应为( )cm。

① 4　　　　　② 5　　　　　③ 6　　　　　④ 7

16. 利用跳板从车上装卸电缆等较重货物时，跳板的厚度至少应为( )cm。

① 13　　　　　② 14　　　　　③ 6　　　　　④ 15

17. 将水泥电杆放在汽车车厢上装运时，其摆放方法是( )。

① 根向后，梢向前　　　　　　　　② 根向前，梢向后

③ 根向左，梢向右　　　　　　　　④ 任意摆放均可

18. "高处作业"的"高处"是指离地面( )m 的高度。

① 2.0　　　　　② 3.0　　　　　③ 4.0　　　　　④ 5.0

19. 上杆作业时随身携带工具的总重量不得超过( )kg。

① 3.0　　　　　② 4.0　　　　　③ 5.0　　　　　④ 6.0

20. 梯子根部加套橡胶垫的作用是( )。

① 防水　　　　　② 防触电　　　　　③ 防滑　　　　　④ 防腐蚀

21. 顶部无钩的梯子靠在吊线上时，其顶端至少应高出吊线( )m。

① 0.2　　　　　② 0.3　　　　　③ 0.4　　　　　④ 0.5

22. 同一梯子上不准同时有( )人作业。

① 4　　　　　② 3　　　　　③ 2　　　　　④ 5

23. 电杆上有人作业时，距杆根半径( )m 内不得有人。

① 3　　　　　② 4　　　　　③ 5　　　　　④ 6

24. 同一电杆上不准同时有( )人作业。

① 2　　　　　② 3　　　　　③ 4　　　　　④ 5

25. 当开挖坑深超过( )m 且土质松软时，应加装挡土板。

① 0.5　　　　　② 1.0　　　　　③ 1.5　　　　　④ 2.0

26. 使用大锤作业时不许戴手套操作，其原因是( )。

① 防滑　　　　　② 防水　　　　　③ 防电　　　　　④ 防蚀

27. 人工立杆时"严禁作业人员背向电杆拉牵引绳"的原因是( )。

① 防止绳断　　　② 防止杆倒伤人　　　③ 省力　　　　　④ 防止滑动

28. 人工布放吊线时作业人员必须穿绝缘鞋、戴绝缘手套，其原因是( )。

① 防止打滑　　　② 防止触电　　　③ 防雷　　　　　④ 防蚀

29. 下列叙述中，不正确的是( )。

① 不准两人同时上下一根电杆　　　　② 不准两人同坐一辆滑车

③ 同一杆档内不允许两人同时坐滑车施工　④ 同一人井内不允许两人同时作业

30. 在路口和跨越电力线等特殊地点剪断吊线并拆除时，每次只能剪断的杆档数为( )。

① 1 个杆档　　　　② 2 个杆档　　　　③ 3 个杆档　　　　④ 4 个杆档

三、多选题

1. 下列因素中，属于事故隐患的是(　　　)。
① 人的不安全行为　　　　　　② 物的危险状态
③ 个人能力差异　　　　　　　④ 管理上的缺陷

2. 发生火灾拨打火警电话时必须说明的内容有(　　　)。
① 着火物质　　　　　　　　　② 着火地点
③ 消防水源的位置　　　　　　④ 灭火器材状况

3. 下列作业项目中，属于线路工程"登高作业"中的危险作业工序的是(　　　)。
① 雨后登高作业　　　　　　　② 多云天坐吊车施工
③ 晴天上杆作业　　　　　　　④ 夜间登高作业

4. 下列作业项目中，属于线路工程"管线敷设作业"中的危险作业工序的是(　　　)。
① 吹缆作业　　　　　　　　　② 跨越道路架设吊线
③ 入机房前开凿进线孔　　　　④ 400 线以上的线路割接

5. 在下列地点作业时，需设立明显安全标志的是(　　　)。
① 有碍行人通行处　　　　　　② 墙壁上安装分线盒处
③ GCS 中布放水平缆线处　　　④ 挖掘的坑、洞、沟处

6. 在下列地点作业时，必须设立明显警示标志的是(　　　)。
① 道路拐弯处　　　　　　　　② 挖掘管道沟处
③ 架空电缆接续处　　　　　　④ 墙壁电缆接续处

7. 下列工具或设备中，严禁非作业人员接近和碰触的是(　　　)。
① 燃烧的汽油喷灯　　　　　　② 紧线器
③ 电杆　　　　　　　　　　　④ 电缆

8. 下列项目中，属于电力线附近作业时作业人员必须做到的是(　　　)
① 戴绝缘手套　　　　　　　　② 穿皮鞋
③ 戴安全帽　　　　　　　　　④ 使用绝缘工具

9. 用吊车吊装物件时禁止急剧起降的主要目的是(　　　)。
① 防止物件上抛　　　　　　　② 防止损坏物件
③ 防止吊绳(吊臂)断裂　　　　④ 减少油耗

10. 患有下列疾病的人员，不能从事高处作业(　　　)。
① 心脏病　　　　　　　　　　② 高血压
③ 恐高症　　　　　　　　　　④ 贫血

11. 在屋顶上行走时，下列叙述正确的是(　　　)。
① 瓦房走尖　　　　　　　　　② 楼顶上走边
③ 平房走边　　　　　　　　　④ 石棉瓦走脊

12. 下列线路工程安全设施中，使用时应"置于施工工作区周围"的是(　　　)。
① 安全锥　　　　② 安全帽　　　　③ 安全防护栏　　　　④ 挡泥板

13. 下列梯子中，可以在高处作业中使用的是(　　　)。

① 木梯　　　　　② 自制角钢梯　　　③ 竹梯　　　　　④ 塑钢梯

14．下列吊线程式中，可以使用滑车(吊板)作业的是(　　　)。

① 7/1.8　　　　② 7/2.0　　　　③ 7/2.2　　　　④ 7/2.6

15．在下列使用冲气钻的作业行为中，正确的是(　　　)。

① 用前检查绕组与机壳绝缘情况

② 用前了解钻孔处有无电源线

③ 用湿布对电钻进行冷却

④ 佩戴防护眼镜

16．下列数值中，符合墙壁线缆在跨越街巷时线缆最低点距离地面高度要求的是(　　　)。

① 3 m　　　　　② 4 m　　　　　③ 4.5 m　　　　④ 5 m

17．进入人孔作业前必须先对人孔进行通风，其目的是(　　　)。

① 驱散有害气体　　　　　　　② 提高人孔内的氧气浓度

③ 驱除潮气　　　　　　　　　④ 预防中暑

18．下列上下人孔的方式中，正确的是(　　　)

① 直接跳入　　　　　　　　　② 脚蹬电缆托架进入

③ 使用木梯子进入　　　　　　④ 使用塑钢梯子进入

19．下列设施中，属于线路工程施工安全设施的是(　　　)。

① 安全带　　　　② 挡泥板　　　　③ 吊线　　　　　④ 反光带

20．下列设施中，属于线路工程施工安全设施的是(　　　)。

① 告示板　　　　② 抱箍　　　　　③ 红色尼龙绳　　④ 安全锥

21．下列对于反光带的作用描述中，不正确的是(　　　)。

① 警示行人及车辆注意安全，特别是夜间施工

② 防止施工人员坠落

③ 防止高空坠物伤人

④ 防止泥土散落四周

22．在 35 kV 以上架空高压线路附近工作时，与之保持的空距正确的是(　　　)。

① 3 m　　　　　② 4 m　　　　　③ 2 m　　　　　④ 8 m

23．下列项目中，属于线路工程"搬运器材"工序中的危险源的是(　　　)。

① 器材压伤　　　② 驾驶资格　　　③ 高空作业　　　④ 空中坠物

24．下列项目中，属于线路工程"施工人员来往现场"工序中的危险源的是(　　　)。

① 车况恶劣　　　② 电缆盘滚落　　③ 疲劳驾驶　　　④ 梯子滑落

25．下列项目中，属于管线工程"开挖路面、打孔操作"工序中的危险源的是(　　　)。

① 敞开的人孔　　② 违反交通规定　③ 工具材料被盗　④ 挖断电力电缆

26．下列项目中，属于管线工程"打开井盖、穿放电缆"工序中的危险源的是(　　　)。

① 挖断通信电缆　② 路面物品坠落　③ 井内电缆损伤　④ 空中坠物

27．下列关于橡胶鞋底性能的描述中，正确的是(　　　)。

① 绝缘　　　　　② 防毒气　　　　③ 增加摩擦力　　④ 防潮

28．下列用品名称中，属于安全生产防护用品的是(　　　)。

　　① 安全帽　　　　　② 绝缘鞋　　　　　③ 警示牌　　　　　④ 防冻霜

29. 下列施工工序中，工程项目负责人必须填报《线路工程危险作业申报表》的是
（　　）。

　　① 跨强电作业　　　　　　　　② 地下电缆芯线接续

　　③ 开挖区域内有地下管道　　　④ 开凿机房电缆引入管孔

30. 下列内容中，属于现场安全设施放置程序的是（　　　　　）。

　　① 放置告示牌　　　　　　　　② 吊挂警示牌

　　③ 围红色尼龙绳　　　　　　　④ 穿橡胶鞋

实 训 内 容

1. 实训目的

牢固树立"安全第一"的安全生产观念，掌握高处作业安全设施的正确使用方法。

2. 实训器材

(1) 室外通信架空杆路场地，建有通信杆路不小于 5 个杆档，面积不小于 $80\ \mathrm{m}^2$。

(2) 胶底鞋、安全带、脚扣、吊椅、绝缘梯、麻绳等。

3. 实训内容

(1) 正确使用梯子在吊线上进行卡挂挂钩操作。

(2) 正确使用高处作业安全设施从一根电杆上上去，坐吊椅滑过 4 个杆档后从另一根
电杆上下来。

参 考 文 献

[1]　国家发展计划委员会、建设部. 工程勘察设计收费标准. 北京：物价出版社，2002

[2]　原邮电部设计院. 市内传输线路(上、下册). 北京：人民邮电出版社，1993

[3]　王春宁. 建筑工程概预算. 哈尔滨：黑龙江科学技术出版社，2000

[4]　裴永奇，马赛英. 通信安装工程预算一点通. 合肥：安徽科学技术出版社，2002

[5]　李立高. 通信电缆工程. 北京：人民邮电出版社，2005

[6]　李立高. 光缆通信工程. 北京：人民邮电出版社，2004

[7]　《工程项目组织与管理》编写组. 工程项目组织与管理. 北京：中国计划出版社，2003

[8]　《项目决策分析与评价》编写组. 项目决策分析与评价. 北京：中国计划出版社，2003

[9]　中华人民共和国原邮电部. 通信建设工程概算、预算编制办法及费用定额，通信工程价款结算办法，1995

[10]　中华人民共和国原邮电部. 通信建设工程预算定额，第一册，电信设备安装工程，1995

[11]　中华人民共和国原邮电部. 通信建设工程预算定额，第二册，通信线路工程，1995

[12]　张开栋. 通信工程监理手册. 北京：人民邮电出版社，2005

[13]　陈昌海. 通信电缆线路. 北京：人民邮电出版社，2005

[14]　原邮电部基本建设局. 市内电话线路工程施工及验收技术规范，北京：人民邮电出版社，1986

[15]　信息产业部通信行业职业技能鉴定指导中心. 线务员(上、下册)，2002

[16]　陈昌宁. 电信终端设备维护手册. 北京：人民邮电出版社，2006

[17]　上海市职业培训指导中心. 无线局域网维护与测试. 上海：上海交通大学出版社，2006

[18]　刘世春. 通信线路维护实用手册. 北京：人民邮电出版社，2007

[19]　叶柏林，马列. 通信线路实训教程. 北京：人民邮电出版社，2006

[20]　湖南电信有限公司. 通信末端维护人员技术指南，2006

[21]　张蒲生，等. 局域网组网技术与实训. 北京：清华大学出版社，2006

[22]　李巍. 光纤到户安装调试. 北京：中国劳动社会保障出版社，2009

[23]　郎为民，郭东生. EPON/GPON 从原理到实践. 北京：人民邮电出版社，2010

[24]　穆维新. 现代通信工程设计. 北京：人民邮电出版社，2007